ブレッドボードの使いかた

ブレッドボードの準備

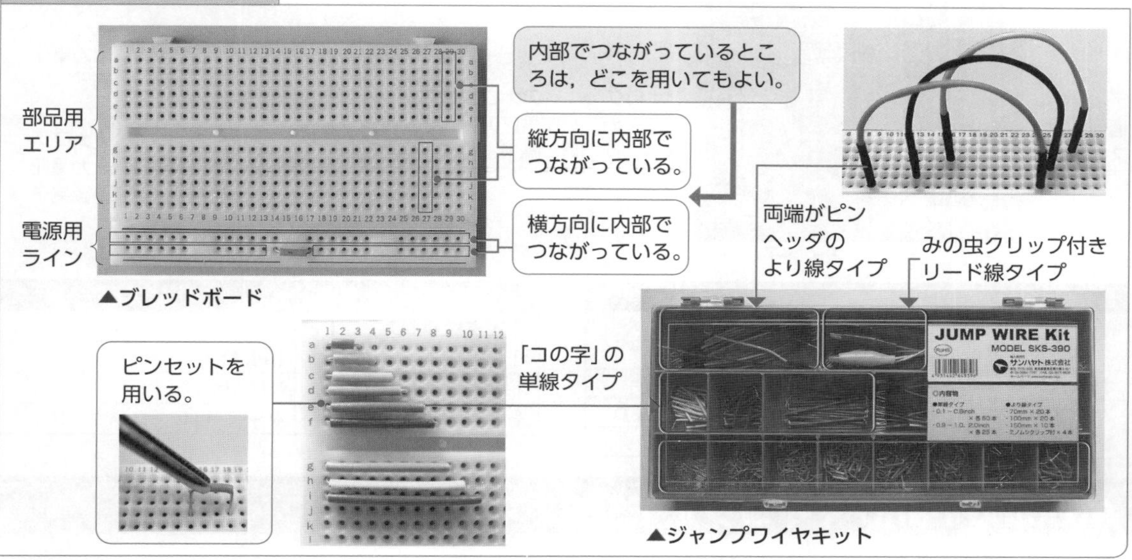

▲ブレッドボード

▲ジャンプワイヤキット

結線例

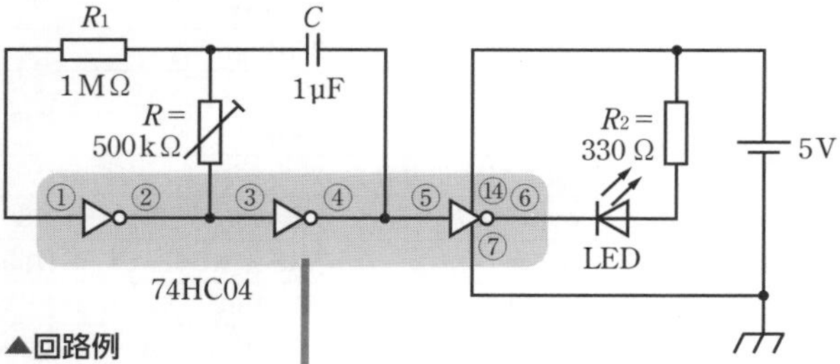

R_1
1MΩ
C
1μF
$R =$ 500kΩ
$R_2 =$ 330Ω
5V
LED
74HC04
① ② ③ ④ ⑤ ⑭ ⑥ ⑦

▲回路例

① ② ③ ④ ⑤ ⑥ GND ⑦
⑭ V_{CC} ⑬ ⑫ ⑪ ⑩ ⑨ ⑧

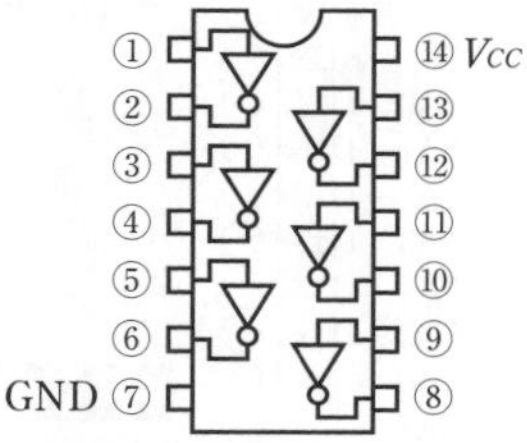

▲ディジタルIC　74HC04

❶主要部品の配置

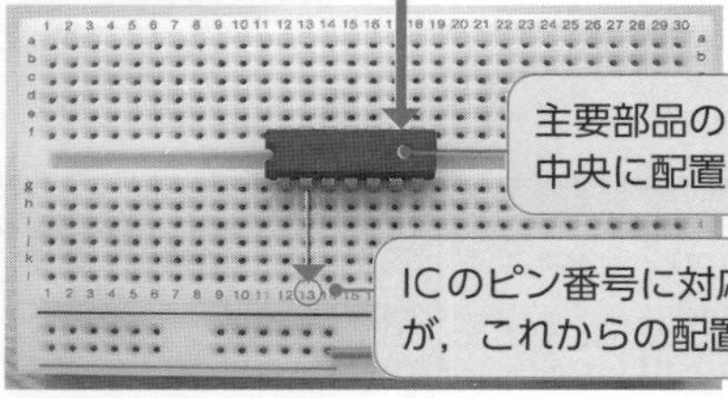

主要部品のICを中央に配置する。

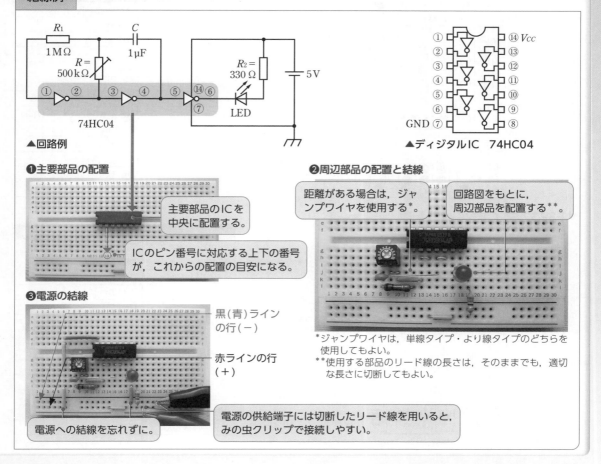

ICのピン番号に対応する上下の番号が，これからの配置の目安になる。

❷周辺部品の配置と結線

距離がある場合は，ジャンプワイヤを使用する*。

回路図をもとに，周辺部品を配置する**。

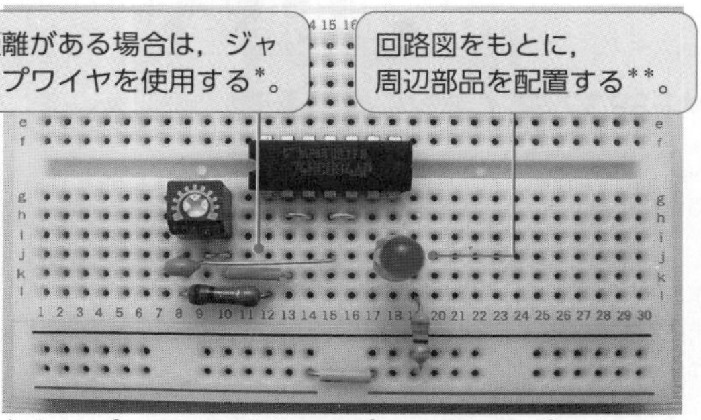

*ジャンプワイヤは，単線タイプ・より線タイプのどちらを使用してもよい。
**使用する部品のリード線の長さは，そのままでも，適切な長さに切断してもよい。

❸電源の結線

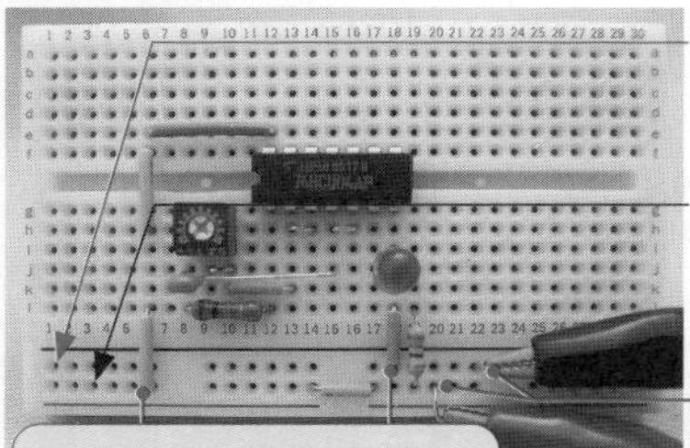

黒(青)ラインの行(－)

赤ラインの行(＋)

電源への結線を忘れずに。

電源の供給端子には切断したリード線を用いると，みの虫クリップで接続しやすい。

実習 16 で使用する実験セット

▼D-A変換実験セット

部品名	個数	定格など
炭素皮膜抵抗	3	10 kΩ
	6	20 kΩ
オペアンプ	1	NJU7031D
スイッチ	4	トグルスイッチ1回路2接点
端子	2	ターミナルブロック2P

▼比較器実験セット

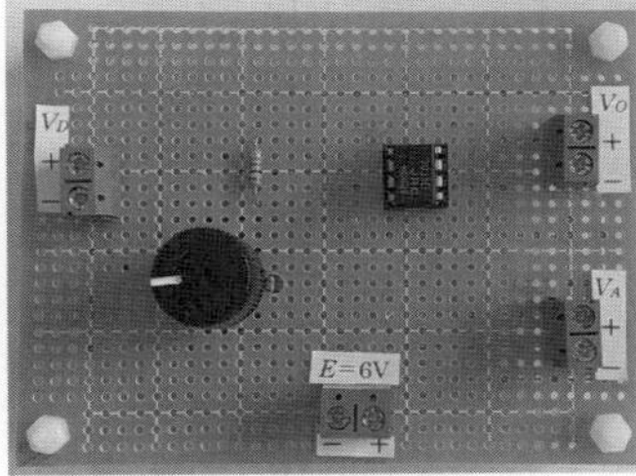

部品名	個数	定格など
炭素皮膜抵抗	1	2 kΩ
可変抵抗器	1	10 kΩ
オペアンプ	1	NJU7031D
端子	4	ターミナルブロック 2P

Arduino nano マイコンと ESP32 マイコン

▼Arduino nano マイコンの端子配置

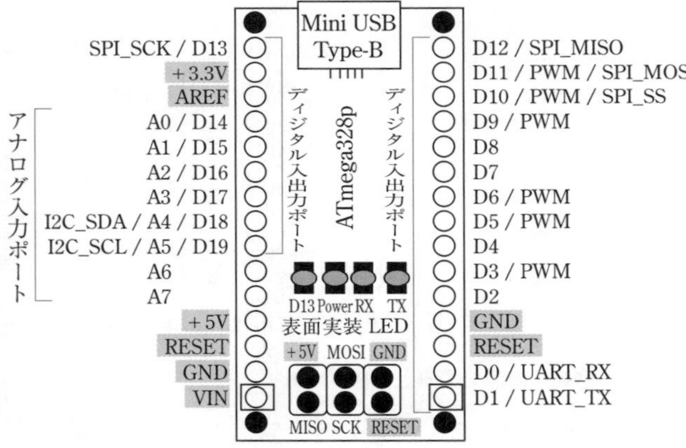

項 目	Arduino nano 仕様
マイコン	ATmega328P
システム周波数	16 MHz
SRAM	2 kB
フラッシュメモリ	32 kB
EEPROM	1 kB
ディジタル入出力端子	20本（内6本PWM出力）
アナログ入力端子	8本10bit分解能（0～1023）
SPI端子	MISO, MOSI,SCK,SS（7bit）
UART端子	TX（1bit），RX（1bit）
I2C端子	SCL（1bit），SDA（1bit）
端子定格電流	40 mA / 各端子
USB端子	Mini USB Type-B
ボードサイズ	18 mm × 45 mm

▼ESP32 マイコンの端子配置

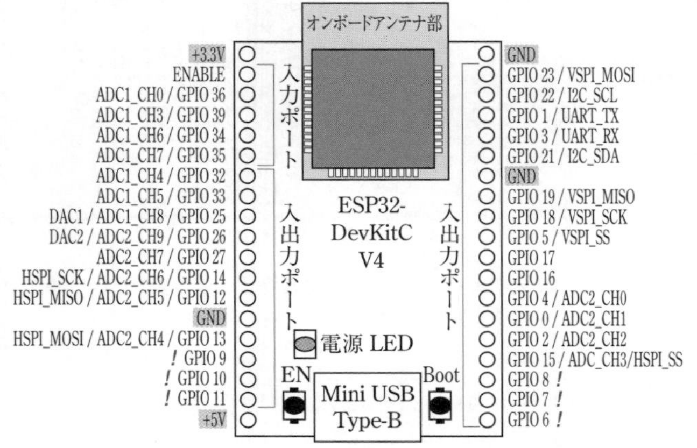

！マイコン内部のフラッシュメモリに接続されており，通常の GPIO 端子としては使用できない。

項 目	ESP32-DevKitC V4 仕様
マイコン・無線ユニット	ESP32-WROOM
Wi-Fi	802.11 b/g/n
システム周波数	240 MHz
SRAM	520 kB
ROM	448 kB
GPIO端子	34本（内2本PWM出力）
アナログ入力端子	16本12bit分解能（0～4095）
SPI端子	VSPI（4bit）/ HSPI（4bit）
UART端子	TX（1bit），RX（1bit）
I2C端子	SCL（1bit），SDA（1bit）
動作電圧	5 V
USB端子	Mini USB Type-B
ボードサイズ	27.9 mm×54.4 mm

電気・電子実習
3

実習レポート
製作
マイコン制御
ディジタル電子回路
アナログ電子回路

実教出版

目次

電気・電子実習を学ぶにあたって

アナログ電子回路編

ディジタル電子回路編

マイコン制御編

製 作 編

■本書の扱いかた　周波数を扱う表やグラフにおいて，1 000 以上の大きな数値を表す場合，本来単位の接頭語として用いる k（キロ：× 1000）や M（メガ：× 1 000 000）を使って，10k（= 10 000），500k（= 500 000）などと表しています。

実習レポート（提出用）とQR掲載資料

巻末には，実習 1 ～ 19，21 ～ 26 に対応した，切り取り式の実習レポート用紙があります。また，右の QR コードから，参考資料やマイコン制御編と製作編の一部の実習の実験動画および実習レポート用紙のデータなどをダウンロードできます。

プラス 1

電気・電子実習を学ぶにあたって

本書は，高等学校の電気科・電子科・情報技術科など，電気系に関する学科における「電気実習」・「電子実習」の学習書として編集したものである。

高等学校で学ぶ実習は，教科書を通して学習した内容を，実際に実践・体験し，教科書だけでは得られないさまざまな現象をよく観察し，そのしくみや技術を理解することにある。また，これらの活動を通して，次の事項を達成することをねらいとしている。

(1) 基本的な電気に関する法則や現象を実験・実習を通して確認し，その性質や働きを理解する。

(2) 電気や物理法則に関する理論について，実際の結果を比較・検討し，これを実際に応用する能力を会得する。

(3) いろいろな計測器や装置などについて理解を深め，正しい取り扱いかたを習得し，安全に配慮しながら活用できるようにする。

(4) 実験・実習を通して，実験・実習の方法，測定値の処理方法，現象の分析と理論的な検討方法，レポート作成法など，技術者としての基本的な能力と態度を養う。

本書で学ぶ生徒諸君が，実験・実習を通して，工業の発展を担う職業人として必要な技能や技術の基本をしっかり学習し，実践的な技術者として活躍することを願っている。

なお，「電気実習」・「電子実習」で取り扱う分野は，電気計測・電気工事・電気機器・電力応用・電力設備・電子工学・電子計測・電子工作・電子制御などである。これらを，「電気・電子実習 1」・「電気・電子実習 2」・「電気・電子実習 3」の 3 冊に分けて編集した。

■本書の編集にあたって留意した点

(1) 「電気回路」・「電気機器」・「電子技術」・「電力技術」・「電子回路」・「電子計測制御」・「通信技術」などの専門科目の学習内容との関連を考えながら，学習を進めることができるようにした。

(2) 実験・実習を行うにあたり，基本的な心がまえや注意事項，計器・機具類の取り扱い，実習報告書（レポート）の作成方法などについて触れた。

(3) 基礎編を新たに設け，実験回路の配線方法，アナログ指針による目盛の読みかた，表・グラフの作成方法などについて解説した。

(4) 実験・実習の内容をよく理解して実習が進められるように，測定結果の例を示した。

(5) 結果の検討の項を設け，実習のまとめとして重要なポイントを提示した。

(6) 実験・実習のまとめを容易にするため，巻末に提出用のレポート用紙を設けた（一部除く）。

1 電気・電子実習の目的と心がまえ

1 目的

電気・電子実習は，教科書で学習した内容を実際に体験し，法則や技術について検証することによって理解を深め，さらに，自然現象を正しく認識できる目や能力を養うことを目的としている。また，工業の発展を担う職業人として必要な，計測器や各種装置の使用法，実験の方法，測定値の処理や現象の分析と検討方法，レポート作成法などの，技能や技術，態度を養うことを目的としている。

2 基本的な心がまえ

実験や実習は，教室で行われる授業とは異なり，さまざまな実験器具や機材を活用して行うため，次のような項目がたいせつである。

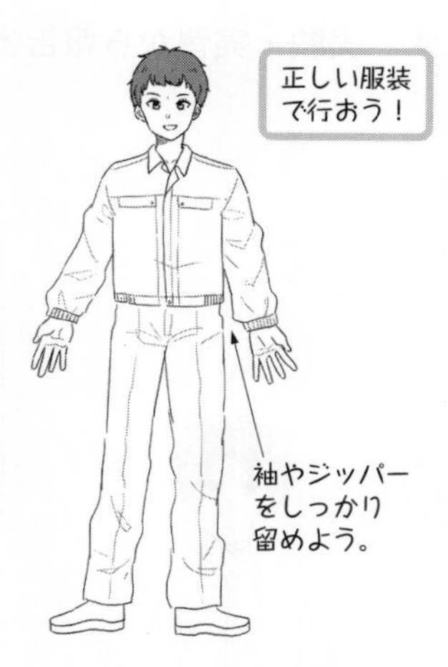
正しい服装
で行おう！
袖やジッパー
をしっかり
留めよう。

① **身だしなみ**　実験や実習を安全に行うために，制服や作業服を正しく着用する。**身だしなみは安全に作業を行うための最初の一歩**である。頭髪や服装を整えておかないと，回転機器に巻き込まれたり，装置や配線を引っかけて落下させたりする事故につながることがある。頭髪を整え，袖ボタンや上着のジッパーをきちんと留めておくことがたいせつである。

② **安全に対する配慮**　実験や実習では，高い電圧や高温になる道具，回転機器など，危険度の高い装置や機器を扱うことが多い。事故を未然に防ぐために，**先生の指示をよく聞き，正しい作業手順で作業を行う**ことがたいせつである。

③ **整理整頓**　実験や実習では，いろいろな計測器や装置を配置し，実験データを取得するため，机上が乱雑になりがちである。事故を未然に防ぎ，安全に実験・実習を行うために，必要なもの以外は机の下に収め，つねに**整理整頓**を心がける。また，使用後は，次の利用者のために，清掃と点検を行い，機材をもとにあった場所に返却する。

④ **協力**　実験や実習では，いろいろな実験器具や計測器を活用するため，実験の準備や配線，実験データの取得など，グループでの協力が欠かせない。役割を決め，**協力する精神**がたいせつである。

writing
Go!
check

⑤ **積極性**　実験や実習を実際に体験し，技術や技能を習熟するために，決して傍観的な態度をとらないよう，各自が**積極的に実験・実習に参加する姿勢**がたいせつである。

⑥ **提出期限の厳守**　実験・実習を終えたあと，重要な作業として，報告書（レポート）の作成がある。自分が行った実験・実習の内容を整理し，報告書にまとめて提出するという作業は，実際に社会で求められる実務の一つである。定められた書式に従って作成し，決められた期限までに提出することが必要である。

3 実習の流れ

実験・実習は，できるだけ目的に合うように設備された実習室を使用する。そこでは，実験方法，計測器や実験装置の取り扱い，測定方法，データの取りかたなどを学習し，報告書（レポート）の提出を通して，報告書の書きかた，検討の加えかたなどの習得をめざす。実験・実習から報告書提出までの流れを図 1 に示す。

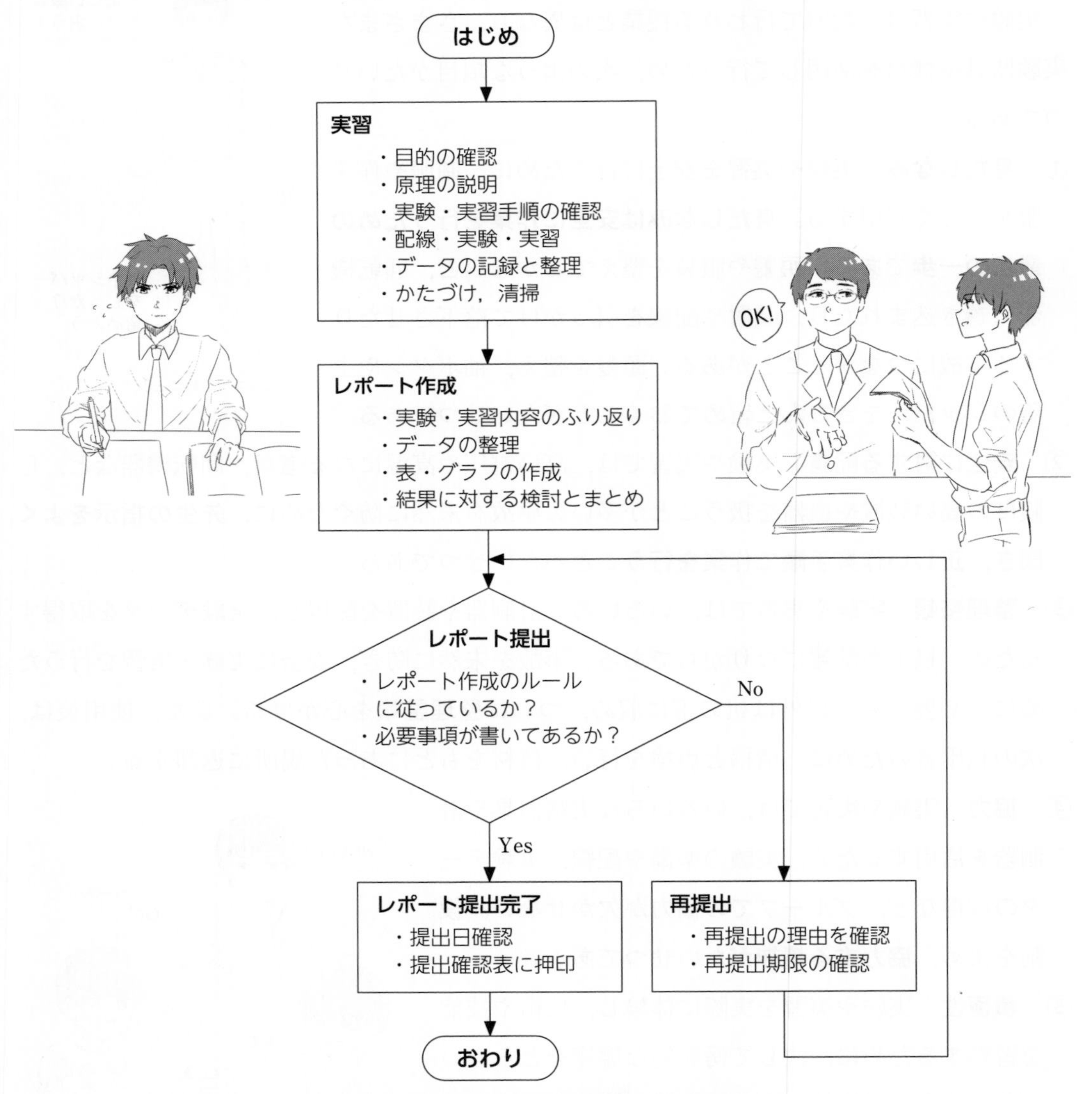

▲図 1　実験・実習から報告書提出までの流れ

4 実験・実習前の準備

有意義でかつ安全な実験・実習を行うために，次の点に注意する。

① 実験・実習のテーマに対する目的，理論や基礎知識，実験内容，用具や機材などについて，**予習をする**。内容を理解しないまま実験や実習を行うと，目的を達成できなかったり，実験器具や計測器，機材を故障させたり，人に危害を与えるような重大な事故を起こしたりする場合がある。これらを防ぐためにも，事前の予習は必要である。

② 連続した授業時間で行われるため，実験・実習の前日から**体調を整えておく**。

③ 頭髪や服装など，実験・実習にふさわしい身だしなみにしたうえで，教科書，実験記録ノート，グラフ用紙，電卓など，担当の先生から指示された持ち物を持参し，**準備を整えて実習室へ向かう**。

5 実験・実習中の注意

実習室は，目的に合うように設備された専用の部屋である。そのため，実習室によって，高価な計測器や実験器具，大形の実験機器や，高電圧を発生する装置，回転機器，また，人体に有害な薬品や油などが置かれている。安全に実習を行うために，次の点に注意する。

① **計測器・実習器具の取り扱い**　実験・実習に使用する計測器や装置類は，それぞれに定められた機能や，許される電圧・電流・電力などの上限（**最大定格**）が定められている。正しく測定するため，また，故障や事故を防ぐため，次の点に注意する。

a. **指定された装置類を使用する**。正しい測定や，計測器や装置の破損を防ぐため，指定された機器を使用する。

b. **装置類をていねいに扱う**。多くの計測器や実験装置は精密な構造をもち，振動や強い衝撃によって故障したり，性能が劣化したりすることがある。机上に置くさいや，収納棚に収めるさいは，ていねいに扱う。また，電源装置や重い装置を運ぶときには，事故のないように注意する。

計器や装置の
扱いはていねいに!
そろ○○○

c. 実験回路の組み立て（配線）のさいは，**電源を最後に接続**する。計測器，実験回路や実験装置など，多くは直流電源や交流電源を使用する。通電しながらの配線や取りはずしは危険である。実験回路の配線を終えたら，配線に間違いがないかじゅうぶんに確認する。

d. 配線が完了したら，担当の先生に報告し，**許可を得てから電源を入れる**。動力（電動機など）の

ある装置や，高い電圧を発生する装置は，実験を始める前にもう一度確認し，**周囲に声をかけてから起動**する。

e. 配線の取りはずしのさいは，電源を切ってあるか確認した後，電源を最初にはずす。

f. 装置を誤って破損した場合や，異常が発生した場合，怪我をした場合は，ただちに担当の**先生に連絡する**。

② 実習室での注意

a. 実習中の実習室では飲食をしない。

b. 実験・実習に直接関係のない物（鞄など）は実験台の上に置かない。

c. 予定されている実習内容を時間内に終えられるよう，計画を立て，グループの場合には役割分担を決め，協力しながら効率よく進める。

d. 実験・実習中は，その場から離れない。やむを得ない場合は，担当の先生の許可を取ってから離れるようにする。また，終了しても指示があるまでは退室しない。

③ 測定・記録時の注意

a. 測定に関係する情報である，実験題目，日時，天候，室温，湿度，使用機器の番号，共同実験者などを記録する。これらは，測定データの確認や吟味のさいに必要となる。

b. 自分が何を測定しようとしているのか，いつもはっきり自覚しておく。

c. 事実に対して忠実であること。先入観や思い込みによって事実を曲げたり，つごうのよい結果に合わせたりはしない。

d. 測定中は，実験・記録ノートに測定値やその計算過程，結果などをそのまま記入する。

e. 得られた測定データの点検をつねに行い，目盛の読みまちがいや測定値の誤りなどに注意する。また，測定値をたえずグラフにして，おおよその傾向を把握しておくとよい。

f. 測定中に気づいた点や疑問点，感想なども，実験・記録ノートにまとめて書く。

g. 実験・実習を人に任せず，積極的に参加する。実際に自分で手を動かして，はじめて本当に理解できることが多いので，前向きに参加する姿勢がたいせつである。

6 実験後のかたづけと退室までの注意

実験・実習が終了したら，担当の先生に報告し，許可を得てから，かたづけをはじめる。

もとの場所に返却。
付属品も忘れずに！

① 計測器や実験器具類は，**調整などを最初の状態に戻し**，必要な手入れを行う。もし，装置の破損や不具合など，装置の異常に気づいたら担当の先生に報告する。

② 付属品など入れ忘れがないか**じゅうぶんに点検**してから，計測器や実験器具類を**所定の場所に収納・返却**する。

③　**全員で協力**して，使用した実習室の机・椅子を**整理・整頓し，清掃を行う。**

④　**戸締まりの点検，消灯したうえで退室**する。もしも先に実習が終了した場合でも，先生の指示を受けてから退室する。

実習後には，報告書（レポート）の提出期限を確認し，すみやかに提出できるよう早めに準備をはじめる。

7 実験記録ノート

実験記録ノートは，実際に実験を行って得た測定データなどが記録された，貴重な資料である。報告書（レポート）は，実験記録ノートに書かれたいろいろな記録があってこそ，はじめて書けるものである。よって，ノートに記録がないと，実験・実習をしたことにはならないと考えるべきである。たいせつな実験や実習の記録を紛失しないよう，切り離せるルーズリーフやレポート用紙などではなく，専用のノートを必ず用意する。

実験記録ノートには，次のようなことを書く必要がある。

①　実験・実習中に書くこと

a.　日付，天候，室温，湿度，共同実験者名

b.　実験条件，計測器や実験器具の名称，型番（モデル番号），管理番号（製造番号）

c.　測定者名，記録者名

d.　測定値（測定データの表，グラフ，スケッチなど）

e.　結果（計算公式や計算方法なども示す）

f.　実験中に気がついたことや疑問点など

g.　実験や実習を進めるうえでくふうしたことなど

②　実験後に書くこと

a.　未整理のデータ（計算），グラフ，スケッチなどの整理

b.　参考書などによる調査事項

c.　測定データや結果に対する検討

d.　実習報告書（レポート）における考察

e.　実験・実習を終えた感想

2 実習報告書（レポート）の作成

1 報告書の形式

実習報告書（レポート）の項目は，次の順序とする。

1. 目的　2. 原理（基礎知識）　3. 実験方法
4. 使用機器　5. 実験結果　6. 考察　7. 反省・感想

各項目，各ページ，また，各図，各表には，それぞれ通し番号を振る（表 1，表 2，…，図 1，図 2，…など）。

実習報告書（レポート）は，市販のレポート用紙（A4 版）を使用し，担当の先生が指示する表紙をつけて上とじにし，2 ～ 3 か所をホチキスで留める。また，次のような点に注意して作成する。

① 報告書はすべて黒インクまたは黒のボールペンで書く（鉛筆は不可）。
② 報告書は完成させたものを，期日までに指定された場所に提出する。

2 報告書の提出に対する心がまえ

① **表現方法のくふう**　報告書は，電気・電子の現象や法則，計測器や機器の取り扱いかたなど，実験や実習を通して理解したことをまとめ，他人に読んでもらうためのものである。したがって，だれが読んでも内容が正しく伝わるように，表現方法をくふうする。

② **自力での完成**　実験・実習における報告書は，自分自身の学習および訓練のために作成するものである。また，評価の対象にもなるため，決して他人の報告書を写すことなく，自分の力で完成させる。

③ **記述内容に対する責任**　「提出する報告書は自分の顔である」と考え，各自が責任をもって完成させる。よって，できる力をそそいで作成し，最後まで完成させて，提出する。

3 報告書の各項目の書きかた

1. 目的　実験・実習の各テーマに定められた目的を記述する。この目的が達成できたかを，後の「考察」で実験結果と比較・検討し，その結果を書く。

2. 原理（基礎知識）　実験・実習に必要な「予備知識」とすることもある。この項目は，教科書や参考書をそのまま丸写しするのではなく，実験・実習に直接関係し，必要と考えられる内容をまとめて書く。ただし，「まとめる」とは，要点を整理して書くということであり，内容を省略するという意味ではないことに注意する。

3. 実験方法　回路図はすべて定規やテンプレートを使って正確に描く。また，報告なので，実際に自分たちが操作した手順を，すべて「過去形」で書く。そのさい，教科書の記述をそのまま書き写さないよう，注意する。以下に記述例を示す。

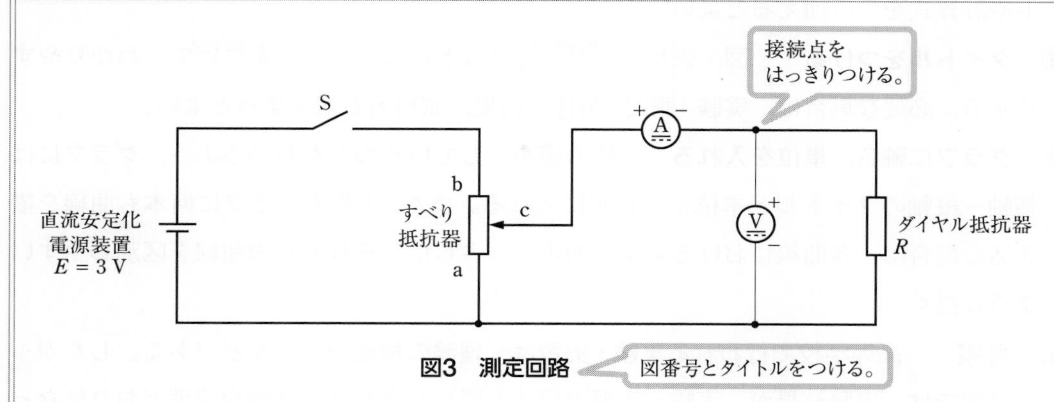

図3　測定回路

実験手順

① 図3のように機器を配置し，測定回路を結線した。
② ダイヤル抵抗器とすべり抵抗器の値をそれぞれ最大にし，過電流による機器の破損を防ぐ用意をした。
③ スイッチSを開いた状態にし，直流安定化電源装置の電源を3Vに調整した。
④ ダイヤル抵抗器の値を100ΩにしてからスイッチSを閉じた。
⑤ すべり抵抗器をa側からb側に操作し，電圧計の指示値が0.5Vになるように調整した。このときの電流計の値を記録した。

4. 使用機器

使用したすべて機器について，次のような項目を記録する。

装置の名称，製造会社名，型番（モデル番号），測定精度などを表す記号，測定端子の容量，装置の定格電圧・定格電流，製造番号（シリアルナンバー）。なお，製造番号（シリアルナンバー）は計測器のみ記録する。以下に記述例を示す。

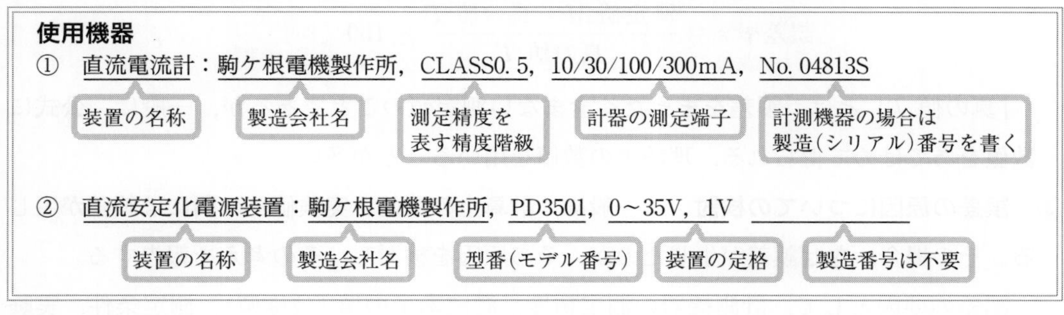
使用機器

① 直流電流計：駒ケ根電機製作所，CLASS0.5，10/30/100/300mA，No. 04813S

② 直流安定化電源装置：駒ケ根電機製作所，PD3501，0〜35V，1V

5. 実験結果

実験結果には，測定データ，グラフ，計算結果などを示す。報告書を読む人に，正確でわかりやすく伝えるため，示す順序や表現方法をくふうする。くふうの観点を以下に示す。

① コメントや計算式も書く　結果は，測定結果の表，グラフ，計算だけではなく，何についての測定で，何を計算し，結論が何かがわかりやすくなるように，適切なコメン

トや計算式をつけ加えるとよい。

② **タイトルをつける**　図・表やグラフ，写真などにはタイトルをつけて，わかりやすくする。必要な場合は，実験（測定）条件，結果，試料名も記入するとよい。

③ **グラフに軸名，単位を入れる**　何の値を示しているのかがわかるよう，グラフには，横軸・縦軸のタイトルと単位を忘れずに入れる。また，1枚のグラフに何本も曲線を描き込む場合は，各曲線における条件を明示し，さらに，それぞれの曲線を区別しやすいように描く。

6.　考察　高等学校で行われる実験・実習は，理論の検証がほとんどである。したがって考察では，実験結果が，実験・実習の目的と照らし合わせ，理論や原理どおりになっているか，「結果の正当性」についての検討が中心となる。

報告書の評価は，ここでの考察の内容によってほぼ決まるといえる。そのため，考察は，以下の観点で検討した内容を報告書としてまとめ，感想や教科書に書かれている内容の解説にならないように注意する。

① **結果の正当性**　原理や基礎知識の項目で書いた内容を活用し，原理どおりの結果が得られたかについて報告する。たとえば，理論式（公式）がある場合は，具体的な数値をあてはめ，理論上の数値と実験結果が一致するか，結果の正当性について比較・検討し，結果を報告する。また，グラフがある場合は，グラフの傾向からどのようなことが読み取れるのか，理論と比べて正しいのか，正当性を検討し，報告する。

② **正確さ（誤差）の検討**　実験結果の数値が，理論上の数値とどのくらいの正確さで一致しているか，検討する。そのさい，次の式で表される誤差率を求めると便利である。

$$\text{誤差率}\ \varepsilon = \frac{\text{測定値}\ M - \text{真の値}\ T}{\text{真の値}\ T} \times 100\ [\%]$$

「真の値 T」とは，誤差をまったく含まない測定値のことであるが，一般に，公式に数値をあてはめて得られる，理論上の数値を用いることが多い。

③ **誤差の原因についての検討**　一般に，計算上の数値と実験値との間には誤差が生じる。その場合，なぜ誤差が生じたのか，その原因を検討し，その考えを報告する。

誤差の要因として，計測機器の測定精度，測定素子の値（公称値），測定条件，実験方法，目盛の読み間違いなどがある。

④ **目的が達成できたか**　実験の結果から，どのような観点から目的が達成できたか，などについて検討し，具体的に報告する。

7.　反省・感想　実験・実習を通して感じたこと，理解したことなど，感想を書くとよい。また，実験・実習グループ内でのチームワークや，作業態度など，反省すべきことがあれば書き，次回の実験・実習に生かせるように心がける。

3 電気・電子実習３における心がまえ

「電気・電子実習 3」では，数 μV 程度の微弱な信号から数十 V 程度の大信号まで，幅広い振幅をもつ信号を取り扱う。このため，計測器や電子機器の取り扱いに注意を払わないと，正しい実験結果が得られないことがある。とくに，以下の点に注意しよう。

① **電子機器のアース**　計測器や電源装置などの電子機器には，図 1 (a)に示す 3 極の電源プラグが使われているので，図 1 (b)のような接地極付コンセントに接続する。接地極をもたない 2 極の電源プラグの場合は，電子機器のアース端子を接地することが望ましい。接地することにより，電子機器の外箱がアース（接地）され，漏電による感電を防ぐだけでなく，電子機器の外箱の電位が 0 V に固定されることで，雑音の侵入や電源の交流成分が，直流信号や交流信号に回り込んで，測定に影響を与えることも防ぐことができる。

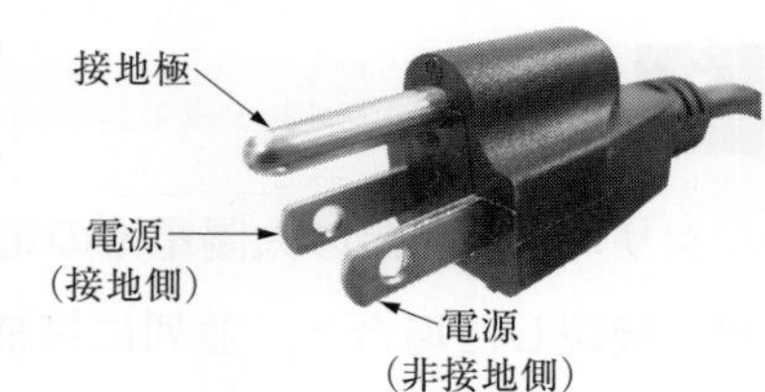

(a) 3極電源プラグの外観

(b) コンセントの外観

▲図 2　電源プラグとコンセント

② **プローブの GND 端子**　オシロスコープで波形を観測するさいは，プローブの GND 端子の接続場所に注意し，プローブによる短絡事故を起こさないようにする。

オシロスコープなどの電子機器では，入力端子の片方が GND に接続され，共通になっている。このため，図 3 (a)のように，複数の入力端子を使って異なる場所の計測を行う場合，GND 端子を別々の場所に接続すると，その間が短絡され，抵抗 R の両端の電圧波形は観測できないので，図 3 (b)のように，同じ場所に接続する。

このような注意は，2 チャネル入力の電子電圧計についても同じである。

電子機器の入力端子による短絡事故は，測定対象の電子回路を破壊することもあるので，じゅうぶんに注意する。

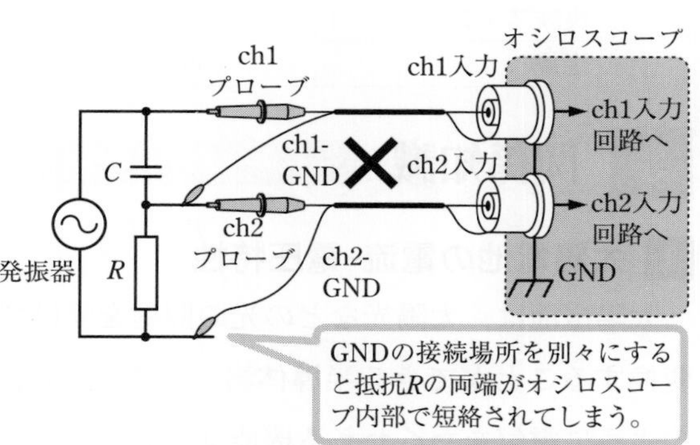

(a) プローブのGND端子の誤った接続方法

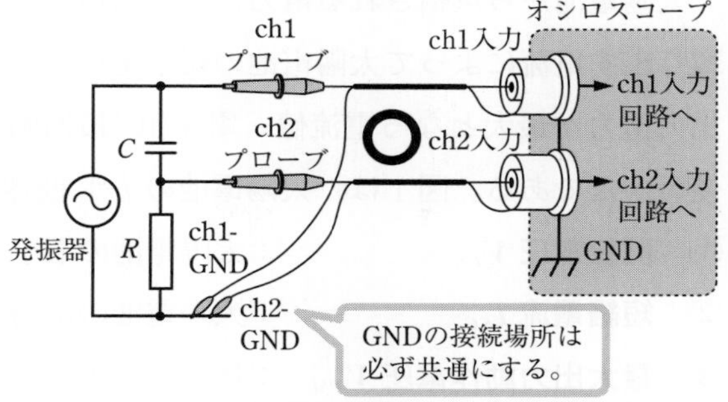

(b) プローブのGND端子の正しい接続方法

▲図 3　プローブの接続方法

アナログ電子回路編

1 太陽電池の基本特性

1 目的

シリコン単結晶の太陽電池の電流-電圧特性について学ぶ。また，太陽電池パネルを直列に接続した場合と，並列に接続した場合の I-V 特性を測定し，太陽電池を最も効率よく利用できる最適動作点や基本的な性質を理解する。

2 使用機器

機器の名称	記号	定格など
太陽電池パネル		4.9 V，0.24 A，1.15 W，2 枚
直流電圧計	V	10 V，30 V
直流電流計	I	30 mA，100 mA
すべり抵抗器	R	1 400 Ω，0.35 A
投光器		60 W，白熱電球
実験スタンド		
定規		30 cm

3 関係知識

1 太陽電池の電流-電圧特性

太陽電池は，太陽光などの光の照射を受けて，光のエネルギーを直接電気エネルギーに変換することができる半導体素子である。「電池」という名称がつくが，乾電池や蓄電池のように電気をたくわえる機能はない。

太陽電池から供給される電力は，太陽電池から取り出す電流によって変化する。これは，取り出す電流によって太陽電池の端子電圧が変化するためである。そのため，太陽電池は出力電力が最大となる電流値・電圧値（最適動作点）で利用することが，最も効率がよい使いかたである。図 1 は，太陽電池の I-V 曲線で，次に示す重要な特性がある。

① **開放電圧** V_{OC} ：太陽電池の端子を開放（何も接続しない状態）の電圧

② **短絡電流** I_{SC} ：太陽電池の出力端子を短絡したときの電流

③ **最大出力動作電圧** V_{PM} ：最大出力電力のときの電圧

④ **最大出力動作電流** I_{PM} ：最大出力電力のときの電流

⑤　**最適動作点**　　　　　　　　：最大出力電力のときの I-V 曲線上の１点

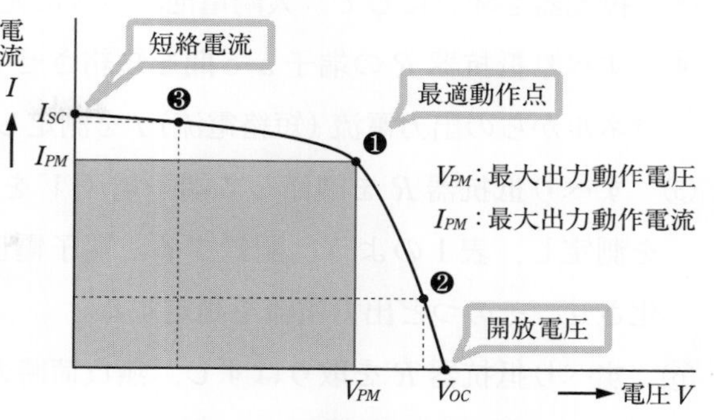

▲図１　太陽電池の I-V 曲線

太陽電池の出力電力 $P = VI$［W］は，図１の曲線上の，ある動作点から水平，垂直に引いた線と横軸（電圧 V），縦軸（電流 I）で囲まれた四角形の面積で表される。この面積が最大となる点が**最適動作点**であり，図１では❶の点がこれに該当する。動作点❷の場合，出力電圧は大きいが出力電流が小さくなるため出力電力は小さい。また，動作点❸の場合では，出力電流は大きいが出力電圧が小さくなり，出力電力は小さくなる。

I-V 曲線は，日射量や太陽電池の温度によって変化する。このため，つねに最適動作点で動作させるために，制御回路と一緒に使用されることが多い。

2　太陽電池の電圧-電力特性

図２のように，電力と電圧の関係を表したものを P-V 曲線という。これにより，最大出力電力を知ることができる。また，最大出力動作電圧 V_{PM} や最大出力動作電流 I_{PM} を知ることができる。最大出力電力となる点は，I-V 曲線上の最適動作点に対応している。

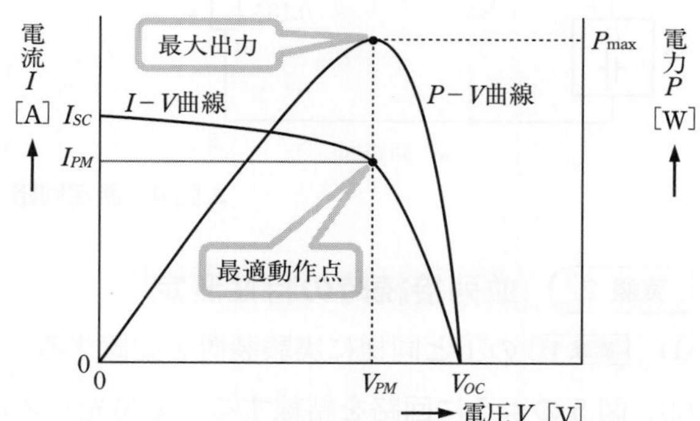

▲図２　太陽電池の I-V 曲線と P-V 曲線

4　実 験

実験１　直列接続時の特性測定

①　図３のように実験装置を配置する。

投光器は実験スタンドのポールにクランプで固定し，投光器と太陽電池パネルとの間を 20 cm にする。

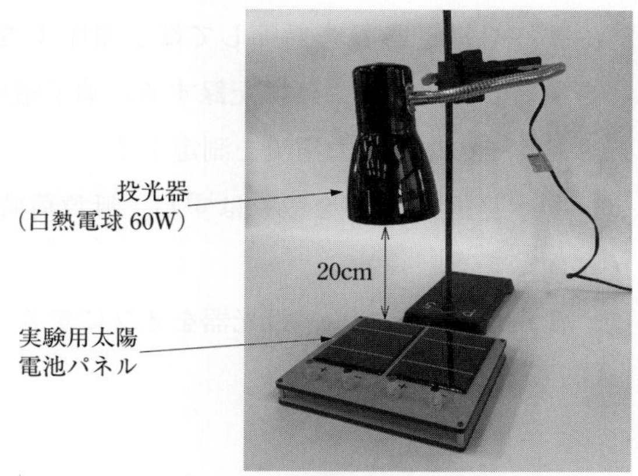

▲図３　実験装置の配置

② 図4のように回路を結線する。太陽電池パネルは「直列」に接続する。

③ 投光器をオンにして，太陽電池パネルに光を当てる。

④ すべり抵抗器 R の端子 a-c 間を短絡させて端子電圧 V を 0.0 V に設定し，太陽電池パネルからの出力電流（短絡電流）I を測定し，表1のように記録する。

⑤ すべり抵抗器 R を調節して端子電圧 V を設定し，太陽電池パネルからの出力電流 I を測定し，表1のように記録する。端子電圧は 0.5 V から 10.0 V まで 0.5 V 間隔で変化させ，そのつど出力電流を測定する。

⑥ すべり抵抗器 R を取りはずし，無負荷時の端子電圧（開放電圧）V と出力電流 I を測定し，表1に記録する。

⑦ 測定が終了したら，投光器をオフにする。

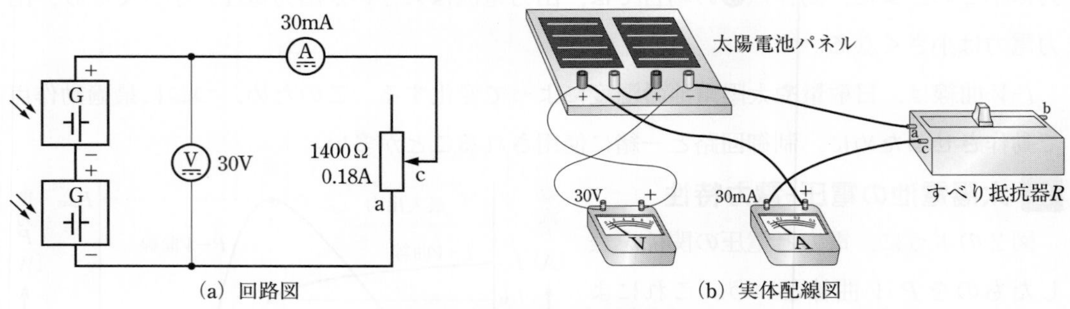

▲図4 測定回路（直列接続）

実験2 並列接続時の特性測定

① 実験1 の①と同様に実験装置を配置する。

② 図5のように回路を結線する。太陽光パネルは「並列」に接続する。

③ 投光器をオンにして，太陽電池パネルに光を当てる。

④ すべり抵抗器 R の端子 a-c 間を短絡させて端子電圧 V を 0.0 V に設定し，太陽電池パネルからの出力電流 I を測定し，表2のように記録する。

⑤ すべり抵抗器 R を調節して端子電圧 V を設定し，太陽電池パネルからの出力電流 I を測定して表2のように記録する。端子電圧は 0.2 V から 5.0 V まで 0.2 V 間隔で変化させ，そのつど出力電流を測定する。

⑥ すべり抵抗器 R を取りはずし，無負荷時の端子電圧 V と出力電流 I を測定し，表2に記録する。

⑦ 測定が終了したら，投光器をオフにする。

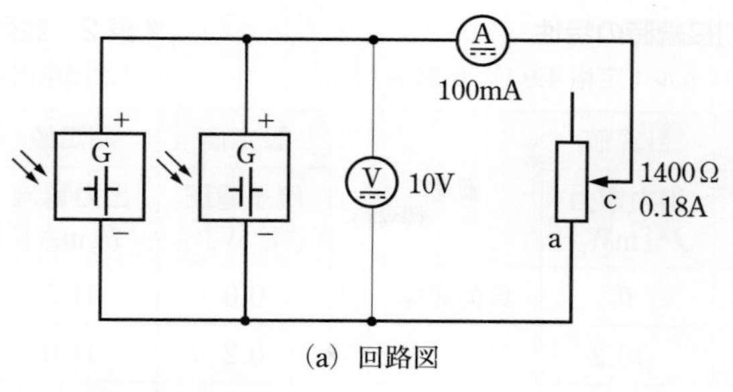

(a) 回路図

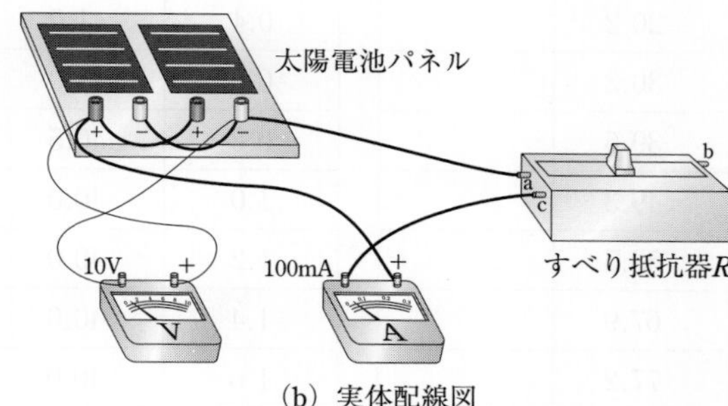

(b) 実体配線図

▲図5 測定回路（並列接続）

5 結果の整理

[1] 実験1 の測定結果を表1のように整理しなさい。

[2] 実験2 の測定結果を表2のように整理しなさい。

[3] 表1から，図6(a)のように，太陽電池パネルを直列接続した場合の I-V 曲線と P-V 曲線を描きなさい。

[4] 表2から，図6(b)のように，太陽電池パネルを並列接続した場合の I-V 曲線と P-V 曲線を描きなさい。

※のちの考察のために，図6(a)，(b)で縦軸と横軸の範囲を同じにしている。

[5] 作成したグラフから，直列接続の場合と並列接続の場合における最大出力電力 $P_{\max}$，最大出力動作電流 I_{PM}，最大出力動作電圧 V_{PM}，短絡電流 I_{SC}，開放電圧 V_{OC} の値をそれぞれ読み取り，表3のように整理しなさい。

▼表１　直列接続時の特性

（太陽電池パネル：定格 4.9 V，0.24 A）

設定値	測定値	計算値	備考
端子電圧 V［V］	出力電流 I［mA］	出力電力 P［mW］	
0.0	20.5	0	負荷短絡
0.5	20.4	10.2	
1.0	20.2	20.2	
1.5	20.1	30.2	
2.0	19.8	39.6	
2.5	19.7	49.3	
3.0	19.5	58.5	
3.5	19.4	67.9	
4.0	19.3	77.2	
4.5	19.3	86.9	
5.0	19.2	96.0	
5.5	19.0	104.5	
6.0	19.0	114.0	
6.5	19.0	123.5	
7.0	18.8	131.6	
7.5	18.7	140.3	
8.0	18.0	144.0	
8.5	16.9	143.7	
9.0	15.6	140.4	
9.5	12.6	119.7	
10.0	6.8	68.0	
10.3	0	0	無負荷

▼表２　並列接続時の特性

（太陽電池パネル：定格 4.9 V，0.24 A）

設定値	測定値	計算値	備考
端子電圧 V［V］	出力電流 I［mA］	出力電力 P［mW］	
0.0	41.5	0	負荷短絡
0.2	41.0	8.2	
0.4	41.0	16.4	
0.6	41.0	24.6	
0.8	40.5	32.4	
1.0	40.0	40.0	
1.2	40.0	48.0	
1.4	40.0	56.0	
1.6	40.0	64.0	
1.8	39.5	71.1	
2.0	39.5	79.0	
2.2	39.5	86.9	
2.4	39.0	93.6	
2.6	39.0	101.4	
2.8	39.0	109.2	
3.0	38.5	115.5	
3.2	38.5	123.2	
3.4	38.5	130.9	
3.6	38.0	136.8	
3.8	38.0	144.4	
4.0	37.0	148	
4.2	35.5	149.1	
4.4	34.0	149.6	
4.6	30.5	140.3	
4.8	24.0	115.2	
5.0	11.5	57.5	
5.2	0	0	無負荷

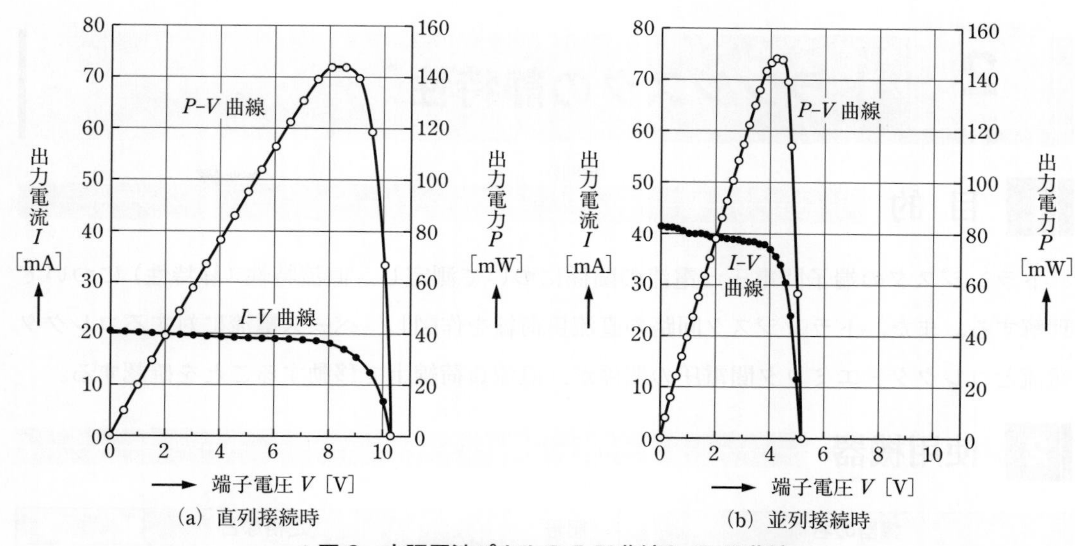

▲図 6　太陽電池パネルの I-V 曲線と P-V 曲線

▼表 3　太陽電池パネルの特性（太陽電池パネル：定格 4.9 V，0.24 A）

太陽電池特性		直列接続（2 枚）	並列接続（2 枚）
最大出力電力	P_{max} [mW]	143.7	149.6
最大出力動作電流	I_{PM} [mA]	16.9	34.0
最大出力動作電圧	V_{PM} [V]	8.5	4.4
短絡電流	I_{SC} [mA]	20.5	41.5
開放電圧	V_{OC} [V]	10.3	5.2

6　結果の検討

[1] 実験結果から，太陽電池パネルの電流-電圧特性について考察しなさい。

[2] この太陽電池パネルを使って，9.8 V，0.96 A の太陽光発電用パネルを製作したい。実験で使用した太陽電池パネルを何枚，どのように接続すればよいか考えてみよう。

[3] 天気がよいときに，太陽光でも測定してみよう。

2　トランジスタの静特性

1　目 的

トランジスタの端子間電圧と電流の関係について測定し，直流特性（静特性）について理解する。また，トランジスタ回路の直流負荷線を作図し，ベース電流に対するコレクタ電流とコレクタ・エミッタ間電圧の関係が，直流負荷線上で移動することを確認する。

2　使用機器

機器の名称	記号	定格など
npn 形小信号用トランジスタ	Tr	2SC1815（60 V，150 mA）
ブレッドボード		ブレッドボード（小），ジャンプワイヤキット
炭素皮膜抵抗	R_B，R_C	$R_B = 30\ \mathrm{k\Omega} \pm 5\%$，$R_C = 390\ \Omega \pm 5\%$
直流電流計（ディジタルマルチメータ）	$\mathrm{A_1}$，$\mathrm{A_2}$	$\mathrm{A_1}$：μA レンジ　　$\mathrm{A_2}$：mA レンジ
直流電圧計（ディジタルマルチメータ）	$\mathrm{V_1}$，$\mathrm{V_2}$	オートレンジ
直流電源装置	E_B，E_C	0 ～ 10 V，1 A

3　関係知識

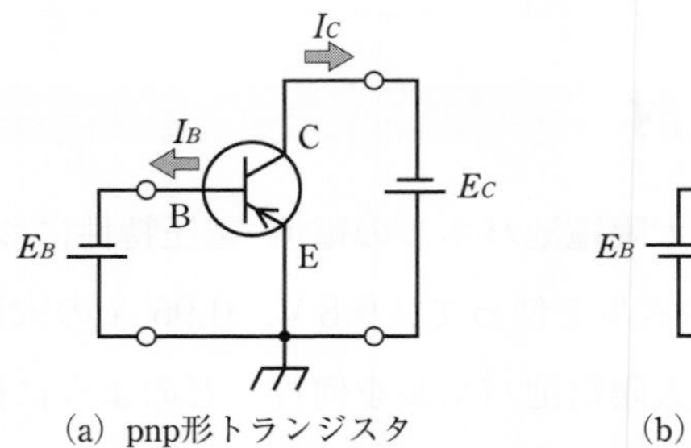

(a) pnp形トランジスタ　　(b) npn形トランジスタ

▲図 1　エミッタ接地の基本回路

トランジスタには pnp 形と npn 形があり，各端子間に加える電圧（バイアス電圧）の向きが異なる。図 1 に示す基本回路は，エミッタを共通端子としてバイアス電圧 E_B と E_C が接続されている。このような回路を**エミッタ接地（共通）回路**という。トランジスタの各端子に加わる直流電圧と電流を定めたとき，これらの関係を示したものをトランジスタの**静特性**という。図 2 は，実験結果から求めた npn 形トランジスタ 2SC1815 の静特性である。

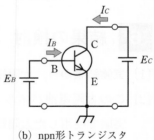

① V_{CE}-I_C 特性は**出力特性**ともよばれ，ベース電流 I_B を一定にした状態で，コレクタ・エミッタ間電圧 V_{CE} を変化させたときに，コレクタ電流 I_C がどのように変化するかを示したものである。

② I_B-I_C 特性は，V_{CE} を一定にした状態で I_B を変化させたときに，I_C がどのように変化するかを示したものである。この特性の傾き $\dfrac{I_C}{I_B}$ を**直流電流増幅率 h_{FE}** という。

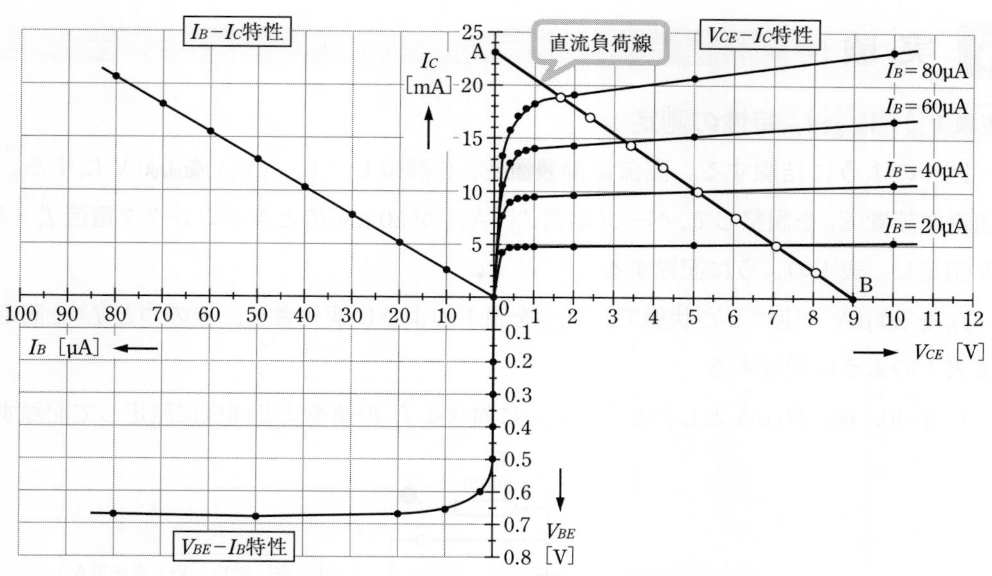

▲図２　2SC1815 の静特性と直流負荷線

③　V_{BE}-I_B 特性は**入力特性**ともよばれ，V_{CE} を一定にした状態でベース・エミッタ間電圧 V_{BE} を変化させたときに，I_B がどのように変化するかを示したものである。この特性は，ダイオードの順方向特性とほぼ同じになる。

④　V_{CE}-I_C 特性に引かれた直線を**直流負荷線**といい，電源電圧 V_{CC} とコレクタ抵抗 R_C によって決まる特性である。図３に示すトランジスタ回路において，V_{CC} と V_{CE}，コレクタ電流 I_C の関係は，$V_{CC} = R_C I_C + V_{CE}$ であるから，コレクタ電流 I_C は式 (1) のようになる。

$$I_C = \frac{V_{CC} - V_{CE}}{R_C} \ \text{[A]} \tag{1}$$

式 (1) より，コレクタ電流 I_C の最大値は，トランジスタのコレクタ・エミッタ間が導通状態 (短絡) と仮定すると $V_{CE} = 0$ であるから，

$$I_C = \frac{V_{CC} - V_{CE}}{R_C} = \frac{9 - 0}{390} = 23.1\ \text{mA} \qquad (V_{CE} = 0\ \text{V}) \tag{2}$$

これより，図２の点 A が定められる。一方，V_{CE} の最大値は，トランジスタがオフ状態であると仮定すると，$I_C = 0$ であるから，式 (1) より，

$$V_{CE} = V_{CC} = 9\ \text{V} \qquad (I_C = 0\ \text{A}) \tag{3}$$

これより，図２の点 B が定められる。点 A と点 B を直線で結ぶことにより，直流負荷線を描くことができる。図３のトランジスタ回路は，この直流負荷線に沿って動作する。たとえば，I_B が 40 μA 流れたとすると，図２に示す直流負荷線と V_{CE}-I_C 特性曲線の交点から，I_C は 10 mA であり，そのときの V_{CE} は約 5 V であることがわかる。

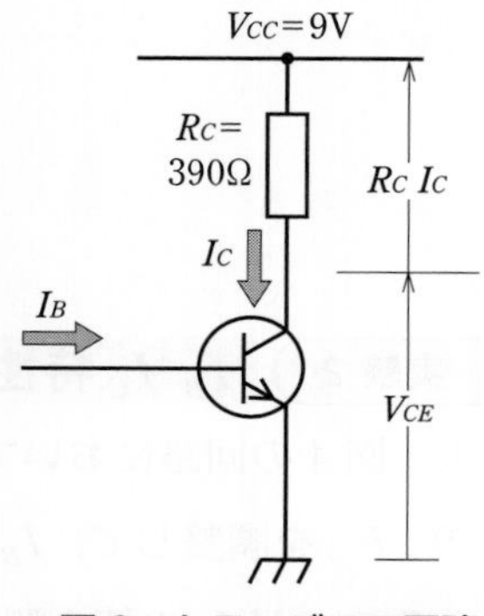

▲図３　トランジスタ回路

4 実験

実験 1 V_{CE}-I_C 特性の測定

① 図 4 のように結線する。直流電源装置 E_C を調整し，V_{CE} (V_2) を 0.0 V にする。直流電源装置 E_B を調整して，ベース電流 I_B (A_1) が 20 μA のときのコレクタ電流 I_C (A_2) を測定し，表 1 のように記録する。

② I_B を 20 μA 一定にした状態で，V_{CE} を表 1 のように変化させ，そのつど I_C を測定して表 1 のように記録する。

③ I_B を 40，60，80 μA としたとき，V_{CE} に対する I_C の値を②と同様に測定して記録する。

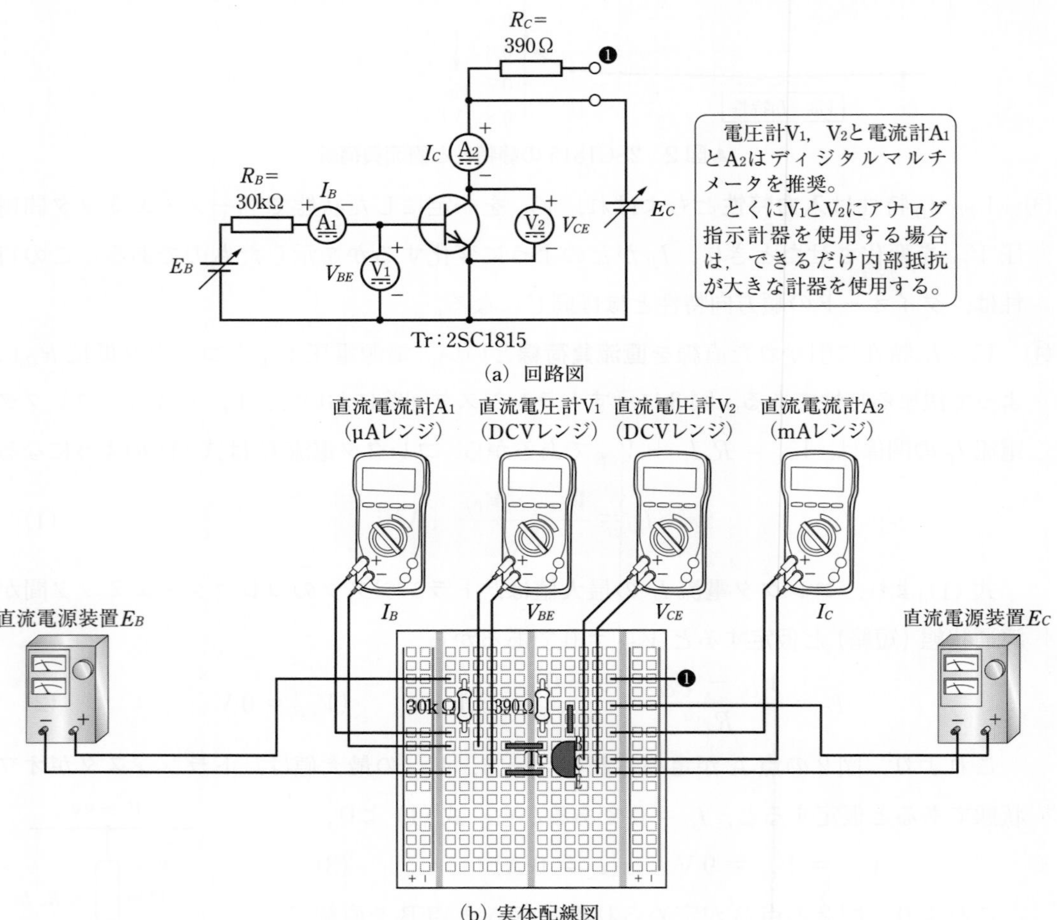

▲図 4 トランジスタの静特性測定回路

実験 2 I_B-I_C 特性の測定

① 図 4 の回路において，V_{CE} が 5.0 V になるよう E_C を調整し，実験中は一定に保つ。

② E_B を調整して，I_B (A_1) を表 2 のように，0 μA から 80 μA まで 10 μA ずつ変化させ，そのつど I_C の値を測定し，表 2 のように記録する。

実験 3 **V_{BE}-I_B 特性の測定**

① 図4の回路において，V_{CE} が 5.0 V になるよう E_C を調整し，実験中は一定に保つ。

② E_B を調整し，V_{BE} を表3のように変化させ，そのつど I_B を測定し，表3のように記録する。

実験 4 **直流負荷線の測定**

① 図4の回路において，直流電源装置 E_C のプラス側を❶に接続する。

② 直流電源装置 E_C を 9.0 V に調整する。実験中，E_C は変化させない。

③ E_B を調整して，I_B を表4のように変化させ，そのつど I_C と V_{CE} を測定し，表4のように記録する。

5 結果の整理

[1] 表1～表3をもとに，図2のような静特性曲線を描きなさい。

[2] 実験4において，図4の回路から，I_C の最大値（点 A）と V_{CE}（点 B）の最大値を式(2)，式(3)のように求め，静特性図に直流負荷線を描きなさい。また，表4から，I_C と V_{CE} の交点を静特性図にプロットしなさい。

▼**表1** **V_{CE}-I_C 特性**（Tr：2SC1815，I_B 一定）

V_{CE} [V]	I_C [mA]			
	I_B = 20μA	I_B = 40μA	I_B = 60μA	I_B = 80μA
0.0	0.11	0.12	0.12	0.11
0.2	4.26	7.82	10.65	13.32
0.4	4.74	9.10	12.70	15.73
0.6	4.74	9.32	13.56	17.05
0.8	4.77	9.38	13.86	17.95
1.0	4.79	9.42	13.97	18.41
2.0	4.83	9.58	14.23	18.94
5.0	5.01	10.03	15.11	20.54
10.0	5.21	10.78	16.74	23.24

▼**表2** **I_B-I_C 特性**（Tr：2SC1815，V_{CE} = 5.0 V 一定）

I_B [μA]	0	10	20	30	40	50	60	70	80
I_C [mA]	0.00	2.49	5.00	7.52	10.11	12.64	15.31	18.04	20.73

▼**表3** **V_{BE}-I_B 特性**（Tr：2SC1815，V_{CE} = 5.0 V 一定）

V_{BE} [V]	0	0.2	0.3	0.4	0.5	0.6	0.65	0.67	0.67	0.67
I_B [μA]	0.0	0.0	0.0	0.0	0.0	1.3	10.0	20.0	50.0	80.0

▼**表4** **直流負荷線**（Tr：2SC1815，直流電源 E_C = 9.0 V，R_C = 390 Ω，A 点：$I_C = E_C/R_C$ = 23.1 mA，B 点：I_C = 0 A，$V_{CE} = E_C$ = 9 V）

I_B [μA]	0	10	20	30	40	50	60	70	80
I_C [mA]	0.00	2.51	5.06	7.58	10.05	12.35	14.35	16.94	18.90
V_{CE} [V]	9.00	8.03	7.04	6.06	5.09	4.24	3.45	2.41	1.65

6 結果の検討

[1] グラフに描いた I_B-I_C 特性より，I_B = 50 μA のときの直流電流増幅率 h_{FE} を求めてみよう。

[2] I_B-I_C 特性は，V_{CE}-I_C 特性からも描くことができる。V_{CE} = 5.0 V のときの I_B と I_C について注目し，どのようにしたら描くことができるか考えてみよう。

[3] I_B を変化させたとき，V_{CE} と I_C の交点が V_{CE}-I_C 特性に描いた直流負荷線上を移動しているか確認してみよう。また，コレクタ抵抗 R_C と直列に LED を接続したとすると，I_B の変化に対して，LED の明るさはどのように変化するのか考えてみよう。

3 シミュレータを用いたトランジスタ増幅回路の特性

1 目的

電子回路シミュレータは，いろいろな電子回路の動作をパソコン上で解析・評価できるCADの一つである。ここでは，実習4▶p.30で行うトランジスタ増幅回路について，周波数特性や仮想オシロスコープによる動作波形の確認など，電子回路シミュレータを使って増幅回路の特性を調べ，その活用方法を学ぶ。

2 使用ソフトウェア

電子回路シミュレータ TINA-TI（ティナ）

3 関係知識

1 電子回路シミュレータ TINA-TI とは

アメリカの半導体メーカ Texas Instruments 社が，シミュレータの開発元である DesignSoft 社と提携し，電子回路の設計技術者向けに提供している設計支援ソフトウェアである。日本語版のフリー（無料）ソフトも提供されている。

2 TINA-TI のダウンロード

日本テキサス・インスツルメンツ社の Web サイトからダウンロードし，パソコンにインストールする。

3 TINA-TI の初期画面

図1は TINA-TI を起動して現れる初期画面である。画面に次のようなメニューや機能アイコンが配置されている。

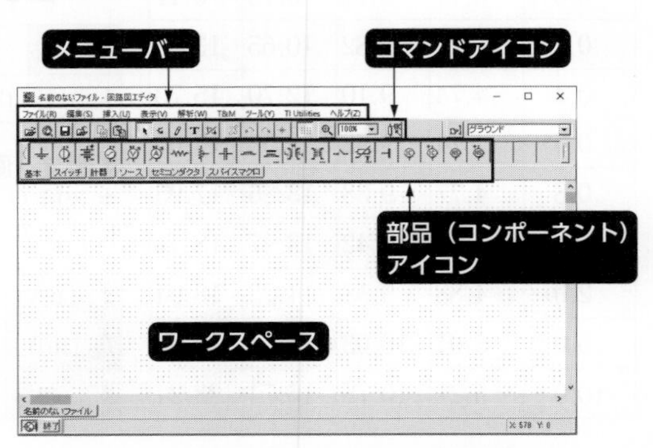

▲図1　TINA-TI の初期画面

①**メニューバー**　TINA-TI のすべてのコマンドが選択できる。

②**コマンドアイコン**　使用頻度が高いコマンドがアイコンとして配置されている。

③**部品（コンポーネント）アイコン**　回路の作成に必要な部品や，電圧計や電流計，仮想オシロスコープなど，さまざまな計測器を選ぶことができる。

画面中央の空白部は，回路図を描く**ワークスペース**とよばれる領域である。ここに，抵抗やコンデンサ，実験に必要な発振器や電源装置，オシロスコープなどを部品アイコンから選んで配置し，シミュレーションしたい電子回路を作成する。

※　**部品アイコンで使われている図記号には，JIS の記号と異なるものがあるので注意する。**

4 シミュレーションの手順

電子回路のシミュレーションを行う手順は，①回路図エディタによる電子回路の作成，②シミュレーションツールによる解析（必要に応じて解析結果をプリントアウト）である。

4 実験

1 部品配置と配線

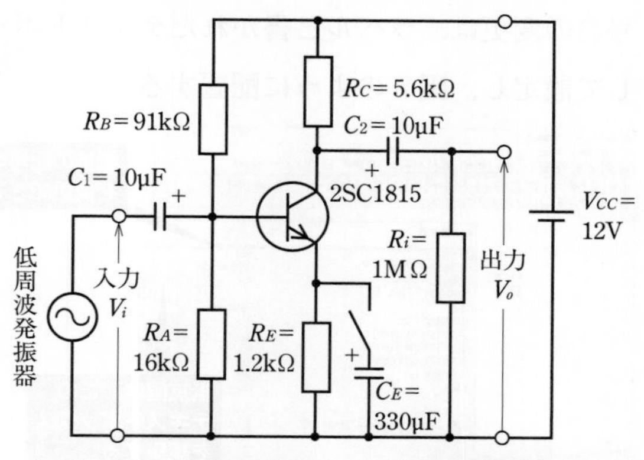

▲図２　シミュレーションを行う増幅回路

TINA-TI のワークスペース上に，図２に示す増幅回路を作成する。バイパスコンデンサ C_E は，スイッチを使って接続のあり，なしを切り換えられるようにする。

①トランジスタの配置　部品アイコンの下部にある「セミコンダクタ」タブをクリックし，NPN バイポーラトランジスタアイコン をクリックする。マウスポインタに npn 形トランジスタの記号が表示されるので，ワークスペース上の適当な場所でクリックして，トランジスタを配置する。

②トランジスタの型番指定　配置したトランジスタの図記号をダブルクリック（または，右クリックしてプロパティを選択）すると「T1 NPN バイポーラ・トランジスタ」画面が開く。画面内の「タイプ」と書かれたテキストボックス右側にある変更ボタン …をクリックすると，図３のような「カタログ・エディタ」画面が開く。画面内の「タイプ」の中から「Q 2SC1815」を選択し，OK ボタンをクリックして「カタログ・エディタ」画面を閉じ，さらに OK ボタンをクリックして「T1 NPN バイポーラ・トランジスタ」画面を閉じる。

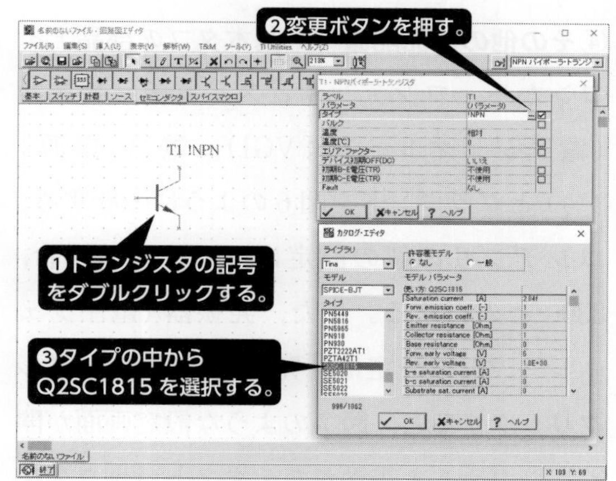

▲図３　トランジスタの設定画面

③抵抗の配置と定数の変更　部品アイコンの下に表示されている「基本」タブをクリックし，抵抗のアイコンをクリックすると，マウスポインタに抵抗の図記号が表示される。抵抗の向きを縦配置にしたい場合は，右クリックするとプルダウンメニューが表示され，「右に回転」または「左に回転」をクリックして変更し，抵抗を適切な場所に配置する。抵抗値はデフォルト（標準設定）で１kΩになっているので，抵抗の定数と名称を変更する。

配置した抵抗をダブルクリック（または右クリックしてプロパティを選択）すると，図4のような抵抗に関する設定画面が開く。ここで，抵抗値［Ohm］と書かれたテキストボックスに希望する抵抗値を入力する。kΩ単位の場合は数値の最後にkをつけ（たとえば91 k），MΩ単位の場合は数値の最後にMをつける（たとえば1 M）。また，抵抗の記号名の変更は，ラベルと書かれたテキストボックス内を編集する。その他の抵抗も同様にして設定し，図5のように配置する。

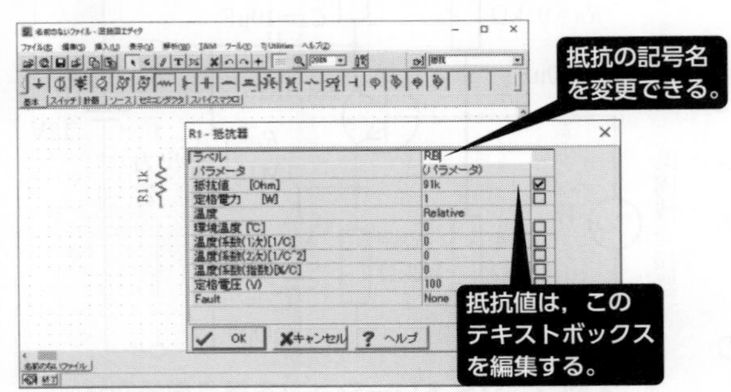

▲図4　抵抗の定数と名称設定画面

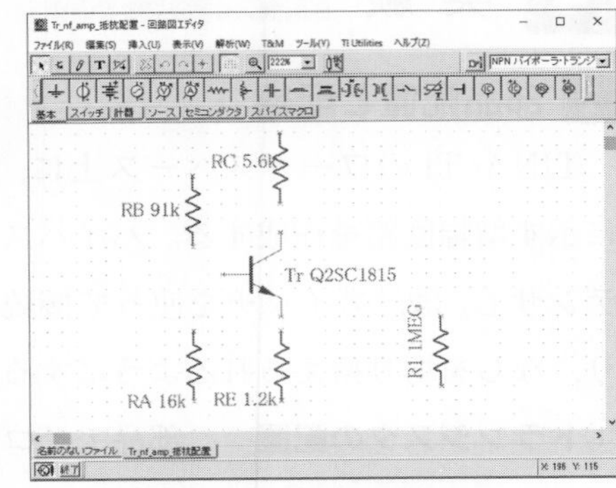

▲図5　抵抗器の配置

④その他の部品配置　基本タブの部品アイコンから，コンデンサとスイッチ，発振器（電圧ジェネレータ：VG1），電池（電源：V_{CC}）とグラウンドを図6のように配置する。コンデンサの値の設定は，330 μFの場合，330uと入力する。また，発振器（電圧ジェネレータ）の設定は，発振器VG1をダブルクリックすると，図7のような設定画面が開く。シグナルと書かれたテキストボックスをクリックし，変更…ボタンをクリックすると，シグナル・エディタ画面が開く。ここで，波形の種類と振幅，周波数を設定することができる。ここでは図7のように，ボタンで正弦（sin）波を選択し，振幅と周波数はテキストボックス内に，それぞれ10 m，1 kと入力する。

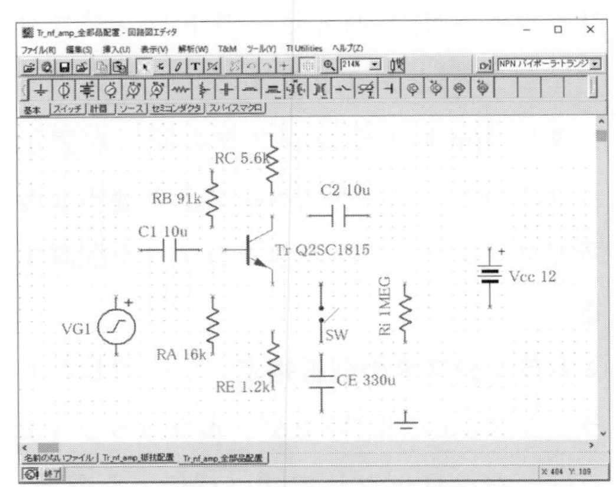

▲図6　すべての部品を配置する

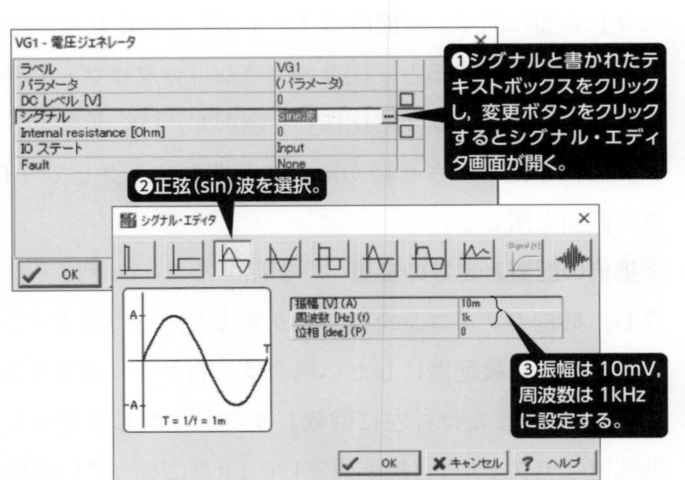

▶図7　発振器（電圧ジェネレータ）の設定

電池（電源）の設定画面では，電圧を 12 V に，ラベルを V_{CC} に変更する。また，グラウンドの配置を忘れると，シミュレーションのさいにエラーになるので注意する。

⑤部品の配線　配置した部品どうしを配線し，回路を完成させる。各部品には，回路接続が必要なノード（節点）があり，小さな赤色の×（バツ印）で表されている。部品の相互配線は，ワイヤーアイコンを利用するか，マウスポインタを部品に近づけることで配線用のポインタに変化させ，各部品のノード（赤色の×印）を左クリックし，接続したい部品のノードまでマウスポインタを移動して，もう一度左クリックで結線を完了させる。

配線をやり直したい場合は，編集ツールボタンを使って配線を選択状態（赤色に変わる）にしたうえで，キーボードの Del を押すと消去することができる。

⑥電圧測定端子の配置　増幅回路の入力端子と出力端子に電圧測定端子を配置する。部品アイコンの下に表示されている「計器」タブをクリックし，電圧ピンを図 8 のように配置し，電圧ピンの名称を V_i，V_o に変更する。

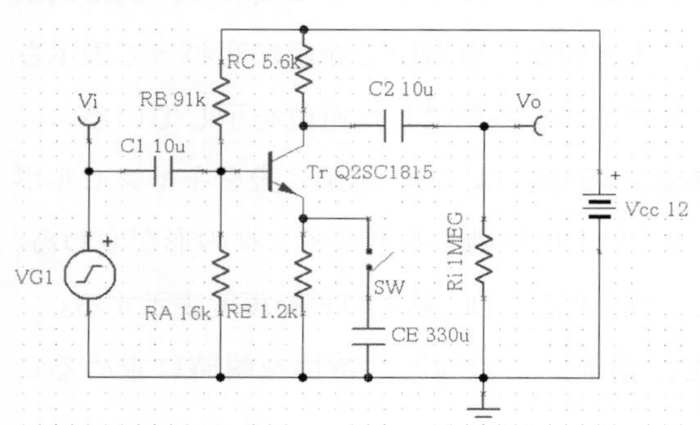

▲図 8　電子回路エディタで作成した増幅回路

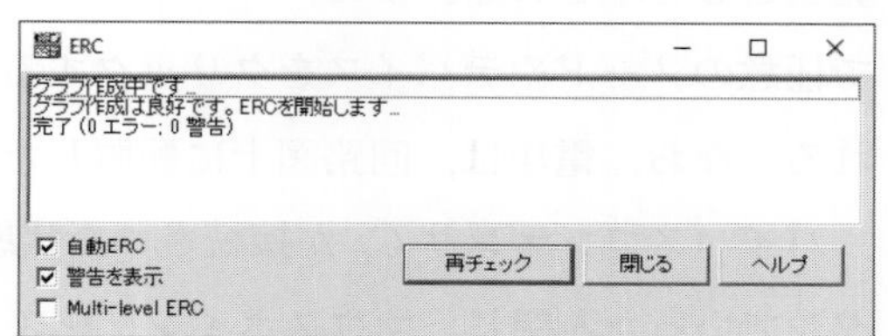

(a) 配線にエラーがない場合

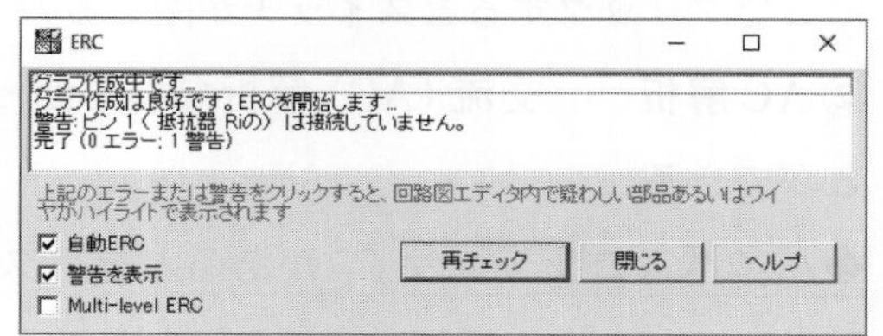

(b) 配線にエラーがある場合

▲図 9　ERC を使った配線確認

⑦配線の確認　配置した部品どうしの配線が確実に行われているか，ERC（Electric Rules Check）機能を使って確認する。メニューバーから，「**解析（W）＞ ERC...**」をクリックすると，結果が図 9 のように表示される。配線が行われていない部品や，適切に配線が行われていない場合は，図 9 (b)のような警告メッセージが表示される。エラーメッセージまたは警告メッセージをダブルクリックすると，回路図エディタ内の疑わしい箇所が赤色に変わって表示されるので，参考にする。

2 シミュレータによる増幅回路の解析

①各部のバイアス電圧・電流の計測　回路図エディタで作成した図 8 の回路において，各ノード（節点）の電圧と電流を計測することができる。メニューバーから，「**解析（W）＞ DC 解析＞ DC 結果の表**」をクリックすると，図 10 のように，ワークスペースの回路図上にノード番号が表示され，ノード番号における電圧と各部品における電圧と電流が一

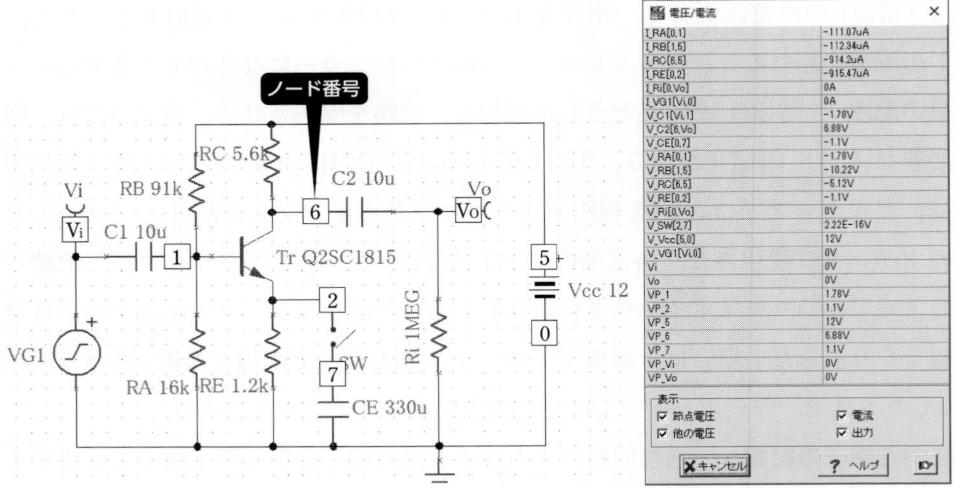

I_RA[0,1]	-111.07uA
I_RB[1,5]	-112.34uA
I_RC[6,5]	-914.2uA
I_RE[0,2]	-915.47uA
I_Ri[0,Vo]	0A
I_VG1[Vi,0]	0A
V_C1[Vi,1]	-1.78V
V_C2[6,Vo]	6.88V
V_CE[0,7]	-1.1V
V_RA[0,1]	-1.78V
V_RB[1,5]	-10.22V
V_RC[6,5]	-5.12V
V_RE[0,2]	-1.1V
V_Ri[0,Vo]	0V
V_SW[2,7]	2.22E-16V
V_Vcc[5,0]	12V
V_VG1[Vi,0]	0V
Vi	0V
Vo	0V
VP_1	1.78V
VP_2	1.1V
VP_5	12V
VP_6	6.88V
VP_7	1.1V
VP_Vi	0V
VP_Vo	0V

▲図 10　DC 解析による各部の電圧と電流の測定結果

覧表として示される。また，マウスポインタがテストツールポインタに変わり，回路図上で任意のノードやデバイスをクリックすると，その値が一覧表内で赤色に変わって表示される。なお，電圧は，回路図上に配置したグラウンドを基準にした電位を示している。

バイパスコンデンサ C_E が接続された状態を調べる場合は，DC 結果の表をキャンセルボタンでいったん閉じ，マウスポインタをスイッチの上に移動するとポインタの形が変わる。ここでクリックするとスイッチが閉じるので，この状態で DC 結果の表を再度表示する。

② AC 解析　交流（AC）解析機能を使って，増幅回路の周波数特性を瞬時に求めることができる。

◆バイパスコンデンサ C_E があるとき　スイッチを閉じた状態にし，メニューバーから，「**解析（W）＞ AC 解析＞ AC 伝達特性 ...**」をクリックすると，図 11(a)のような設定画面が開く。解析する周波数範囲として，開始周波数は 10（10 Hz），終了周波数は 1 M（1 MHz）に設定する。また，表示するダイアグラム（図）は，振幅特性だけを表示し，位相特性は表示しないので振幅だけにチェックを入れる。最後に OK ボタンをクリックす

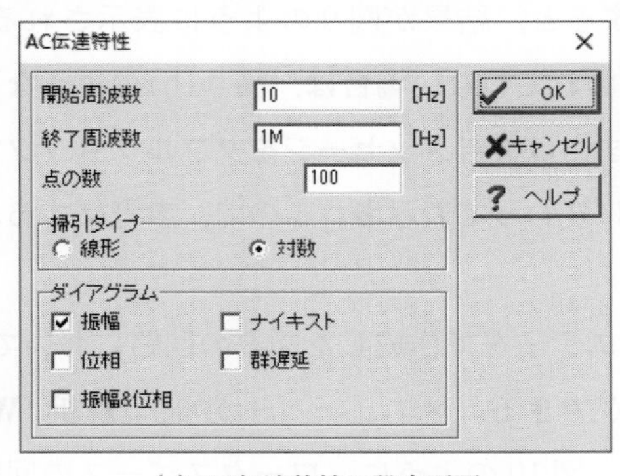

(a) AC伝達特性の設定画面

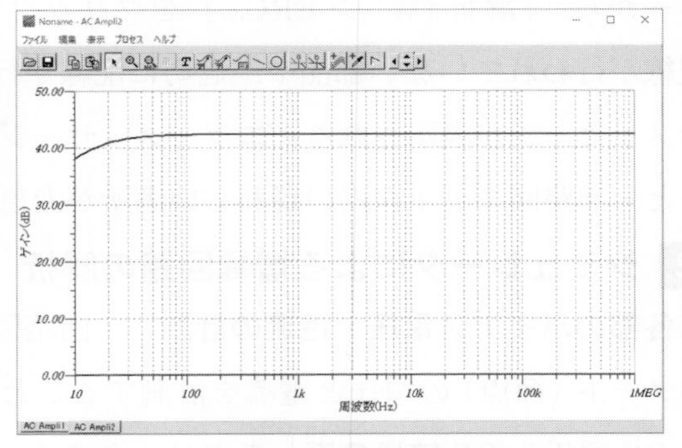

(b) 周波数特性の表示画面

▲図 11　AC 解析による周波数特性のシミュレーション

ると，図 11(b)のような周波数特性が得られる。

◆バイパスコンデンサ C_E がないとき　スイッチを開いた状態にし，上記と同様な手順により周波数特性が得られる。

◆カーソルを使った周波数特性の数値の読み取り

図 11(b)に示す周波数特性から，各周波数における電圧利得の値を読み取ることができる。

図 11(b)のツールバーから，カーソル a ボタンをクリックし，マウスポインタで特性曲線をクリックすると，図 12 のように，カーソルの x 座標と y 座標の値が表示される。x 座標は周波数，y 座標はゲイン（電圧利得）の値を示し，カーソルは自由に移動することができる。

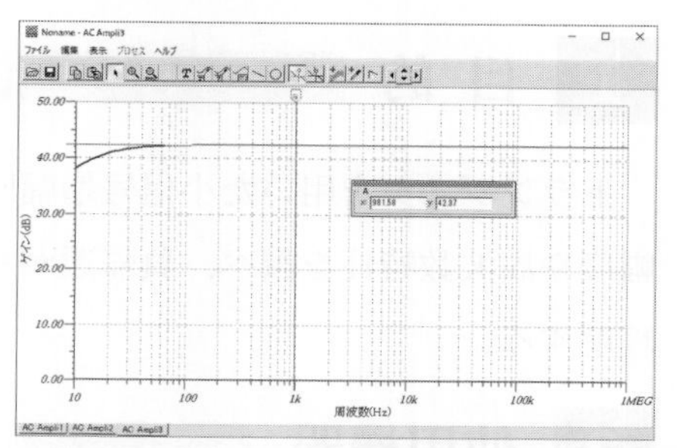

▲図 12　カーソルを使った値の読み取り

③仮想オシロスコープを使った波形観測

仮想オシロスコープを用いることで，入力端子と出力端子に配置した電圧ピン V_i と V_o の波形観測ができる。メニューバーから，「**T & M ＞オシロスコープ**」を選択すると，図 13 のようなオシロスコープ画面が現れる。画面右側のコントロールパネル内の Storage の**実行**ボタンをクリックすると波形が表示される。また，コントロールパネルの最下部にある **Auto** ボタンを使うと，水平・垂直レンジを適切な値に自動設定してくれる。波形の静止画像を確認したい場合は，**停止**ボタンを使う。

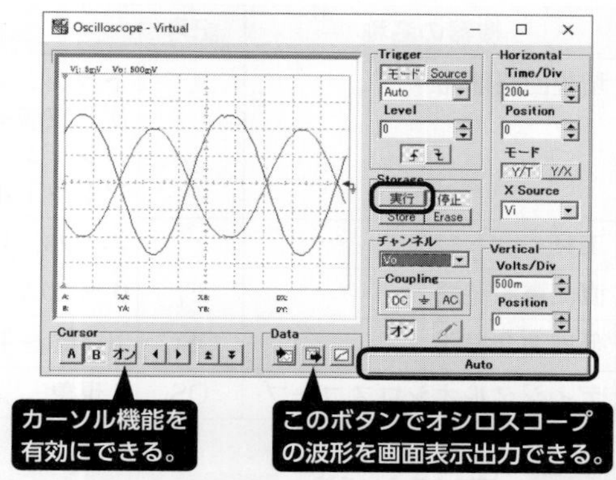
カーソル機能を有効にできる。
このボタンでオシロスコープの波形を画面表示出力できる。

▲図 13　仮想オシロスコープによる波形観測

5　結果の整理

[1]　直流解析結果の図 10，交流解析を行った図 11(b)，仮想オシロスコープによる波形について，それぞれ印刷しなさい。

[2]　バイパスコンデンサがある場合と，ない場合について，周波数特性から電圧利得を読み取り，記録しなさい。また，電圧利得が 3 dB 低下する遮断周波数を求めなさい。

6　結果の検討

[1]　バイパスコンデンサがある場合と，ない場合の電圧利得について，実習 4 ▶ p.30 の結果と比較してみよう。

[2]　遮断周波数について，シミュレーション結果と実習 4 の結果を比べてみよう。

4 トランジスタ増幅回路の特性

1 目的

トランジスタを用いた小信号増幅回路について，入力信号と出力信号の関係から電圧増幅度や周波数特性を調べ，負帰還がある増幅回路と負帰還がない増幅回路の違いについて理解する。

2 使用機器

機器の名称	記号	定格など
増幅回路部品		トランジスタ 2SC1815 炭素皮膜抵抗 (1/4 W) 91 kΩ，16 kΩ，5.6 kΩ，1.2 kΩ，1 MΩ コンデンサ (16 V) 10 μF2 個，330 μF ブレッドボード，ブレッドボード用ジャンプワイヤ
工具		ニッパ，ピンセット
直流電源装置	E_C	0 ～ 20 V，1 A 程度
低周波発振器	OSC	10 Hz ～ 1 MHz
ディジタルオシロスコープ	OS	2 現象

3 関係知識

増幅回路の出力信号の一部を入力側に戻すことを**帰還**といい，とくに増幅回路の入力信号と帰還される信号が逆位相の場合を**負帰還**という。図 1 は，負帰還増幅回路の原理図である。

帰還信号 v_f と出力信号 v_o の比を**帰還率**という。帰還率は式 (1) で表され，記号に β（ベータ）を用いる。

$$\beta = \frac{v_f}{v_o} \qquad (1)$$

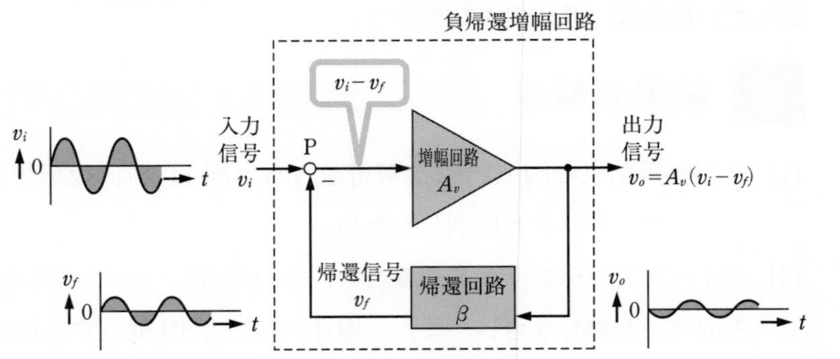

▲図 1　負帰還増幅回路の原理図

負帰還をかけないときの増幅回路の電圧増幅度を A_v，入力電圧を v_i とすると，図 1 に示す負帰還増幅回路の電圧増幅度 A_{vf} は，式 (2) で表される。

$$A_{vf} = \frac{v_o}{v_i} = \frac{A_v}{1 + A_v \beta} \qquad (2)$$

ここで，$A_v\beta \gg 1$ であるとすると，式 (2) は次のように近似できる。

$$A_{vf} = \frac{A_v}{1 + A_v\beta} \fallingdotseq \frac{A_v}{A_v\beta} = \frac{1}{\beta} \qquad (3)$$

図 2 (a)は，エミッタ接地増幅回路のバイパスコンデンサ C_E を取り除いた回路であり，エミッタ抵抗 R_E によって帰還信号 v_f がつくられる。バイパスコンデンサ C_E がある場合は，帰還信号 v_f がなくなるため，帰還がない増幅回路になる。このときの電圧増幅度 A_v は，式 (4) になる。

$$A_v = \frac{h_{fe}}{h_{ie}} R_L \qquad \left(\text{ただし，} R_L = \frac{R_C R_i}{R_C + R_i}\right) \qquad (4)$$

バイパスコンデンサ C_E を取りはずすと，帰還信号 v_f が発生するため，帰還がある場合の増幅回路になる。帰還率 β は，R_L と R_E の比だけで決まるため，帰還がある場合の電圧増幅度 A_{vf} は，式 (5) のようになる。

$$A_{vf} \fallingdotseq \frac{1}{\beta} = \frac{R_L}{R_E} \qquad (5)$$

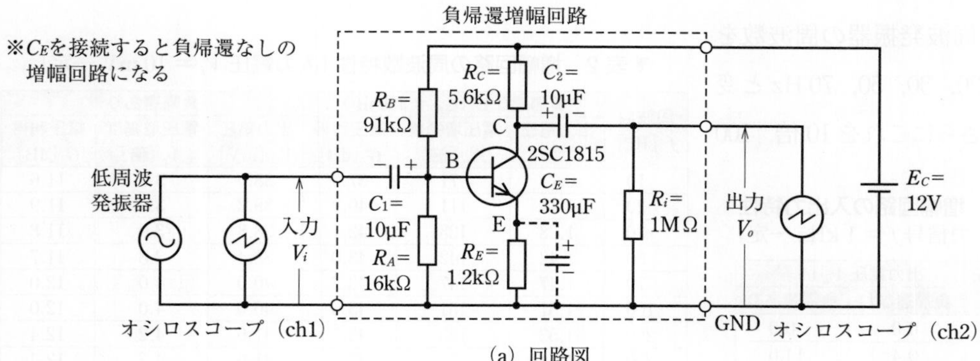

(a) 回路図

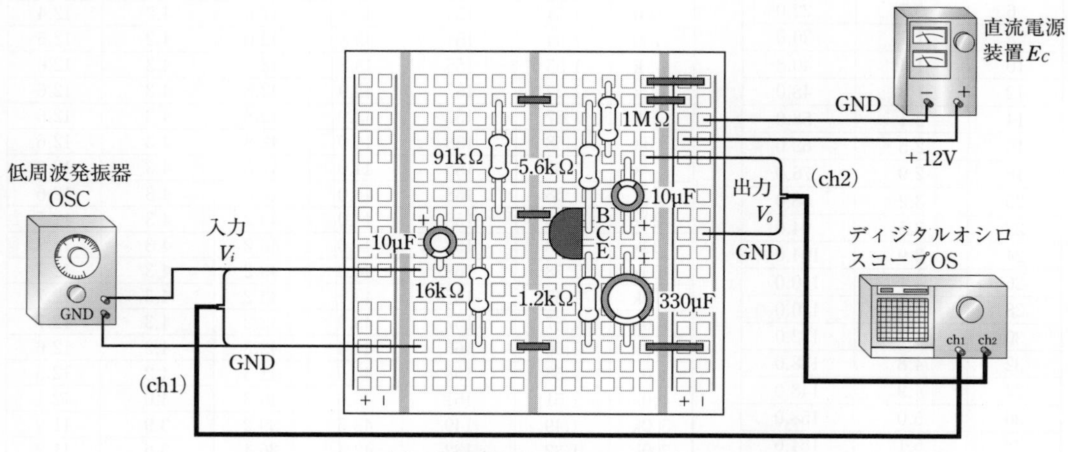

(b) 実体配線図（C_Eありの場合）

▲図 2　負帰還増幅回路の実験回路

4 実験

実験 1 増幅回路の入出力特性の測定

① ブレッドボードを使って，図 2 (b)のように結線する。$E_C = 12$ V，$C_E = 330$ μF のコンデンサを接続し，負帰還がない場合の増幅回路を構成する。

② 低周波発振器の周波数を 1 kHz 一定とし，入力電圧 V_i (ch1) の振幅 (最大値) を 0，4，6，8，…，40 mV まで増加させ，そのつど出力電圧 V_o (ch2) の振幅 (最大値) をディジタルオシロスコープの Measure (計測) 機能を使って読み取り，表 1 のように記録する。

③ バイパスコンデンサ $C_E = 330$ μF を取りはずし，負帰還増幅回路に変更したうえで，②と同様の手順で測定を行い，表 1 のように記録する。

実験 2 増幅回路の周波数特性の測定

① 実験 1 の①と同様に，$C_E = 330$ μF のコンデンサを接続し，負帰還がない場合の増幅回路を構成する。

② ディジタルオシロスコープの Measure 機能を使い，入力電圧 V_i (ch1) の振幅 (最大値) が 10 mV になるよう，低周波発振器の出力電圧を調整する。

③ 低周波発振器の周波数を 10，20，30，50，70 Hz と変え，さらにこれを 10 倍，100

▼表 1 増幅回路の入出力特性 (入力信号 $f = 1$ kHz 一定)

入力電圧 V_i [mV]	出力電圧 V_o [V]*	
	負帰還なし	負帰還あり
0	0.0	0.0
4	0.4	14.0
6	0.7	22.0
8	1.1	30.0
10	1.4	40.8
12	1.8	48.0
14	2.1	58.0
16	2.5	68.0
18	2.9	76.0
20	3.2	88.0
22	3.5	94.0
24	3.9	104.0
26	4.1	110.0
28	4.4	120.0
30	4.7	132.0
32	4.8	138.0
34	4.9	148.0
36	5.0	158.0
38	5.1	164.0
40	5.0	172.0

* 負帰還ありの場合は mV 単位

▼表 2 増幅回路の周波数特性 (入力電圧 $V_i = 10$ mV 一定)

周波数 f [Hz]	負帰還なし ($C_E = 330$ μF)			負帰還あり		
	出力電圧 V_o [V]	電圧増幅度 A_v [倍]	電圧利得 G [dB]	出力電圧 V_o [mV]	電圧増幅度 A_v [倍]	電圧利得 G [dB]
10	0.71	71	37.0	38.0	3.8	11.6
20	1.11	111	40.9	39.2	3.9	11.9
30	1.28	128	42.1	38.8	3.9	11.8
50	1.42	142	43.0	38.4	3.8	11.7
70	1.47	147	43.3	40.0	4.0	12.0
100	1.51	151	43.6	40.0	4.0	12.0
200	1.53	153	43.7	41.6	4.2	12.4
300	1.54	154	43.7	41.6	4.2	12.4
500	1.54	154	43.8	41.6	4.2	12.4
700	1.54	154	43.8	42.0	4.2	12.5
1k	1.55	155	43.8	42.8	4.3	12.6
2k	1.57	157	43.9	42.8	4.3	12.6
3k	1.57	157	43.9	42.8	4.3	12.6
5k	1.58	158	44.0	42.8	4.3	12.6
7k	1.58	158	44.0	42.8	4.3	12.6
10k	1.58	158	44.0	42.8	4.3	12.6
20k	1.58	158	44.0	43.2	4.3	12.7
30k	1.58	158	44.0	43.2	4.3	12.7
50k	1.58	158	44.0	43.2	4.3	12.7
70k	1.57	157	43.9	43.2	4.3	12.7
100k	1.57	157	43.9	43.2	4.3	12.7
200k	1.66	166	44.4	42.8	4.3	12.6
300k	1.58	158	44.0	42.3	4.2	12.5
400k	1.51	151	43.6	40.3	4.0	12.1
500k	1.49	149	43.5	39.2	3.9	11.9
700k	1.32	132	42.4	36.4	3.6	11.2
800k	1.22	122	41.7	34.8	3.5	10.8
1M	1.08	108	40.7	35.0	3.5	10.9

倍，1000倍としたとき，各周波数における出力電圧 V_o (ch2) の振幅 (最大値) をディジタルオシロスコープのMeasure機能を使って読み取り，表2のように記録する。

このとき，出力電圧が低下しはじめる周波数領域では，電圧利得が3dB低下する点をみつけやすいように細かく測定する。

④ バイパスコンデンサ $C_E = 330\ \mu F$ を取りはずし，負帰還増幅回路に変更したうえで，②～③と同様の手順で測定を行い，表2のように記録する。

5 結果の整理

[1] 実験1 の測定結果を表1のように整理しなさい。

[2] 実験2 の測定結果を表2のように整理しなさい。

[3] 表1，表2をもとに，図3および図4のようなグラフを描きなさい。

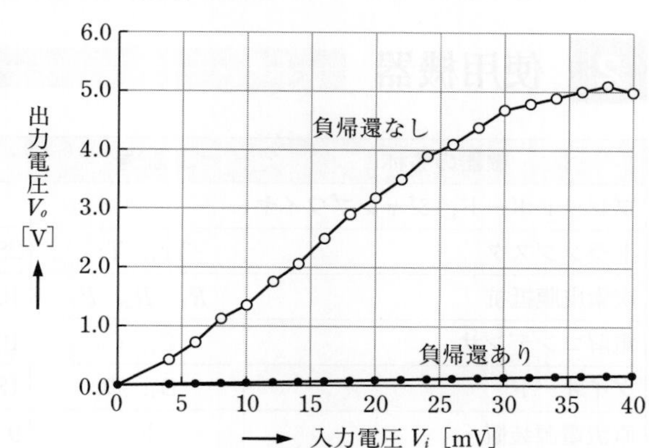

▲図3 増幅回路の入出力特性 (入力信号 $f = 1$ kHz 一定)

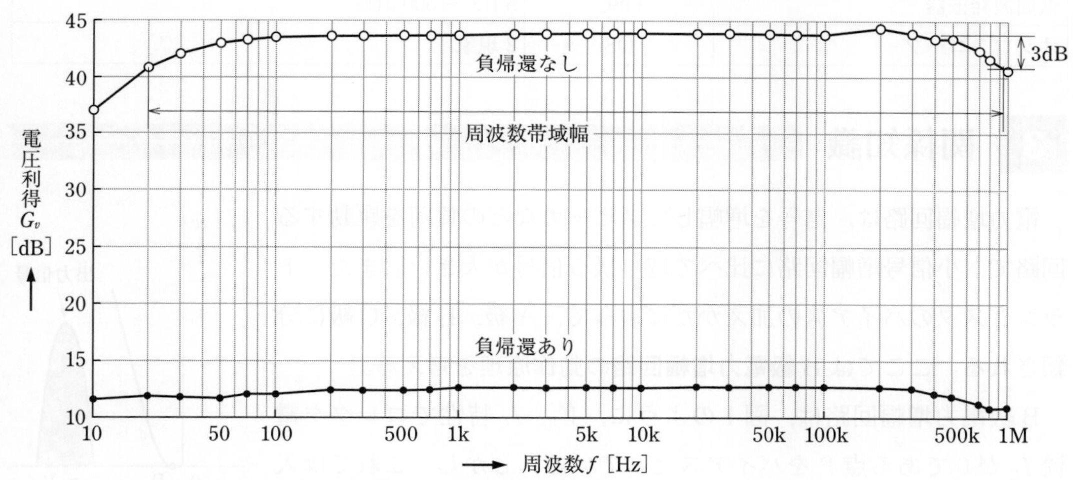

▲図4 増幅回路の周波数特性 (入力電圧 $V_i = 10$ mV 一定)

6 結果の検討

[1] 負帰還がある場合，式(5)を使って電圧増幅度を求め，実験1 の結果と比べてみよう。

[2] 入出力特性と周波数特性のグラフから，負帰還のあり，なしによって，何が変化したのか考えてみよう。

[3] 負帰還がない場合，周波数特性から周波数帯域幅の範囲を求めてみよう。

5 OTL 電力増幅回路の特性

1 目 的

OTL 電力増幅回路の波形観測や諸特性の測定を行い，電力増幅の動作原理を理解する。

2 使用機器

機器の名称	記号	定格など
ブレッドボード，ジャンプワイヤ		
トランジスタ	$\mathrm{Tr_1}$，$\mathrm{Tr_2}$	2SC1815，2SA1015
炭素皮膜抵抗	R_1，R_2，R_L	10 kΩ，10 kΩ，1 kΩ
電解コンデンサ	C_1，C_2	10 μF
ダイオード	$\mathrm{D_1}$，$\mathrm{D_2}$	1S2076A
直流電源装置	V_{CC}	9 V，1 A
ディジタルマルチメータ	$\mathrm{V_1}$，$\mathrm{V_2}$	0.3 mV ～ 100 V
低周波発振器	OSC	5 Hz ～ 500 kHz
オシロスコープ	OS	2 現象

3 関係知識

電力増幅回路は，信号を増幅してスピーカなどの負荷を駆動する回路で，小信号増幅回路に比べて取り扱う信号が大きい。また，トランジスタのバイアスの加えかたによって，A 級，B 級，C 級に分類される。ここでは **B 級電力増幅回路**の動作原理を考える。

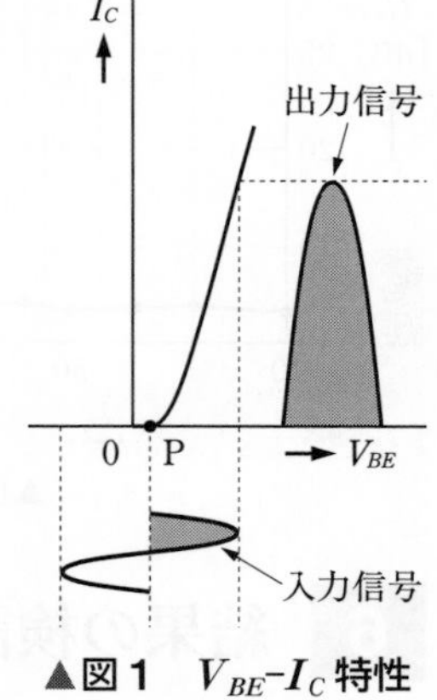

▲図 1　V_{BE}-I_C 特性

B 級電力増幅回路は，図 1 のように，V_{BE}-I_C 特性でコレクタ電流 I_C が 0 である点 P をバイアスとしている。しかし，これでは入力信号波形の半分しか増幅できないので，残りの半分の波形はもう一つの回路で増幅し，二つの出力信号を合成する方法が用いられる。これを実現する回路に，図 2 に示す **B 級プッシュプル** (push-pull) **電力増幅回路**がある。

図 2 (a)のように，入力波形の正の半サイクルでは，npn 形のトランジスタ $\mathrm{Tr_1}$ が動作し，図 2 (b)のように，負の半サイクルでは，pnp 形のトランジスタ $\mathrm{Tr_2}$ が動作する。npn 形と pnp 形では電流の流れる方向が逆なので，入力側を並列につなぐことで，二つのトランジスタが交互に動作するプッシュプル動作を行わせることができる。これによっ

て，大電力の増幅が可能となる。ただし，特性のそろったnpn形とpnp形のトランジスタを用いる必要がある。このような形式を**相補形**（complementary）とよぶ。

B級プッシュプル電力増幅回路において，出力に変成器を使用しない回路を**OTL**（output transformer less）**電力増幅回路**という。出力側に変成器を使用すると，増幅回路の周波数特性に悪影響を与えるため，オーディオアンプなどにはOTL電力増幅回路が用いられる。

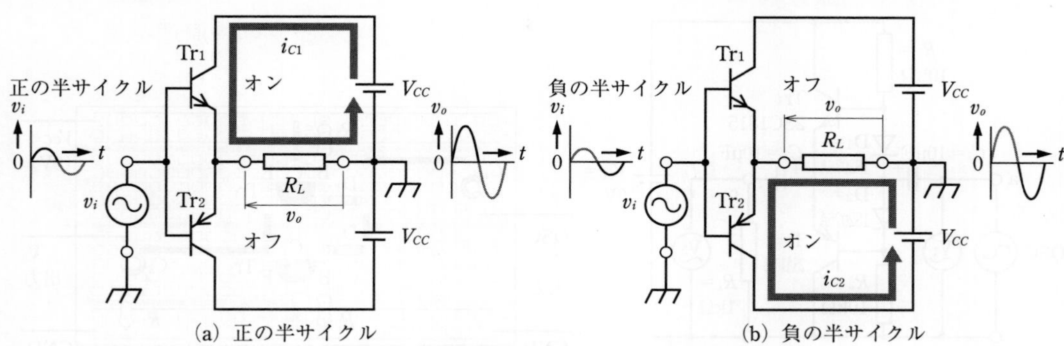

▲図2　OTL電力増幅回路の原理図

図2に示す回路では，ベース・エミッタ間に約0.6V以上の順電圧が加わらないと，ベース電流が流れない。このため，エミッタ電流も流れないので，入力電圧が0Vから±0.6V程度の間は，図3のように，出力電圧が0Vとなり，ひずみを生じる。このひずみを**クロスオーバひずみ**とよぶ。これを解消するために，それぞれのトランジスタのベース・エミッタ間にダイオードを入れ，約0.6Vのバイアス電圧を加えることで，ひずみの除去を行う。

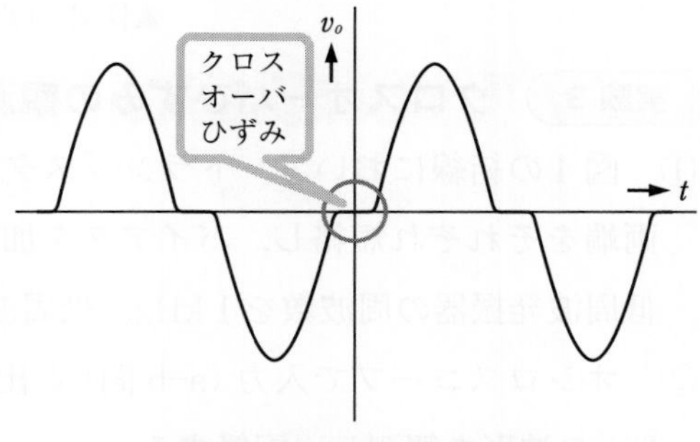

▲図3　クロスオーバひずみ

4　実験

実験1　入出力特性の測定

① 図4のように結線し，$V_{CC}=9$V，低周波発振器の周波数を1kHzとする。ダイオードD_1とD_2によりバイアスを加え，クロスオーバひずみを除去する。

② オシロスコープで出力波形を観測しながら，低周波発振器の電圧v_i（ディジタルマルチメータV_1）を，表1のように，0Vから4Vまで0.2Vずつ変化させ，出力電圧v_o（ディジタルマルチメータV_2）を記録する。

③ オシロスコープで出力波形（c-d間）を観測しながら，波形がひずみはじめた点のv_i，v_oの値を表1のように記録する。

実験2　周波数特性の測定

① 図4のように結線し，$V_{CC} = 9\,\mathrm{V}$とする。

② 低周波発振器の電圧v_iを1V一定とし，周波数を10，15，20，30，50，70と変え，さらにこれを10倍，100倍，1000倍し，最後に100kHzまで変化させ，そのつど出力電圧v_oを表2のように記録する。

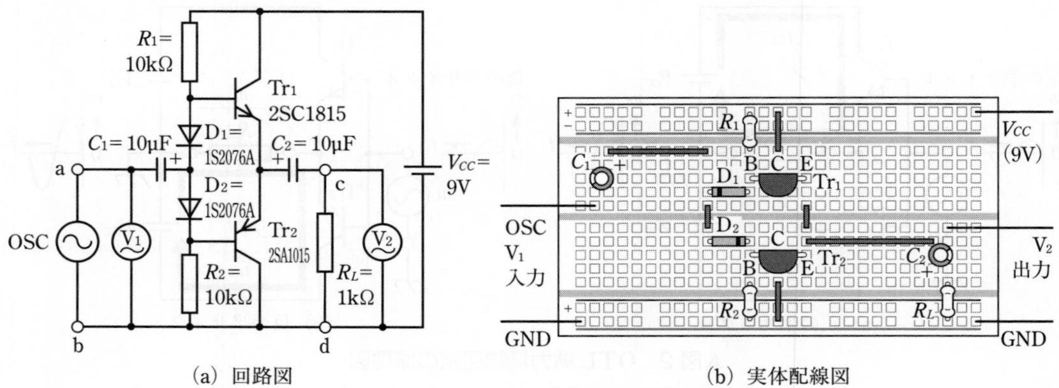

▲図4　OTLの特性測定回路

実験3　クロスオーバひずみの観測

① 図4の結線において，トランジスタのベース・エミッタ間のダイオードD_1とD_2の両端をそれぞれ短絡し，バイアスを加えない回路として結線する。また，$V_{CC} = 9\,\mathrm{V}$，低周波発振器の周波数を1kHz，低周波発振器の電圧$v_i = 1\,\mathrm{V}$とする。

② オシロスコープで入力（a-b間）と出力（c-d間）の波形を観測し，記録する。

5　結果の整理

[1] 実験1の測定結果を表1のように整理しなさい。出力電力は$P_o = \dfrac{v_o^2}{R_L}$から求める。

[2] 実験2の測定結果を表2のように整理しなさい。電圧増幅度は$A_v = \dfrac{v_o}{v_i}$から，電圧利得は$G_v = 20\log_{10}A_v$から，それぞれ求める。

[3] 表1，表2をもとに，図5および図6のようなグラフを描きなさい。

▼表1　入出力特性（$f = 1\,\mathrm{kHz}$一定，$V_{CC} = 9\,\mathrm{V}$）

入力電圧 v_i [V]	出力電圧 v_o [V]	出力電力 P_o [mW]	備考
0.0	0.00	0.00	
0.2	0.20	0.04	
0.4	0.39	0.15	
0.6	0.59	0.35	
0.8	0.79	0.62	
1.0	0.99	0.98	
1.2	1.19	1.42	
1.4	1.39	1.93	
1.6	1.59	2.53	
1.8	1.77	3.13	
2.0	1.96	3.84	
2.2	2.16	4.67	
2.4	2.35	5.52	
2.6	2.53	6.40	ひずみ発生
2.8	2.68	7.18	
3.0	2.81	7.90	
3.2	2.90	8.41	
3.4	2.97	8.82	
3.6	3.03	9.18	
3.8	3.08	9.49	
4.0	3.12	9.73	

▼表2　周波数特性（$v_i = 1\,\mathrm{V}$ 一定, $V_{CC} = 9\,\mathrm{V}$）

周波数 f [Hz]	出力電圧 v_o [V]	増幅度 A_v	電圧利得 G_v [dB]
10	0.93	0.93	− 0.60
15	0.96	0.96	− 0.32
20	0.98	0.98	− 0.21
30	0.99	0.99	− 0.13
50	0.99	0.99	− 0.08
70	0.99	0.99	− 0.07
100	0.99	0.99	− 0.06
150	0.99	0.99	− 0.05
200	0.99	0.99	− 0.05
300	0.99	0.99	− 0.05
500	0.99	0.99	− 0.05
700	0.99	0.99	− 0.05
1k	0.99	0.99	− 0.06
1.5k	0.99	0.99	− 0.09
2k	0.99	0.99	− 0.09
3k	0.99	0.99	− 0.09
5k	0.99	0.99	− 0.09
7k	0.99	0.99	− 0.09
10k	0.99	0.99	− 0.09
15k	0.99	0.99	− 0.09
20k	0.99	0.99	− 0.09
30k	0.99	0.99	− 0.09
50k	0.99	0.99	− 0.09
70k	0.99	0.99	− 0.09
100k	0.99	0.99	− 0.09

[4] 実験 3 の波形を図7のようにスケッチしなさい。

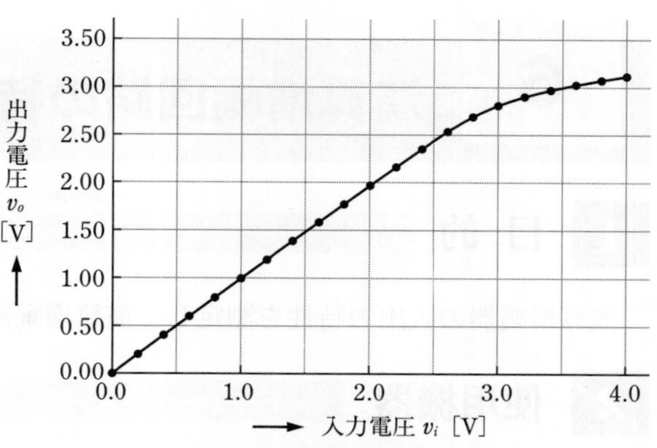

▲図5　入出力特性

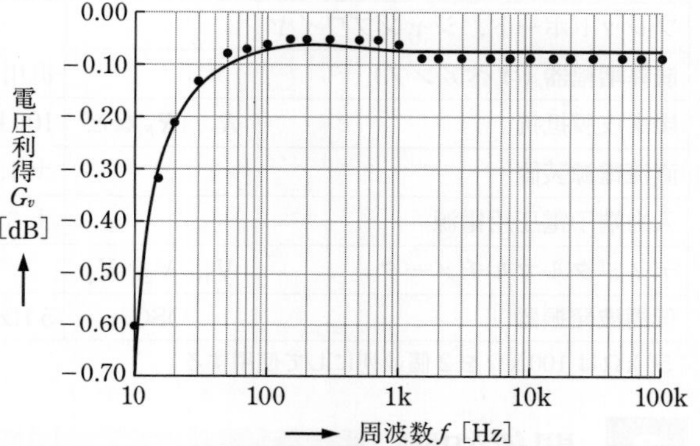

▲図6　周波数特性

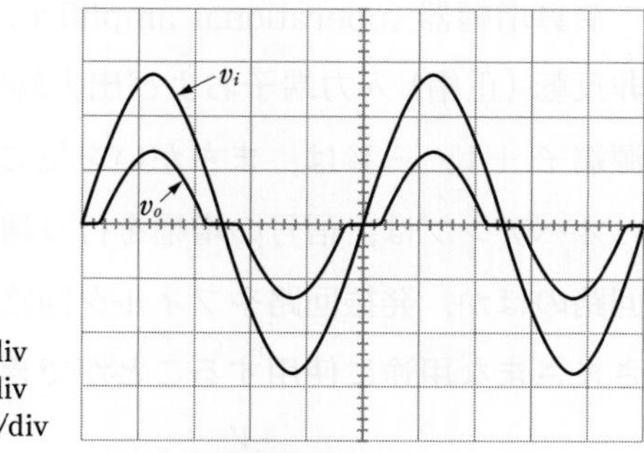

v_i　0.5V/div
v_o　0.5V/div
時間　0.2ms/div

▲図7　波形の記録

6　結果の検討

[1] ひずみがはじまる点を入出力特性のグラフに記入してみよう。

[2] 周波数特性の低域で利得が低下するのはなぜか調べてみよう。

[3] 負荷にスピーカをつないで，低周波発振器の出力や周波数を変化させ，音の変化を確かめよう。

6 演算増幅回路の特性

1 目 的

演算増幅器の入出力特性を測定し，演算増幅回路の基本的な利用法を習得する。

2 使用機器

機器の名称	記号	定格など
ブレッドボード，ジャンプワイヤ		
演算増幅器（オペアンプ）		汎用オペアンプ NJM4558
炭素皮膜抵抗	R_S，R_F など	100 kΩ × 4，50 kΩ × 2（100 kΩ × 4）*，20 kΩ
直流電源装置		± 15 V，またはオペアンプ用の電源装置
入力端子電圧用電源		± 3 V，または乾電池を利用した電源装置
ディジタルマルチメータ	V_1，V_2，V_3	
低周波発振器	OSC	5 Hz ～ 500 kHz

* 50 kΩ は 100 kΩ を 2 個並列にして使用する。

3 関係知識

演算増幅器（operational amplifire）は**オペアンプ**ともよばれ，反転（逆相）入力端子と非反転（正相）入力端子および出力端子をもつ。図 1 に，オペアンプの図記号を示す。電源端子 $+V$，$-V$ は，まちがいを生じるおそれがない場合，省略するのが一般的である。

オペアンプは，信号の増幅を行う増幅回路や，信号の加算や減算などの演算を行う演算回路のほか，発振回路やフィルタ回路など，さまざまな用途に使用することができる。

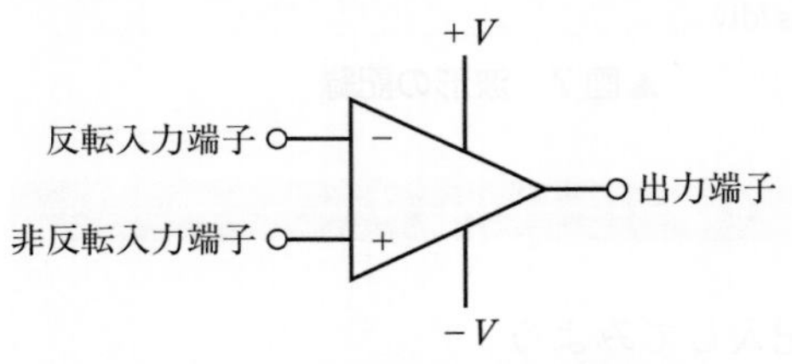

▲図 1　オペアンプの図記号

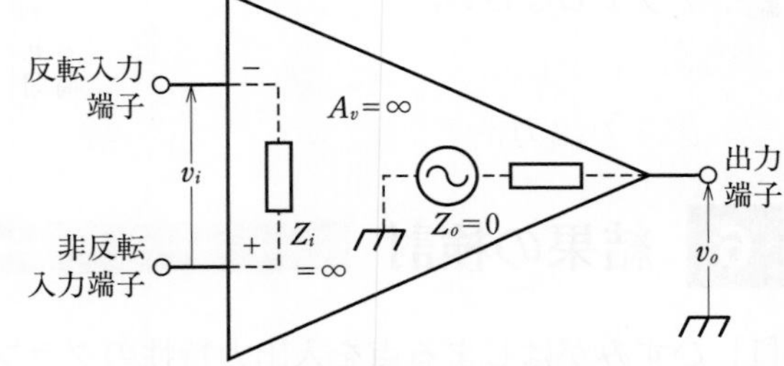

▲図 2　オペアンプの等価回路

図 2 は，オペアンプの等価回路である。オペアンプを理想増幅器と考え，入力インピーダンス Z_i を無限大，出力インピーダンス Z_o を 0，電圧増幅度 A_v を無限大と仮定したものである。このとき，入力電圧 v_i と出力電圧 v_o の関係は次のようになる。

$$v_o = A_v\, v_i \tag{1}$$

ここで，オペアンプの電圧増幅度 A_v を無限大とすると，次のように考えることができる。

$$v_i = \frac{v_o}{A_v} = \frac{v_o}{\infty} \fallingdotseq 0 \qquad (2)$$

これは，反転入力端子と非反転入力端子の間の電位差 v_i が 0 であることを表しており，反転入力端子と非反転入力端子の間が同電位になり，二つの入力端子があたかも短絡されているようにみえる。これを，**仮想短絡**（virtual short）または**イマジナリショート**という。

1 反転増幅回路（逆相増幅回路）

図 3 に示す回路構成を，反転増幅回路という。

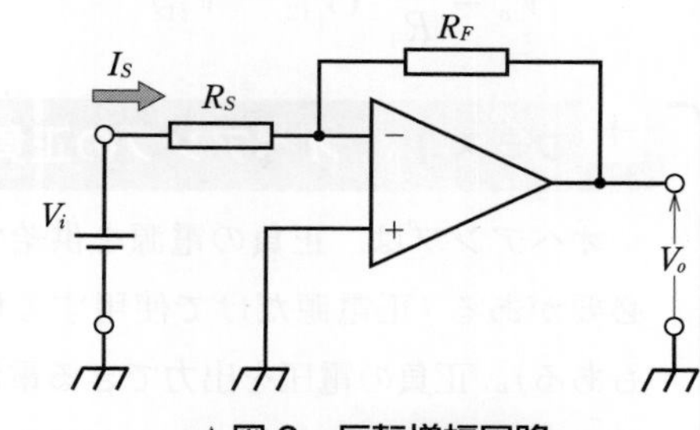

▲図 3　反転増幅回路

オペアンプの入力インピーダンスを∞とすると，電流 I_S は R_S と R_F に流れる。さらに，仮想短絡を考えると，入力・出力電圧は，$V_i = I_S R_S$，$V_o = -I_S R_F$ となり，反転増幅回路の電圧増幅度 A_v は，次のようになる。

$$A_v = \frac{V_o}{V_i} = -\frac{R_F}{R_S} \qquad (3)$$

2 非反転増幅回路（正相増幅回路）

図 4 に示す回路構成を，非反転増幅回路という。

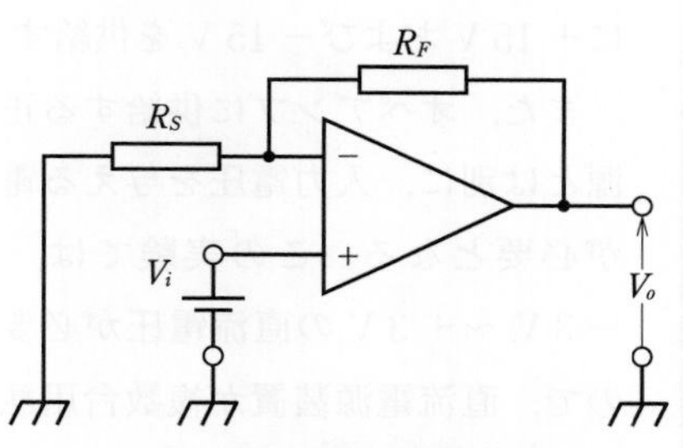

▲図 4　非反転増幅回路

仮想短絡を考えると，入力電圧は，$V_i = V_o \dfrac{R_S}{R_S + R_F}$ となる。これより，非反転増幅回路の電圧増幅度 A_v は，次のようになる。

$$A_v = \frac{V_o}{V_i} = \frac{R_S + R_F}{R_S} = 1 + \frac{R_F}{R_S} \qquad (4)$$

3 加算回路

図 5 に示す回路構成を，加算回路という。図 5 の出力電圧 V_o は，次のようになる。

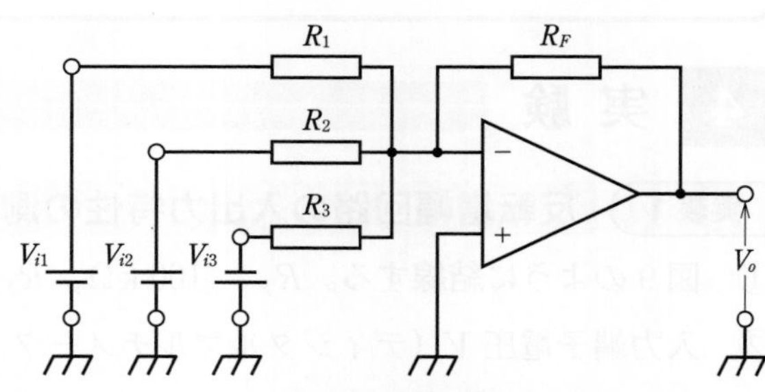

▲図 5　加算回路

$$V_o = -\left\{\frac{R_F}{R_1} V_{i1} + \frac{R_F}{R_2} V_{i2} + \frac{R_F}{R_3} (-V_{i3})\right\}$$

ここで，$R_1 = R_2 = R_3 = R$ とすると，出力電圧 V_o は，次のようになる。

$$V_o = -\frac{R_F}{R} \{V_{i1} + V_{i2} + (-V_{i3})\} \qquad (5)$$

式 (5) より，入力された電圧の加算（減算）を行うことができる。

4 差動増幅回路

図6に示す回路構成を，差動増幅回路という。差動増幅回路は，二つの入力端子の電位差を増幅することができる。

$R_1 = R_3$，$R_2 = R_4$ とすると，差動増幅回路の出力電圧 V_o は，次のようになる。

$$V_o = \frac{R_2}{R_1}\,(V_{i2} - V_{i1}) \qquad (6)$$

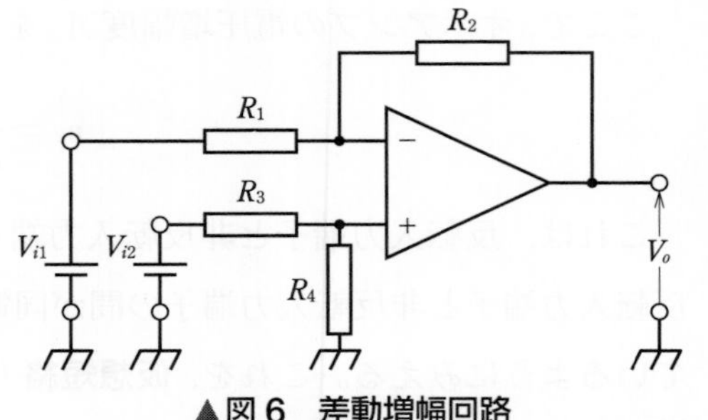

▲図6　差動増幅回路

＋ プラス1　オペアンプの正負電源および入力電源について

オペアンプは，正負の電源を供給する必要がある（正電源だけで使用する場合もある）。正負の電圧を出力できる電源装置がない場合，図7のように直流電源装置を2台使って，正負の電源をつくることができる。この実験では，オペアンプに＋15Vおよび－15Vを供給する。

また，オペアンプに供給する正負の電源とは別に，入力電圧を与える電源装置が必要となる。この実験では，入力に－3V～＋3Vの直流電圧が必要になるので，直流電源装置が複数台用意できない場合，図8のように，乾電池（1.5V×4本）と可変抵抗（10kΩ）を使って，入力用電源をつくることができる。

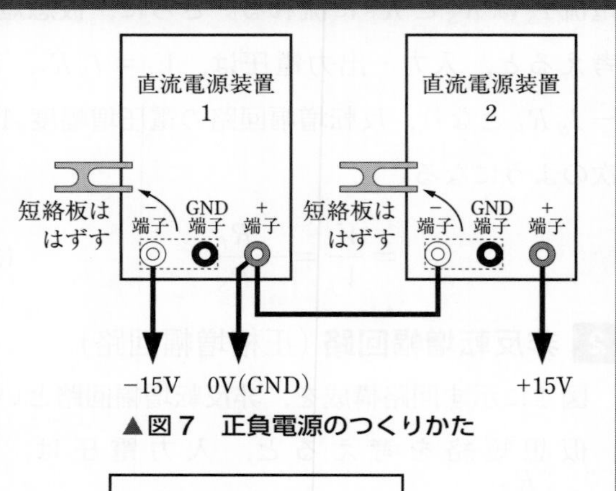

▲図7　正負電源のつくりかた

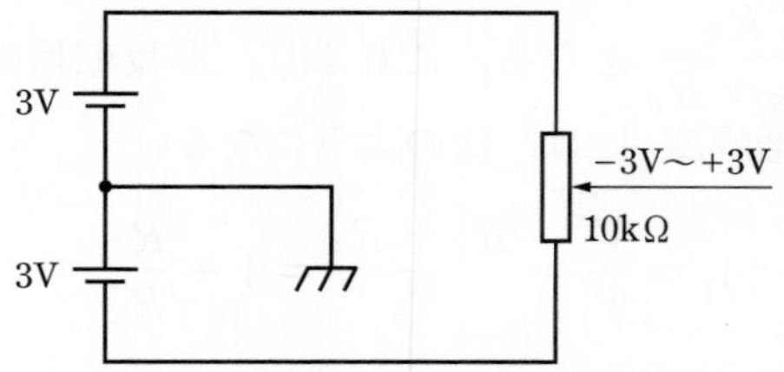

3V
3V
−3V〜+3V
10kΩ

▲図8　乾電池による±3V電源

4　実験

実験1　反転増幅回路の入出力特性の測定

① 図9のように結線する。$R_F = 100\,\mathrm{k\Omega}$，$R_S = 100\,\mathrm{k\Omega}$ にする。

② 入力端子電圧 V_i（ディジタルマルチメータ $\mathrm{V_1}$）を，－3.0V～＋3.0Vまで0.5Vずつ変化させ，そのつど出力電圧 V_o（ディジタルマルチメータ $\mathrm{V_2}$）[V] を測定し，表1(a)のように記録する。

③ $R_S = 50\,\mathrm{k\Omega}$ に変更し，②と同様に測定し，表1(b)のように記録する。

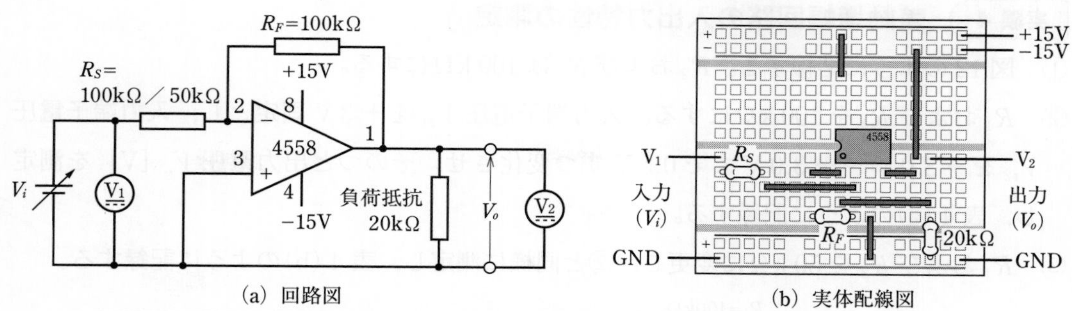

▲図 9　反転増幅回路の入出力特性の測定

実験 2　非反転増幅回路の入出力特性の測定

① 図 10 のように結線する。$R_F = 100\ \mathrm{k\Omega}$，$R_S = 100\ \mathrm{k\Omega}$ にする。

② 入力端子電圧 V_i を，$-3.0\ \mathrm{V} \sim +3.0\ \mathrm{V}$ まで 0.5 V ずつ変化させ，そのつど出力電圧 V_o [V] を測定し，表 2 (a)のように記録する。

③ $R_S = 50\ \mathrm{k\Omega}$ に変更し，②と同様に測定し，表 2 (b)のように記録する。

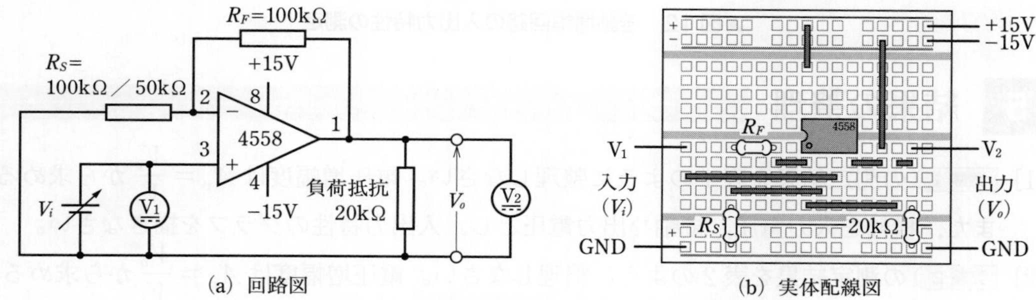

▲図 10　非反転増幅回路の入出力特性の測定

実験 3　加算回路の入出力特性の測定

① 図 11 のように結線する。$R_F = 100\ \mathrm{k\Omega}$ とする。

② $R_1 = 100\ \mathrm{k\Omega}$，$R_2 = 100\ \mathrm{k\Omega}$ にする。入力端子電圧 V_{i1} を $+3\ \mathrm{V}$ 固定とし，入力端子電圧 V_{i2} を $-3.0\ \mathrm{V} \sim +3.0\ \mathrm{V}$ まで 0.5 V ずつ変化させ，そのつど出力電圧 V_o [V] を測定し，表 3 (a)のように記録する。

③ $R_2 = 50\ \mathrm{k\Omega}$ に変更し，②と同様に測定し，表 3 (b)のように記録する。

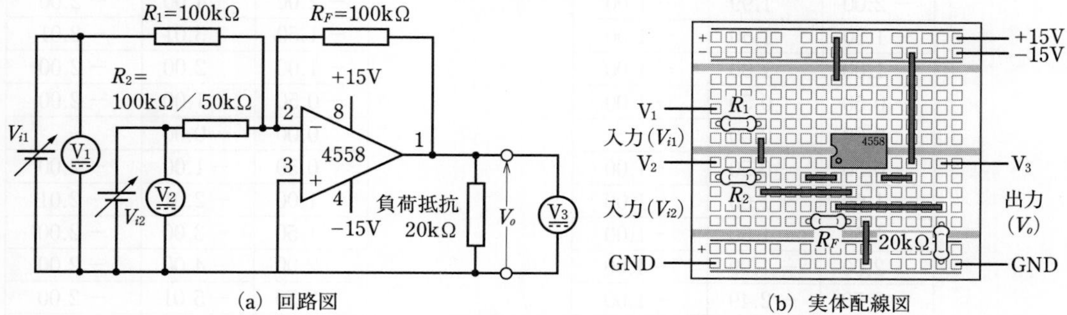

▲図 11　加算回路の入出力特性の測定

実験 4　差動増幅回路の入出力特性の測定

① 図 12 のように結線する。R_2 および R_4 は 100 kΩにする。

② R_1 および R_3 を 100 kΩにする。入力端子電圧 V_{i1} を＋ 3 V 固定とし，入力端子電圧 V_{i2} を－ 3.0 V ～＋ 3.0 V まで 0.5 V ずつ変化させ，そのつど出力電圧 V_o［V］を測定し，表 4 (a)のように記録する。

③ R_1 および R_3 を 50 kΩに変更し，②と同様に測定し，表 4 (b)のように記録する。

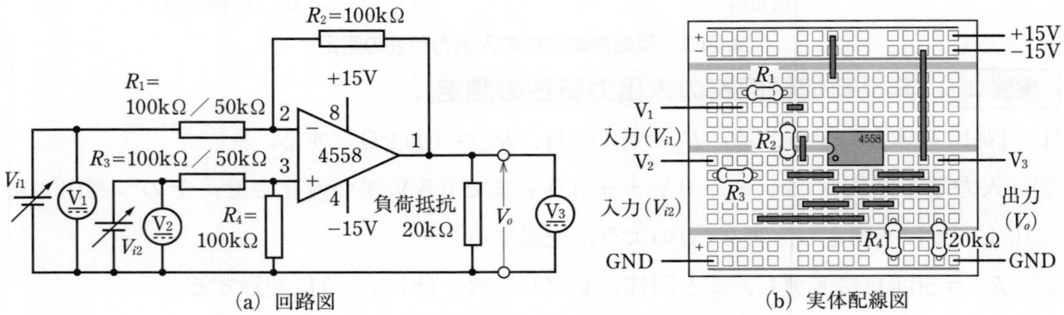

▲図 12　差動増幅回路の入出力特性の測定

5　結果の整理

[1] 実験 1 の測定結果を表 1 のように整理しなさい。電圧増幅度は $A_v = \dfrac{V_o}{V_i}$ から求める。また，横軸を入力電圧，縦軸を出力電圧とし，入出力特性のグラフを描きなさい。

[2] 実験 2 の測定結果を表 2 のように整理しなさい。電圧増幅度は $A_v = \dfrac{V_o}{V_i}$ から求める。

[3] 実験 3 の測定結果を表 3 のように整理しなさい。$R_1 = 100$ kΩのときは加算（減算）電圧を $V_{i1} + V_{i2}$ で求め，$R_1 = 50$ kΩのときは加算（減算）電圧を $V_{i1} + 2 \times V_{i2}$ で求める。

[4] 実験 4 の測定結果を表 4 のように整理しなさい。入力電圧の差は $V_{i2} - V_{i1}$ より求める。

▼表 1　反転増幅回路の入出力特性（$R_F = 100$ kΩ，NJM4558）

(a) $R_S =$ 100 kΩ

入力電圧 V_i［V］	出力電圧 V_o［V］	電圧増幅度 A_v
－ 3.00	2.98	－ 0.99
－ 2.50	2.48	－ 0.99
－ 2.00	1.99	－ 1.00
－ 1.50	1.50	－ 1.00
－ 1.00	1.00	－ 1.00
－ 0.50	0.50	－ 1.00
0.00	0.00	－
0.50	－ 0.50	－ 1.00
1.00	－ 1.00	－ 1.00
1.50	－ 1.50	－ 1.00
2.00	－ 1.99	－ 1.00
2.50	－ 2.49	－ 1.00
3.00	－ 2.99	－ 1.00

(b) $R_S =$ 50 kΩ

入力電圧 V_i［V］	出力電圧 V_o［V］	電圧増幅度 A_v
－ 3.00	6.01	－ 2.00
－ 2.50	5.01	－ 2.00
－ 2.00	4.00	－ 2.00
－ 1.50	3.01	－ 2.01
－ 1.00	2.00	－ 2.00
－ 0.50	1.00	－ 2.00
0.00	0.00	－
0.50	－ 1.00	－ 2.00
1.00	－ 2.01	－ 2.01
1.50	－ 3.00	－ 2.00
2.00	－ 4.00	－ 2.00
2.50	－ 5.01	－ 2.00
3.00	－ 6.01	－ 2.00

▼表 2　非反転増幅回路の入出力特性 ($R_F = 100\ \mathrm{k\Omega}$, NJM4558)

(a) $R_S = 100\ \mathrm{k\Omega}$

入力電圧 V_i [V]	出力電圧 V_o [V]	電圧増幅度 A_v
− 3.00	− 5.99	2.00
− 2.50	− 4.99	2.00
− 2.00	− 4.00	2.00
− 1.50	− 3.00	2.00
− 1.00	− 2.00	2.00
2.50	4.99	2.00
3.00	5.98	1.99

(b) $R_S = 50\ \mathrm{k\Omega}$

入力電圧 V_i [V]	出力電圧 V_o [V]	電圧増幅度 A_v
− 3.00	− 9.01	3.00
− 2.50	− 7.50	3.00
− 2.00	− 6.00	3.00
− 1.50	− 4.50	3.00
− 1.00	− 3.00	3.00
2.50	7.51	3.00
3.00	9.02	3.01

▼表 3　加算回路の入出力特性 ($R_F = 100\ \mathrm{k\Omega}$, NJM4558)

(a) $R_1 = 100\ \mathrm{k\Omega}$, $R_2 = 100\ \mathrm{k\Omega}$

入力電圧 V_{i1} [V]	入力電圧 V_{i2} [V]	出力電圧 V_o [V]	加算（減算）電圧 [V]
3.00 一定	− 3.00	0.02	0.0
	− 2.50	− 0.48	0.5
	− 2.00	− 0.98	1.0
	− 1.50	− 1.48	1.5
	− 1.00	− 1.98	2.0
	− 0.50	− 2.48	2.5
	2.50	− 5.49	5.5
	3.00	− 5.98	6.0

(b) $R_1 = 100\ \mathrm{k\Omega}$, $R_2 = 50\ \mathrm{k\Omega}$

入力電圧 V_{i1} [V]	入力電圧 V_{i2} [V]	出力電圧 V_o [V]	加算（減算）電圧 [V]
3.00 一定	− 3.00	3.02	− 3.0
	− 2.50	2.02	− 2.0
	− 2.00	1.02	− 1.0
	− 1.50	0.02	0.0
	− 1.00	− 0.98	1.0
	− 0.50	− 1.98	2.0
	2.50	− 7.98	8.0
	3.00	− 8.98	9.0

注）　負の値の出力電圧は，波形が反転していることを表している。

▼表 4　差動増幅回路の入出力特性 (NJM4558)

(a) $R_1 = R_3 = 100\ \mathrm{k\Omega}$, $R_2 = R_4 = 100\ \mathrm{k\Omega}$

入力電圧 V_{i1} [V]	入力電圧 V_{i2} [V]	出力電圧 V_o [V]	入力電圧の差 [V]
3.00 一定	− 3.00	− 6.03	− 6.00
	− 2.50	− 5.53	− 5.50
	− 2.00	− 5.03	− 5.00
	− 1.50	− 4.51	− 4.50
	− 1.00	− 4.01	− 4.00
	− 0.50	− 3.50	− 3.50
	2.50	− 0.48	− 0.50
	3.00	0.02	0.00

(b) $R_1 = R_3 = 50\ \mathrm{k\Omega}$, $R_2 = R_4 = 100\ \mathrm{k\Omega}$

入力電圧 V_{i1} [V]	入力電圧 V_{i2} [V]	出力電圧 V_o [V]	入力電圧の差 [V]
3.00 一定	− 3.00	− 12.04	− 6.00
	− 2.50	− 11.03	− 5.50
	− 2.00	− 10.04	− 5.00
	− 1.50	− 9.05	− 4.50
	− 1.00	− 8.04	− 4.00
	− 0.50	− 7.05	− 3.50
	2.50	− 1.06	− 0.50
	3.00	0.03	0.00

6　結果の検討

[1]　式 (3) より電圧増幅度 A_v を求め，表 1 の結果と比較・検討してみよう。

[2]　式 (4) より電圧増幅度 A_v を求め，表 2 の結果と比較・検討してみよう。

[3]　式 (5) および表 3 から，電圧の加算（減算）が成立しているかどうか，確認しよう。

[4]　式 (6) より出力電圧 V_o を求め，表 4 の結果と比較・検討してみよう。

7 *CR* 発振回路の特性

1 目的

コンデンサ C と抵抗 R によるウィーンブリッジ形発振回路において，各部の特性を測定することによって発振原理を理解する。また，公式から求めた理論的な周波数と，実際の回路の発振周波数を比較・検討する。

2 使用機器

機器の名称	記号	定格など
ブレッドボード，ジャンプワイヤ		
IC（オーディオパワーアンプ）		LM386
炭素皮膜抵抗	R_F, R	470 Ω，10 kΩ × 2，15 kΩ × 2，22 kΩ × 2，33 kΩ × 2，47 kΩ × 2
半固定抵抗器	VR	500 Ω
フィルムコンデンサ	C	0.01 μF × 2
電解コンデンサ		10 μF，47 μF
直流電源装置		9 V
ディジタルマルチメータ	V_1, V_2	
周波数カウンタ	FC	
低周波発振器	OSC	5 Hz ~ 500 kHz
オシロスコープ	OS	2 現象

3 関係知識

図 1 は，発振回路のブロック図である。発振回路は，増幅回路の出力信号の一部を入力に帰還している。発振するためには，ある特定の周波数において，次の**位相条件**と**振幅条件**がなりたたなければならない。

位相条件　帰還電圧 v_f が入力電圧 v_i となるので，v_f と v_i が同相でなければならない。

振幅条件　出力電圧 v_o が時間とともに減衰しないように，帰還電圧 v_f がもとの入力電圧 v_i より大きいか等しくなければならない。

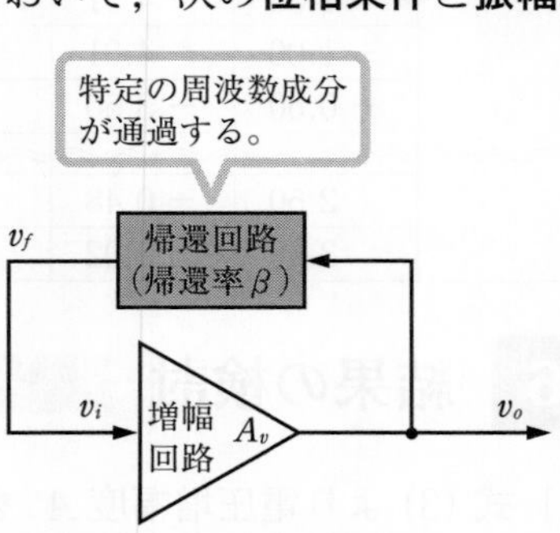

特定の周波数成分が通過する。
v_f
帰還回路（帰還率 β）
v_i
増幅回路
A_v
v_o

▲図 1　発振回路のブロック図

図 2 は，**ウィーンブリッジ形発振回路**の原理図である。帰還回路のインピーダンス $\dot{Z}_1$，$\dot{Z}_2$ は，次の式で求めることができる。

$$\dot{Z}_1 = R_1 + \frac{1}{j\omega C_1} = \frac{j\omega C_1 R_1 + 1}{j\omega C_1}$$

$$\dot{Z}_2 = \frac{R_2 \dfrac{1}{j\omega C_2}}{R_2 + \dfrac{1}{j\omega C_2}} = \frac{R_2}{j\omega C_2 R_2 + 1}$$

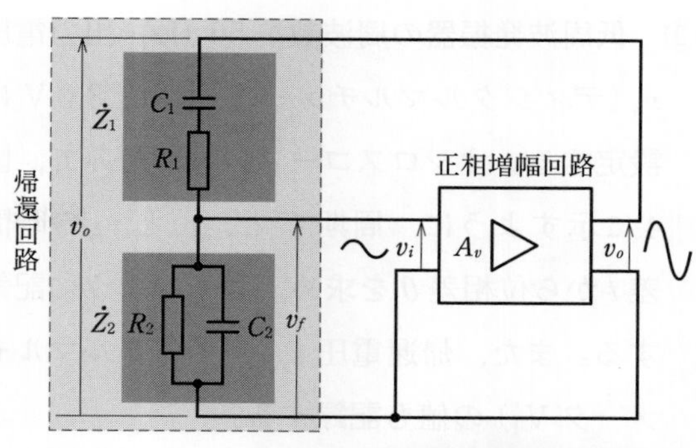

▲図 2　ウィーンブリッジ形発振回路の原理図

図 2 に示すように，帰還回路の帰還電圧 v_f は，正相増幅回路の入力電圧 v_i となるので，$R_1 = R_2 = R$，$C_1 = C_2 = C$ とおくと，帰還率 β は次の式で表される。

$$\beta = \frac{v_f}{v_o} = \frac{v_i}{v_o} = \frac{\dot{Z}_2}{\dot{Z}_1 + \dot{Z}_2} = \frac{1}{3 + j\left(\omega CR - \dfrac{1}{\omega CR}\right)} \quad (1)$$

発振するための位相条件より，式 (1) の v_i と v_o が同相になるためには，分母の虚数部が 0 でなければならない。これにより，$\omega CR = \dfrac{1}{\omega CR}$ がなりたつ。

したがって，$\omega = 2\pi f$ から，発振周波数 f [Hz] は，次の式で表される。

$$f = \frac{1}{2\pi CR} \ \text{[Hz]} \quad (2)$$

また，正相増幅回路の電圧増幅度を A_v とすると，発振が持続するための振幅条件は $A_v\beta \geqq 1$ である。また，位相条件が成立すると，式 (1) は $\beta = \dfrac{1}{3}$ になり，これを振幅条件に代入すると，増幅度は $A_v \geqq 3$ になる。

4　実験

実験 1　*CR* 回路（帰還回路）の位相差と帰還電圧の測定

① 図 3 のように結線する。$R = 47\ \text{k}\Omega$，$C = 0.01\ \mu\text{F}$ とする。

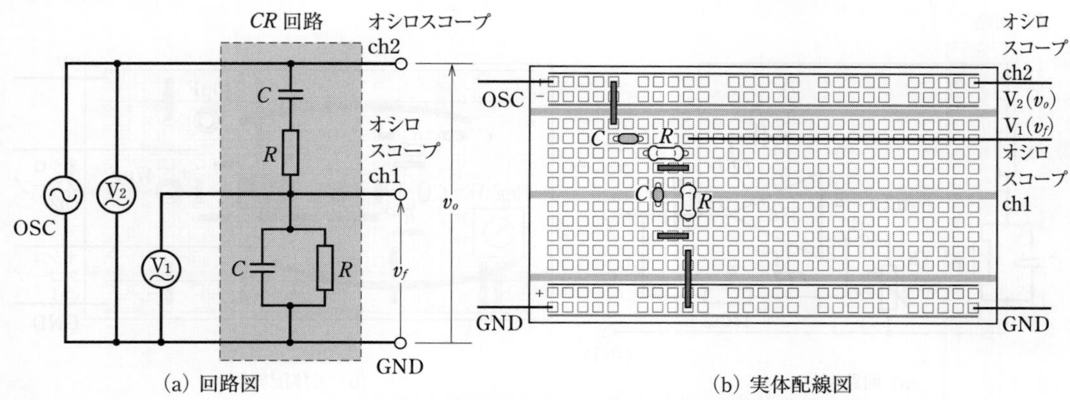

▲図 3　*CR* 回路（帰還回路）の位相差と入力電圧の測定

② 低周波発振器の周波数を 50 Hz，出力電圧 v_o（ディジタルマルチメータ V_2）を 3.0 V に設定する。オシロスコープの波形をみて，図4に示すように，周期 T と，v_f と v_o の時間差 t から位相差 θ を求め，表1のように記録する。また，帰還電圧 v_f（ディジタルマルチメータ V_1）の値も記録する。

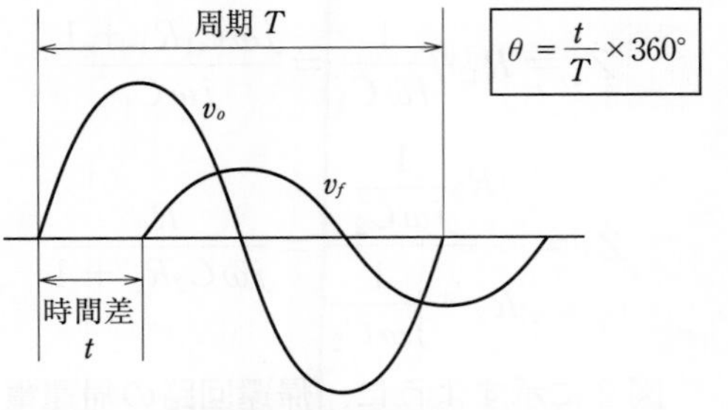

▲図4　位相差 θ の求めかた

③ 低周波発振器の周波数を 100，200，300，400，500，800 Hz，1 kHz，2 kHz と変化させ，②と同様の測定を行い，そのつど表1のように記録する。

実験2　発振周波数と波形の測定

① 実験1 の CR 回路（$R = 47\ \mathrm{k\Omega}$，$C = 0.01\ \mathrm{\mu F}$）を帰還回路とし，図5のように結線する。

② オシロスコープで波形を観測しながら，半固定抵抗器 VR を調整して発振させる。発振する範囲で波形の大きさが最小になるようにすると，ひずみが少ない波形になる。このときの半固定抵抗器 VR の両端の波形 v_R（オシロスコープ ch1）と出力波形 v_o（オシロスコープ ch2）を観測し，図7のように記録する。

LM386 の入力抵抗の個体差

LM386 は，GND を基準とした2番ピンと3番ピンの入力端子の電位差を増幅する IC である。二つの入力端子の入力抵抗には個体差があり，必ずしも一致しない。そこで，半固定抵抗器によって入力抵抗のバランスを取り，ひずみの少ない波形に調整する。

③ オシロスコープの波形から発振周波数を求め，表2のように記録する。または周波数カウンタを接続して発振周波数を測定してもよい。

④ 帰還回路の抵抗 R を 10 kΩ，15 kΩ，22 kΩ，33 kΩ に変更して，同様の実験を行う。ただし，波形の記録は $R = 47\ \mathrm{k\Omega}$ のときだけでよい。

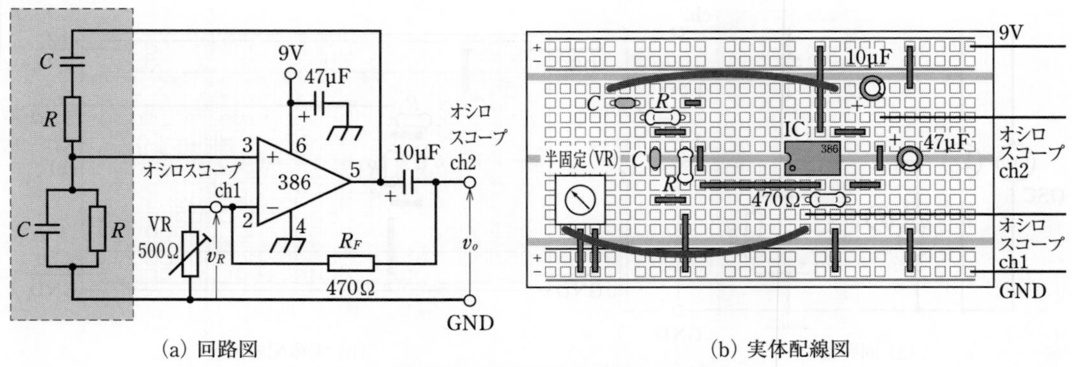

▲図5　発振周波数と波形の測定

5 結果の整理

[1] 実験 1 の測定結果を表 1 のように整理しなさい。

[2] 表 1 をもとに，図 6 のようなグラフを描きなさい。

[3] 実験 2 において，$R = 47\,\mathrm{k\Omega}$ における半固定抵抗器 VR の両端の波形 v_R と出力波形 v_o を，図 7 のように記録しなさい。

[4] 実験 2 で測定した発振周波数を，表 2 のように整理しなさい。発振周波数の理論値は，式 (2) から求める。

▼表 1　位相差と帰還電圧 v_f の測定（$R = 47\,\mathrm{k\Omega}$，$C = 0.01\,\mu\mathrm{F}$，$v_o = 3.0\,\mathrm{V}$ 一定）

周波数 f [Hz]	50	100	200	300	400	500	800	1 k	2 k
周期 T [ms]	20	10	5	3.3	2.5	2.0	1.3	1.0	0.5
時間差 t [ms]	3.68	1.20	0.28	0.04	− 0.06	− 0.09	− 0.12	− 0.11	− 0.08
位相差 θ [°]	66.2	43.2	20.2	4.3	− 8.1	− 15.8	− 34.6	− 40.3	− 60.5
入力（帰還）電圧 v_f [V]	0.41	0.69	0.93	0.99	0.98	0.95	0.82	0.74	0.45

▼表 2　発振周波数の測定（$C = 0.01\,\mu\mathrm{F}$，$V_{CC} = 9.0\,\mathrm{V}$）

抵抗 R [kΩ]		10	15	22	33	47
発振周波数 f [Hz]	測定値	1 585.1	1 058.5	719.2	481.2	336.7
	理論値	1 591.5	1 061.0	723.4	482.3	338.6

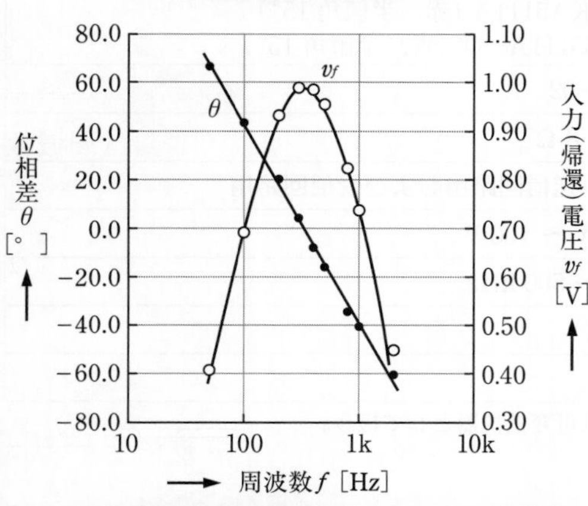

▲図 6　周波数と位相差および入力（帰還）電圧の特性

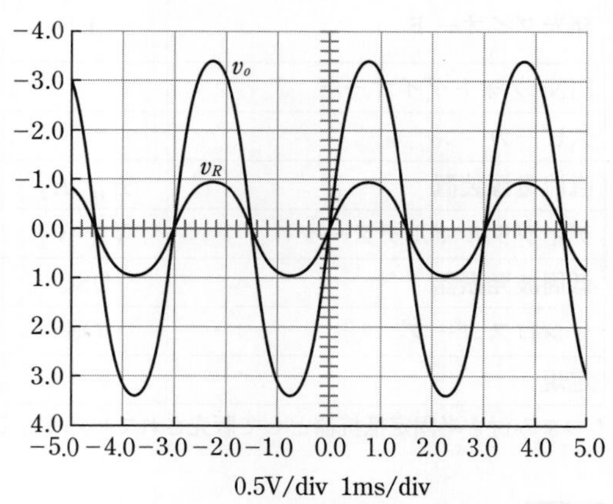

▲図 7　v_o と v_R の記録（$R = 47\,\mathrm{k\Omega}$）

6 結果の検討

[1] 図 6 のグラフから，位相差 θ と入力（帰還）電圧 v_f についてわかることを考えてみよう。

[2] 実験 2 で測定した発振周波数の測定値と理論値を比較してみよう。

[3] 図 7 の記録から，$v_o \geqq 3v_R$（$A_v \geqq 3$）になることを確かめよう。

8 光変調・光復調回路

1 目的

光通信の基礎となるLEDを使った光変調回路とフォトダイオードによる光復調回路について学び，実験を通して光通信のしくみを理解する。

2 使用機器

機器の名称	記号	定格など
ブレッドボード，ジャンプワイヤ		2個
IC（オーディオパワーアンプ）		LM386
トランジスタ		2SC1815 × 2
炭素皮膜抵抗		10 Ω，100 Ω，240 Ω × 2，1.5 kΩ， 10 kΩ × 2，51 kΩ，100 kΩ
可変抵抗器	VR_1，VR_2	10 kΩ × 2（TSR-3386T-EY5-103TR *）
フィルムコンデンサ		0.1 μF × 2
電解コンデンサ		10 μF，22 μF，47 μF × 2，100 μF × 3，220 μF
セラミックコンデンサ		0.047 μF
ダイオード		1S2076A
発光ダイオード	LED	OS5RKA5111A（赤，半値角 15°） OSUB5111A-ST（青，半値角 15°）
PIN-フォトダイオード		S2506-02
スピーカ		小形，8 Ω
直流電源装置	E_1，E_2	12 V，送信回路用および受信回路用
ディジタルマルチメータ	V_1，V_2	0.3 mV ～ 100 V
低周波発振器	OSC	5 Hz ～ 500 kHz
オシロスコープ	OS	2現象
定規		

* つまみ付き半固定抵抗器として販売されているが，ここでは可変抵抗器として扱う。

3 関係知識

LEDなどの光に音声や映像などの情報を含ませた光信号を得る操作を**光変調**といい，変調した光信号からもとの電気信号を取り出すことを**光復調**という。この光信号を，光ファイバなどの伝送路を利用して通信する方式を**光通信**とよぶ。とくに，光変調の光源に人の目にみえる光を用いた通信を**可視光通信**とよぶ。

可視光通信は，電波による従来の無通信に比べてほかの機器に与える影響が少なく，電波の影響を極力おさえたい環境でも，光の届く範囲で使用することが可能であり，生体への影響も少ない。また，光を遮断することで通信を遮断することが可能であり，機密性が高いといった特徴をもつ。

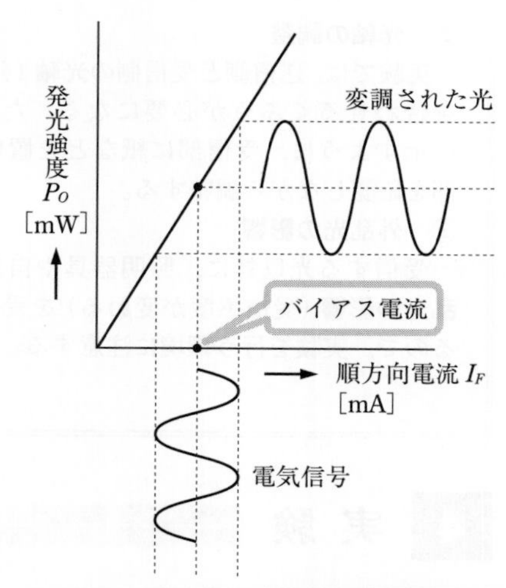

▲図 1　LED による光の強度変調

LED によって信号を伝送するためには，電気信号を光の強弱に変換する必要がある。これを，光の**強度変調**（振幅変調）という。LED はダイオードの一種であり，順方向電流の大きさに比例した発光強度が得られる。図 1 に示すように，動作点となる直流のバイアス電流を流しておき，ここに音声などの交流信号を乗せることで，光変調を行うことができる。

適切なバイアスを加えない場合，変調が正しく行われず，復調にも影響が出る。本実験で使用する IC の LM386 は，出力電圧が電源電圧の約 2 分の 1 にバイアスされる設計になっており，入力した交流信号を適切に変調し，LED を発光させることができる。

図 2 に，ブレッドボード上に製作した実験回路を示す。

(a) 送信機（光変調回路）

(b) 受信機（光復調回路）

▲図 2　製作した実験回路

実験時の注意

① LED の半値角

LED の発光特性には，色や輝度のほかに，図 3 のように，光の広がりを示す**半値角**がある。LED の光は中心部が最も強く，中心部から角度が広がるにつれ光が弱くなる。半値角は，中心部の光の強さから 1/2 の強さになる角度のことで，小さな値ほど光の広がりが狭いことを表している。半値角は，中心を 0° として左右を示すように ± 30° と表す場合や，左右を合計して 60° と表す場合がある。15°（狭角），30°，60°（広角）のものが一般的である。

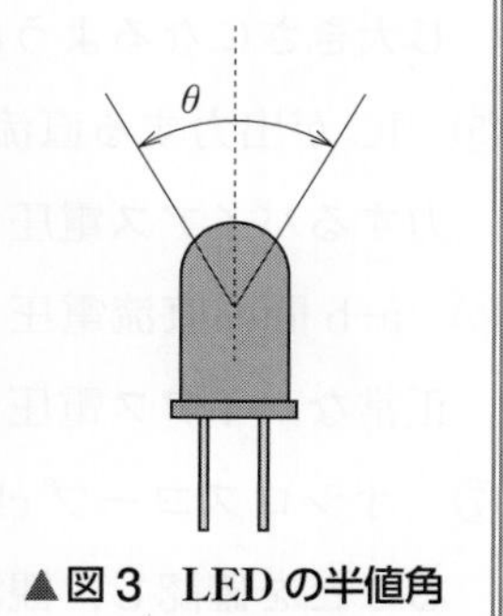

▲図 3　LED の半値角

② **光軸の調整**

実験では，送信側と受信側の**光軸**（発光の中心軸）を合わせるくふうが必要になる。たとえば，図4に示すように，受信部に紙などを置いて光の中心部を確認しながら調整する。

③ **外乱光の影響**

受信する光以外に，照明器具や自然光などの**外乱光**の影響（受信感度が変わる）を受けることがあるので，実験を行う環境に注意する。

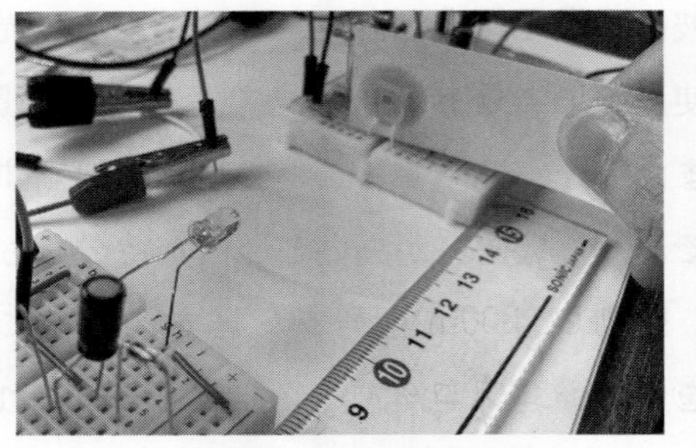

▲図4　光軸の調整

4 実験

実験1　光の強度変調実験

① 図5の送信機（光変調回路）を製作する。LEDは赤色とし，ICに加える電源電圧は12 Vとする。

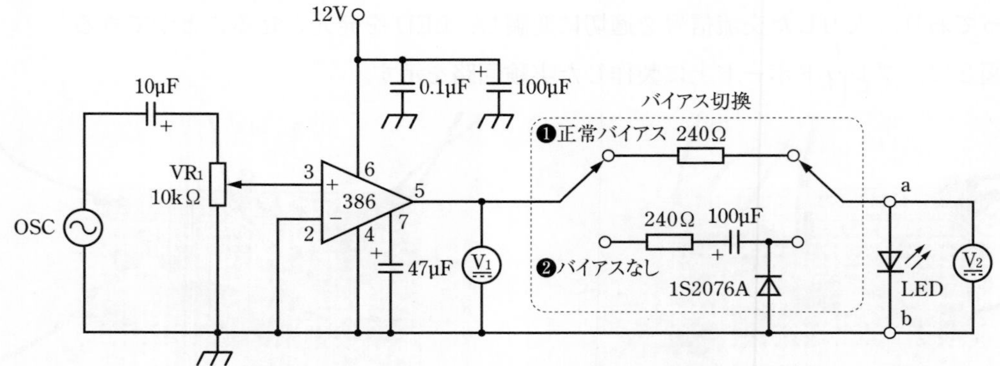

▲図5　送信機（光変調回路）の回路図

② 送信機の「バイアス切換」を「❶正常バイアス」側にする。

③ 発振器の周波数を1 kHzに設定する。発振器の出力電圧をオシロスコープch1で観測し，300 mVppとなるように調整する。また，LEDが点灯することを確認する。

④ オシロスコープch2でa-b間の波形を観測しながら，ch2の波形がch1の波形と同じ大きさになるように，信号レベル調整用のVR_1を調整する。

⑤ ICが出力する直流電圧（ディジタルマルチメータV_1）を確認する。これが，ICが出力するバイアス電圧（6 V程度）となる。

⑥ a-b間の直流電圧（ディジタルマルチメータV_2）を確認する。これがLEDに加わる正常なバイアス電圧（2 V程度）となる。

⑦ オシロスコープch2のACモードをDCモードに切り換え，バイアスがかかっていることを確認し，観測波形を図8❶のように記録する。このとき，バイアス電圧を目視

するため，オシロスコープは0.5 V/div 以下で測定を行うとよい。また，GNDの位置も中央より下部に調整するとよい（図8参照）。

⑧ 「バイアス切換」を「❷バイアスなし」側にする。

⑨ 発振器の周波数は1 kHzのままとし，発振器の出力電圧をオシロスコープのch1で観測し，300mVppとなるように調整する。ここではLEDが点灯しないことを確認する。

⑩ オシロスコープch2でa-b間の波形を観測しながら，ch2の波形がch1の波形と同じ大きさになるように，信号レベル調整用のVR_1を調整する。

⑪ a-b間の直流電圧（ディジタルマルチメータV_2）を確認する。正常なバイアスがかかっていないことを確認（ダイオード1S2076Aによる電圧降下が0.6 V程度発生）する。

⑫ オシロスコープのch2のACモードをDCモードに切り換え，正常なバイアスがかかっていないことを確認し，観測波形を図8❷のように記録する。

実験2 可視光通信の実験

① 図6の受信機（光復調回路）を製作する。ICに加える電源電圧は12 Vとする。

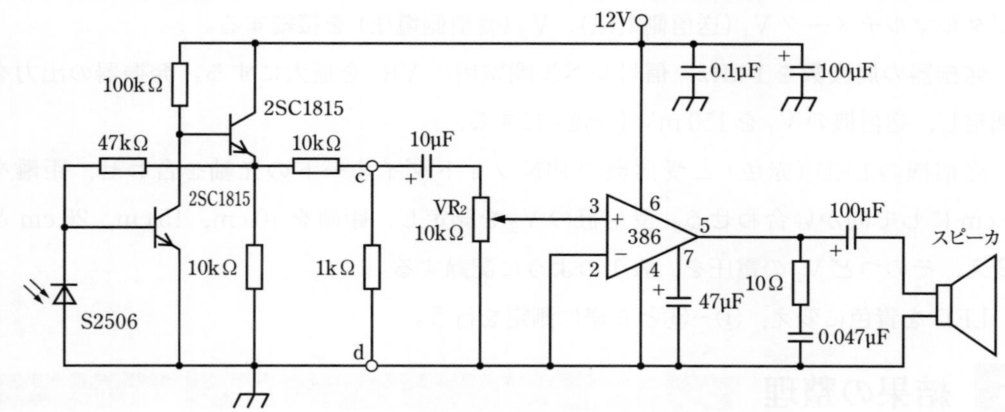

▲図6 受信機（光復調回路）の回路図

② 図7のように，実験1▶ p.50で製作した送信機のLEDと受信機のPINフォトダイオードを，5 cmの間隔で光軸を合わせて配置する。

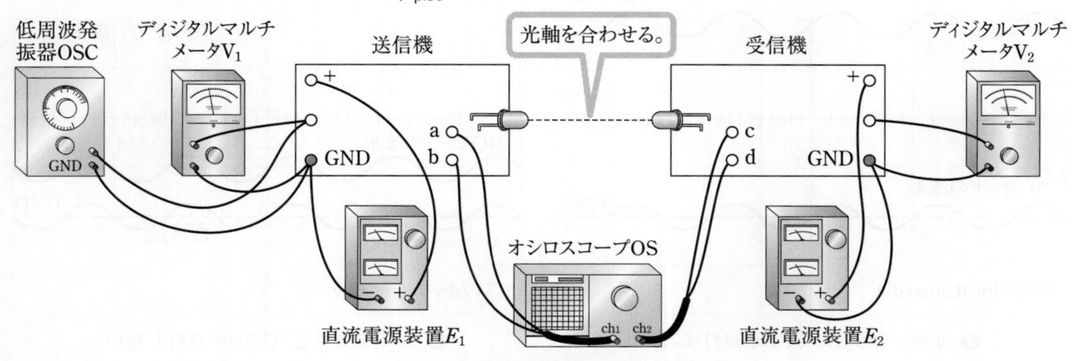

▲図7 可視光通信の実験回路

③　発振器の設定は 実験1 と同様に，出力電圧を 300 mVpp，周波数を 1 kHz とする。信号レベル調整用の VR_1 は最大にする。

④　送信機の a–b 間に，オシロスコープの ch1 を接続し，波形を観測する。

⑤　送信機の「バイアス切換」を「❶正常バイアス」側にする。受信機の c–d 間に，オシロスコープの ch2 を接続し，波形を観測する。

⑥　受信機の音声レベル調整用の VR_2 で，スピーカの音量を調整する。

⑦　1 kHz の音を確認しながら，送信機の「バイアス切換」を「❶正常バイアス」⇔「❷バイアスなし」と切り換えて，音がどのように変わるか確認する。

⑧「❶正常バイアス」,「❷バイアスなし」のそれぞれにおいて，送信機（a–b 間）と受信機（c–d 間）の電圧波形をオシロスコープで観測し，図 9 のように記録する。

実験3　送受信間の距離と信号の測定

①　実験2 と同様に，送信機と受信機をそれぞれ製作する。送信機の「バイアス切換」は「❶正常バイアス」側にする。送信機の a–b 間，受信機の c–d 間に，それぞれディジタルマルチメータ V_1（送信側電圧），V_2（受信側電圧）を接続する。

②　発振器の周波数を 1 kHz，信号レベル調整用の VR_1 を最大にする。発振器の出力を調整し，送信機の V_1 を 150 mV（一定）にする。

③　送信機の LED（赤色）と受信機の PIN フォトダイオードの光軸を合わせ，距離を 5 cm にして向かい合わせる。受信機の V_2 を測定し，距離を 10 cm，15 cm，20 cm と変え，そのつど V_2 の電圧を，表 1 のように記録する。

④　LED を青色に変え，①～③と同様に測定を行う。

5　結果の整理

[1]　実験1 の波形を図 8 のように記録しなさい。

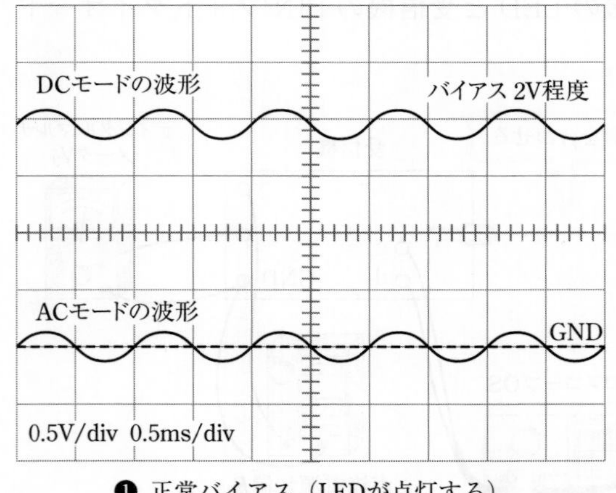

❶ 正常バイアス（LEDが点灯する）

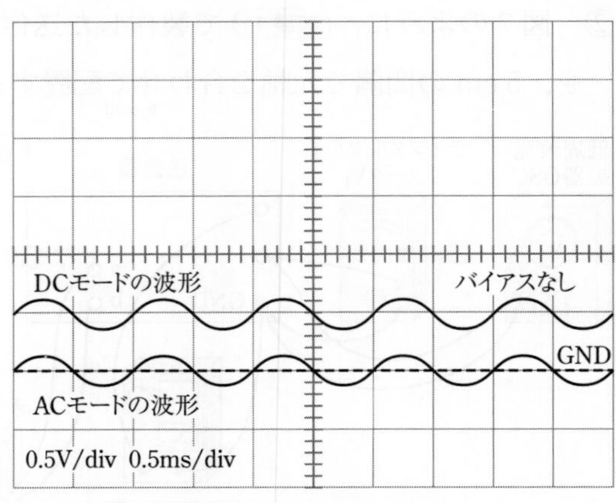

❷ バイアスなし（LEDが点灯しない）

▲図 8　光変調波形の記録

[2] 実験 2 の波形を図 9 のように記録しなさい。

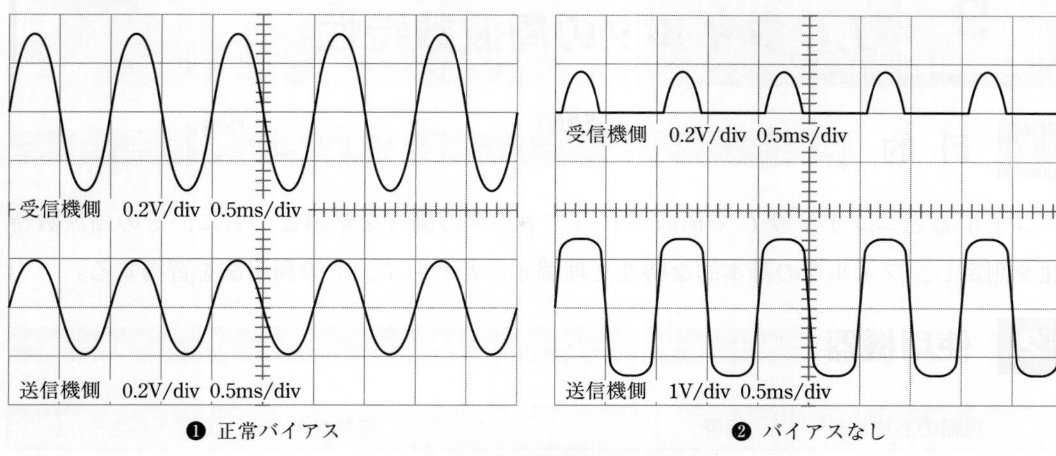

▲図 9 可視光通信波形の記録

[3] 実験 3 の結果を，表 1 のように整理しなさい。

[4] 表 1 をもとに，図 10 のようなグラフを描きなさい。

▼表 1 送受信間の距離と受信側電圧の測定
(送信側電圧 150 mV 一定)

距離 [cm]	赤 LED 受信側電圧 [mV]	青 LED 受信側電圧 [mV]
5	235.3	74.2
10	114.8	27.1
15	54.2	9.3
20	35.6	4.5

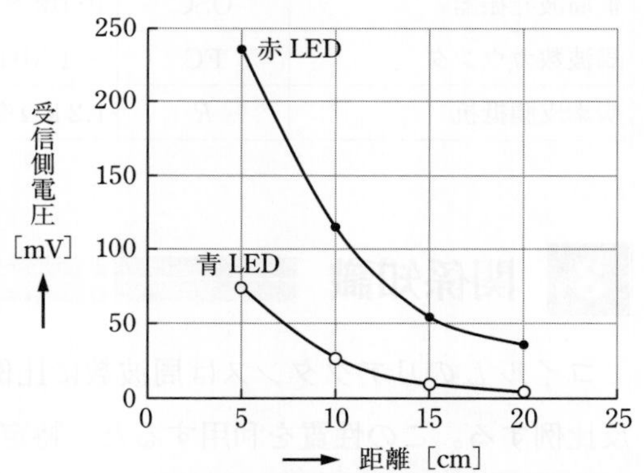

▲図 10 送受信間の距離と受信側電圧の関係

6 結果の検討

[1] 実験 1 実験 2 から，「❶正常バイアス」と「❷バイアスなし」の波形を比較し，どこが異なっているか考えてみよう。

[2] 実験 3 から，波長 (色) による受信感度の違いを調べてみよう。

[3] 音楽プレーヤなどの装置から音声信号を入力して，可視光通信を試してみよう。また，光をさえぎったり，半値角の違う LED を使ったり，部屋の明るさによる違いなども試してみよう。

9 LC フィルタの周波数特性

1 目 的

コイル L とコンデンサ C で構成されるフィルタの働きを学ぶとともに，その周波数特性を測定し，フィルタの基本的な特性を理解するとともに，その利用法を習得する。

2 使用機器

機器の名称	記号	定格など
可変インダクタンス	L_a，L_b	1 ~ 900 mH
可変コンデンサ	C_a，C_b	0.001 ~ 0.999 μF
ディジタルマルチメータ	V_1，V_2	
低周波発振器	OSC	10 Hz ~ 100 kHz，$Z_0 = 600\ \Omega$
周波数カウンタ	FC	~ 1 MHz
炭素皮膜抵抗	R	1.2 kΩを 2 個並列にして，終端抵抗 600 Ωとして使用

3 関係知識

コイル L のリアクタンスは周波数に比例し，コンデンサ C のリアクタンスは周波数に反比例する。この性質を利用すると，特定の周波数成分をもつ信号を通過させたり，遮断したりすることができる。このような回路を**フィルタ**という。

図 1 に示す回路において，$\dot{Z}_a$ と $\dot{Z}_b$ の関係が $\dot{Z}_a \dot{Z}_b = R^2$ となるとき，これを**定 K 形フィルタ**という。R は**公称インピーダンス**といい，抵抗の単位［Ω］をもつ。

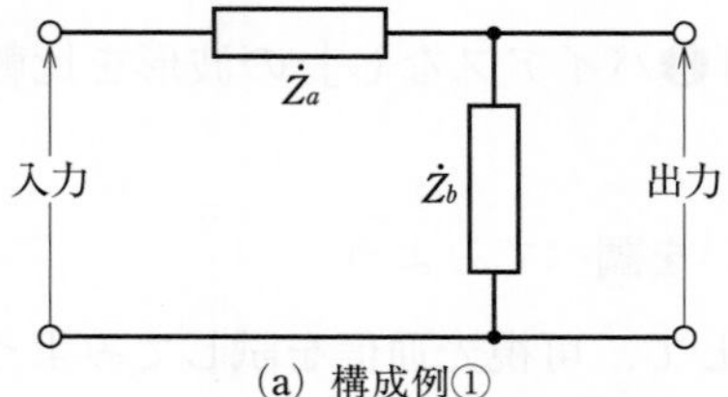

(a) 構成例①

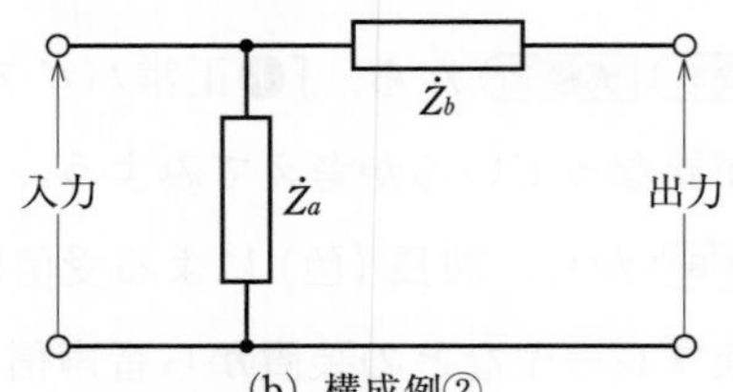

(b) 構成例②

▲図 1　定 K 形フィルタの構成

また，$\dot{Z}_a$ と $\dot{Z}_b$ は L と C で構成される。この回路は，L や C といった受動素子のみで構成されるため，このフィルタを**パッシブフィルタ**（受動フィルタ）という。このほかに，オペアンプなどの能動素子を利用した**アクティブフィルタ**（能動フィルタ）もある。

▶ p.60

1 ローパスフィルタとハイパスフィルタ

図2(a)は，低域周波数の信号を通過させる回路で，図2(b)のような周波数特性をもっている。このような特性をもつフィルタを**ローパスフィルタ**(low-pass filter：LPF)という。図2(b)に示すように，**遮断周波数**(減衰量が最大値から3dB低下する周波数。カットオフ周波数ともいう)f_Cより低い周波数帯域を**通過域**，高い周波数帯域を**減衰域**という。

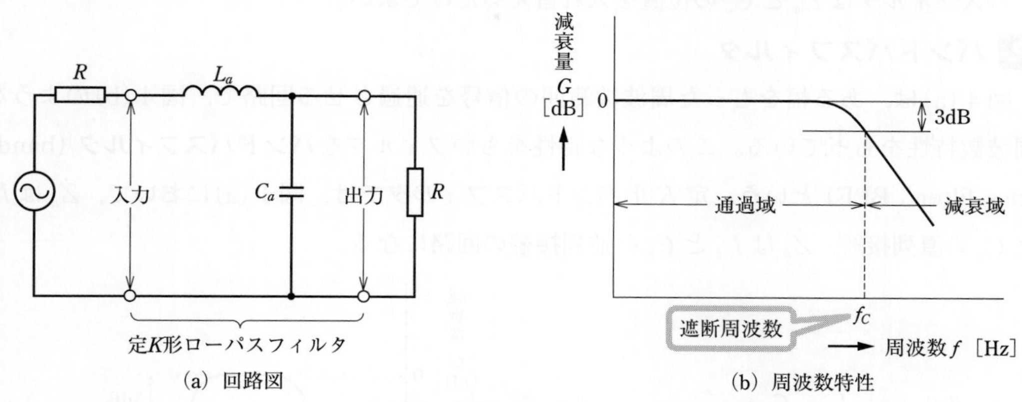

(a) 回路図　　(b) 周波数特性

▲図2　LPF(ローパスフィルタ)

図3(a)は，高域周波数の信号を通過させる回路で，図3(b)のような周波数特性をもっている。このような特性をもつフィルタを**ハイパスフィルタ**(high-pass filter：HPF)という。

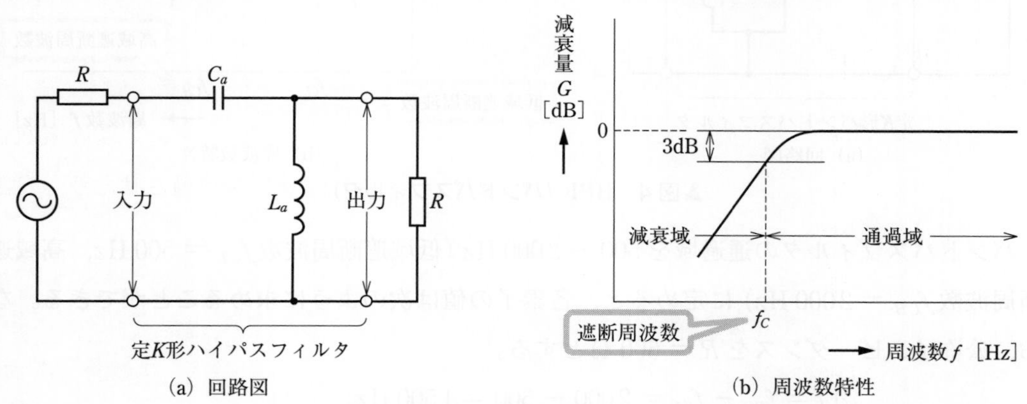

(a) 回路図　　(b) 周波数特性

▲図3　HPF(ハイパスフィルタ)

図2，図3の回路定数は，遮断周波数f_C，公称インピーダンスRを用いると，次のように表される。

$$L_a = \frac{R}{2\pi f_C} \text{ [H]} \tag{1}$$

$$C_a = \frac{1}{2\pi f_C R} \text{ [F]} \tag{2}$$

$f_C = 1$ kHz，$R = 600\ \Omega$とすれば，式(1)，式(2)より，L_aとC_aは次のようになる。

$$L_a = \frac{600}{2 \times 3.14 \times 1 \times 10^3} \doteqdot 96\ \mathrm{mH}$$

$$C_a = \frac{1}{2 \times 3.14 \times 1 \times 10^3 \times 600} \doteqdot 0.265\ \mu\mathrm{F}$$

図2と図3からわかるように，遮断周波数f_Cが同じであれば，ローパスフィルタとハイパスフィルタはL_aとC_aの位置を入れ替えるだけでよい。

2 バンドパスフィルタ

図4(a)は，ある幅をもった周波数範囲の信号を通過させる回路で，図4(b)のような周波数特性をもっている。このような特性をもつフィルタを**バンドパスフィルタ**(band-pass filter：BPF)という。定K形バンドパスフィルタでは，図1(a)において，$\dot{Z}_a$はL_aとC_aの直列接続，$\dot{Z}_b$はL_bとC_bの並列接続の回路になる。

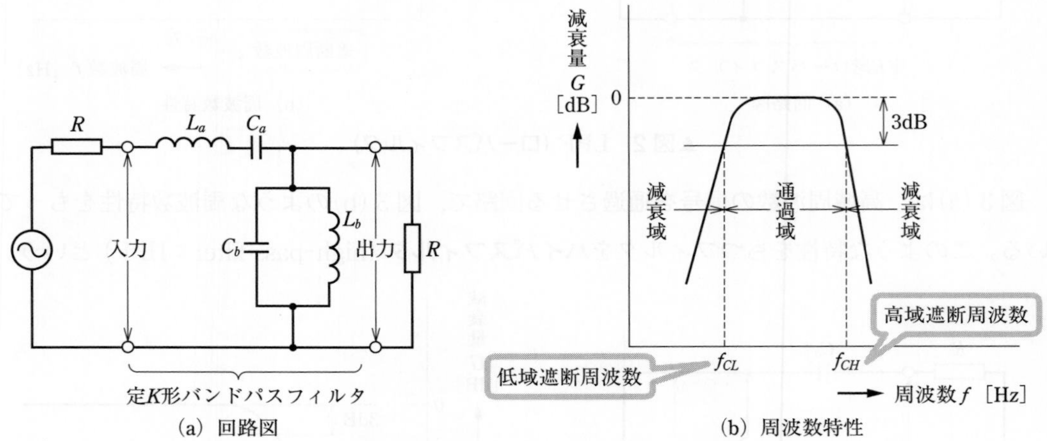

▲図4 BPF(バンドパスフィルタ)

バンドパスフィルタの通過域を500～2000 Hz(低域遮断周波数f_{CL} = 500 Hz，高域遮断周波数f_{CH} = 2000 Hz)に定めると，各素子の値は次のように求めることができる。なお，公称インピーダンスをR = 600 Ωとする。

$$\Delta f = f_{CH} - f_{CL} = 2000 - 500 = 1500\ \mathrm{Hz}$$

$$f_0 = \sqrt{f_{CH} \times f_{CL}} = \sqrt{2000 \times 500} = 1000\ \mathrm{Hz}$$

$$L_a = \frac{R}{2\pi \Delta f} = \frac{600}{2 \times 3.14 \times 1500} \doteqdot 64\ \mathrm{mH}$$

$$L_b = \frac{R\Delta f}{2\pi {f_0}^2} = \frac{600 \times 1500}{2 \times 3.14 \times 1000^2} \doteqdot 143\ \mathrm{mH}$$

$$C_a = \frac{\Delta f}{2\pi R {f_0}^2} = \frac{1500}{2 \times 3.14 \times 600 \times 1000^2} \doteqdot 0.398\ \mu\mathrm{F}$$

$$C_b = \frac{1}{2\pi R \Delta f} = \frac{1}{2 \times 3.14 \times 600 \times 1500} \doteqdot 0.177\ \mu\mathrm{F}$$

4 実験

実験 1 LPF（ローパスフィルタ）の周波数特性の測定

① 図5のように結線する。Z_a は可変インダクタンス L_a，Z_b は可変コンデンサ C_a とし，それぞれ $L_a = 96$ mH，$C_a = 0.265$ μF に調整する。

② フィルタの入力電圧 v_i（ディジタルマルチメータ V_1）を1V一定に保ち，低周波発振器の出力周波数を表1のように100 Hz ～ 10 kHz まで変化させ，そのつど出力電圧 v_o（ディジタルマルチメータ V_2）を測定して記録する。周波数は周波数カウンタで確認する。

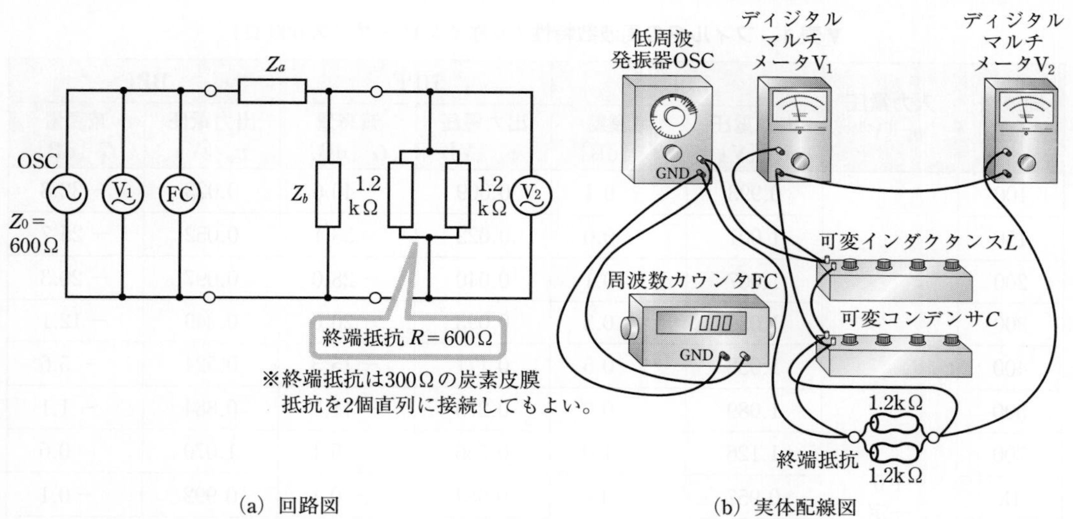

▲図5 LPFの測定回路

実験 2 HPF（ハイパスフィルタ）の周波数特性の測定

① 図5の実験回路において，Z_a と Z_b を入れ替える。Z_a は可変コンデンサ C_a，Z_b は可変インダクタンス L_a となる。L_a と C_a の値は 実験 1 と同様とする。

② 実験 1 と同様に，フィルタの入力電圧 v_i（ディジタルマルチメータ V_1）を1V一定に保ち，低周波発振器の出力周波数を表1のように100 Hz ～ 10 kHz まで変化させ，そのつど出力電圧 v_o（ディジタルマルチメータ V_2）を測定して記録する。

実験 3 BPF（バンドパスフィルタ）の周波数特性の測定

① 図5の実験回路において，Z_a を $L_a = 64$ mH と $C_a = 0.398$ μF の直列接続とし，Z_b を $L_b = 143$ mH と $C_b = 0.177$ μF の並列接続とする。

② 実験 1 と同様に，フィルタの入力電圧 v_i（ディジタルマルチメータ V_1）を1V一定に保ち，低周波発振器の出力周波数を，表1のように100 Hz ～ 10 kHz まで変化させ，そのつど出力電圧 v_o（ディジタルマルチメータ V_2）を測定して記録する。

5 結果の整理

[1] 実験1 ~ 実験3 の測定結果を表1のように整理しなさい。減衰量は $G = 20\log_{10}\dfrac{v_o}{v_i}$ [dB] から計算しなさい。

[2] 表1をもとに，図6のようなLPF（ローパスフィルタ）とHPF（ハイパスフィルタ）の周波数特性曲線を片対数グラフに描きなさい。

[3] 表1をもとに，図7のようなBPF（バンドパスフィルタ）の周波数特性曲線を片対数グラフに描きなさい。

▼表1 フィルタの周波数特性（公称インピーダンス 600 Ω）

周波数 f [Hz]	入力電圧 v_i [V]	LPF		HPF		BPF	
		出力電圧 v_o [V]	減衰量 G [dB]	出力電圧 v_o [V]	減衰量 G [dB]	出力電圧 v_o [V]	減衰量 G [dB]
100	1.0 一定	0.993	− 0.1	0.009	− 40.6	0.023	− 32.8
150		1.001	0.0	0.022	− 33.1	0.052	− 25.7
200		1.007	0.1	0.040	− 28.0	0.097	− 20.3
300		1.029	0.2	0.093	− 20.6	0.249	− 12.1
400		1.058	0.5	0.171	− 15.3	0.524	− 5.6
500		1.089	0.7	0.275	− 11.2	0.884	− 1.1
700		1.126	1.0	0.556	− 5.1	1.070	0.6
1k		0.957	− 0.4	0.984	− 0.1	0.992	− 0.1
1.5k		0.501	− 6.0	1.141	1.1	1.109	0.9
2k		0.274	− 11.3	1.109	0.9	0.962	− 0.3
3k		0.115	− 18.8	1.060	0.5	0.351	− 9.1
4k		0.063	− 24.0	1.030	0.3	0.169	− 15.5
5k		0.040	− 28.1	1.020	0.2	0.100	− 20.0
7k		0.020	− 33.8	1.010	0.1	0.047	− 26.5
10k		0.006	− 44.4	1.004	0.0	0.022	− 33.4

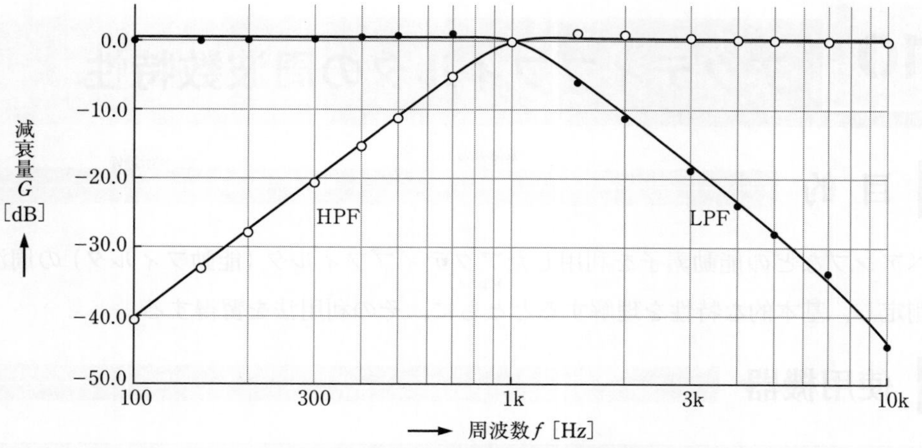

▲図６　LPF と HPF の周波数特性

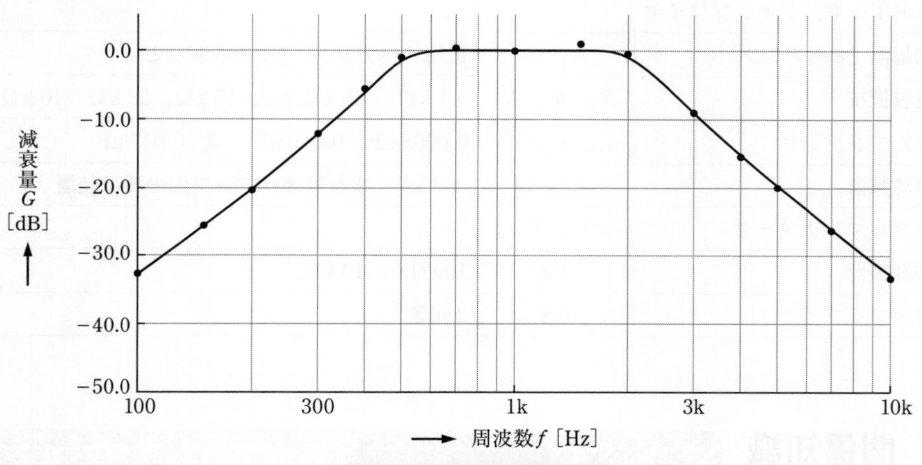

▲図７　BPF の周波数特性

6　結果の検討

[1] グラフに描いた周波数特性より，LPF と HPF の遮断周波数 f_C を求めてみよう。

[2] グラフに描いた周波数特性より，BPF の低域遮断周波数 f_{CL} と高域遮断周波数 f_{CH} を求めてみよう。

[3] フィルタの種類と用途について調べてみよう。

[4] 遮断周波数 f_C が 2 kHz である定 K 形ローパスフィルタ（公称インピーダンス 600 Ω）をつくりたい。L と C の値を求めてみよう。

10 アクティブフィルタの周波数特性

1 目 的

オペアンプなどの能動素子を利用したアクティブフィルタ（能動フィルタ）の周波数特性を測定し，基本的な特性を理解するとともに▶p.54，その利用法を習得する。

2 使用機器

機器の名称	記号	定格など
ブレッドボード，ジャンプワイヤ		
演算増幅器（オペアンプ）		汎用オペアンプ　NJM4558 など
炭素皮膜抵抗	R_1，R_2，R_3	5.1 kΩ，5.6 kΩ × 2，15 kΩ，22 kΩ，10 kΩ
フィルムコンデンサ	C_1，C_2，C_3	0.0068 μF，0.015 μF × 3，0.047 μF
直流電源装置		± 15 V，またはオペアンプ用の電源装置
ディジタルマルチメータ	V_1，V_2	
低周波発振器	OSC	100 Hz ～ 10 kHz
オシロスコープ	OS	2 現象

3 関係知識

L と C によるパッシブフィルタは，電源を必要としない長所があるが，遮断周波数を低い値にするほどインダクタンス▶p.54の大きなコイル，つまり外形の大きいコイルが必要にな▶p.55る。このため，パッシブフィルタは小形化が困難であり，また，得られる周波数特性にも限りがある。

一方，図 1 に示すような，オペアンプに抵抗やコンデンサを組み合わせた**アクティブフィルタ**はコイルが不要であり，パッシブフィルタでは得にくい特性を得ることができる。

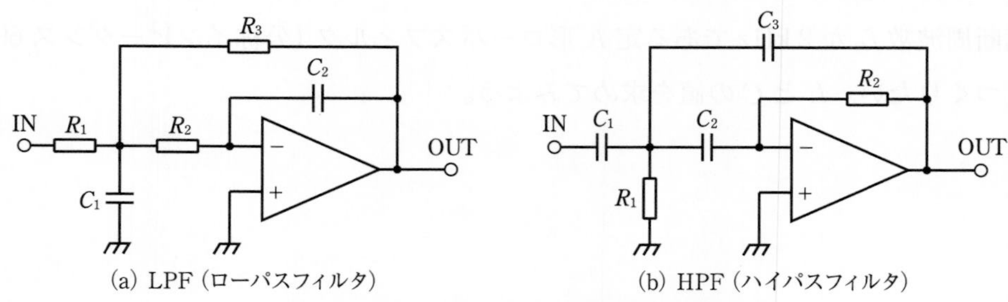

(a) LPF（ローパスフィルタ）　(b) HPF（ハイパスフィルタ）

▲図 1　アクティブフィルタ回路図

図1に示す回路における遮断周波数は次の式より求められる。

$$\text{LPFの遮断周波数}\quad f_C = \frac{1}{2\pi\sqrt{R_2R_3C_1C_2}}\ \text{[Hz]} \tag{1}$$

$$\text{HPFの遮断周波数}\quad f_C = \frac{1}{2\pi\sqrt{R_1R_2C_2C_3}}\ \text{[Hz]} \tag{2}$$

本実験では，遮断周波数を1 kHzとして計算した値によるアクティブフィルタ回路を利用する。いずれも2段のフィルタであり，**1オクターブ**あたり（周波数が2倍になると）約12 dBの減衰量がある。

4 実験

実験1 LPF（ローパスフィルタ）の周波数特性

① 図2の回路を製作する。オペアンプの電源は± 15 Vを与える。

② 低周波発振器の出力を周波数が100 Hz，入力電圧 v_i（ディジタルマルチメータV_1）が1.0 Vになるように調整して入力信号を加え，出力電圧 v_o（ディジタルマルチメータV_2）を測定し，表1のように記録する。

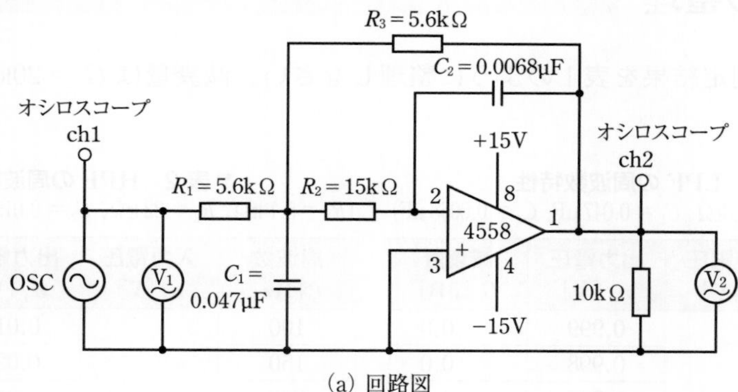

(a) 回路図

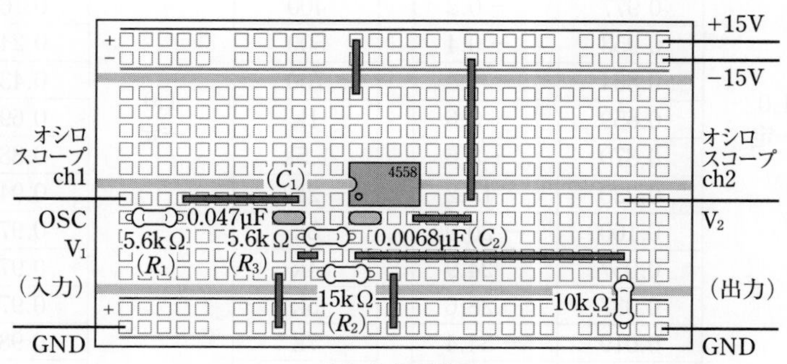

(b) 実体配線図

▲図2 LPF実験回路

③　入力電圧 v_i を 1.0 V 一定にして，入力信号の周波数を表 1 に示すように，100 Hz ～ 10 kHz まで変化させ，そのつど出力電圧 v_o を測定して記録する。

※オシロスコープで出力波形をつねに観測し，ひずみがないことを確認する。

実験 2　HPF（ハイパスフィルタ）の周波数特性

①　図 3 の回路を製作する。実体配線図は図 2 (b) を参考にする。オペアンプの電源は ± 15 V を与える。

②　実験 1 と同様に，入力電圧 v_i を 1.0 V 一定にして，入力信号の周波数を表 2 に示すように，100 Hz ～ 10 kHz まで変化させ，そのつど出力電圧 v_o を測定して記録する。

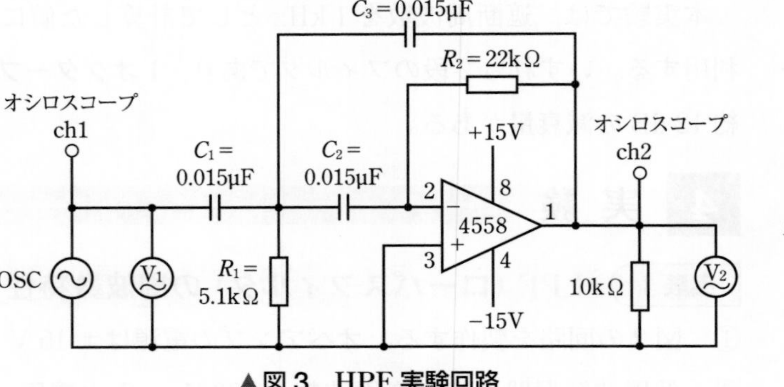

▲図 3　HPF 実験回路

※オシロスコープで出力波形をつねに観測し，ひずみがないことを確認する。

5　結果の整理

[1]　実験 1 の測定結果を表 1 のように整理しなさい。減衰量は $G = 20\log_{10}\dfrac{v_o}{v_i}$ [dB] から求める。

▼表 1　LPF の周波数特性
($R_2 = 15\,\mathrm{k\Omega}$, $R_3 = 5.6\,\mathrm{k\Omega}$, $C_1 = 0.047\,\mu\mathrm{F}$, $C_2 = 0.0068\,\mu\mathrm{F}$)

周波数 f [Hz]	入力電圧 v_i [V]	出力電圧 v_o [V]	減衰量 G [dB]
100		0.999	0.0
150		0.998	0.0
200		0.997	0.0
300		0.990	− 0.1
400		0.977	− 0.2
500		0.953	− 0.4
700		0.864	− 1.3
1k	1.0 一定	0.659	− 3.6
1.5k		0.370	− 8.6
2k		0.220	− 13.2
3k		0.100	− 20.0
4k		0.057	− 24.9
5k		0.037	− 28.6
7k		0.019	− 34.4
10k		0.006	− 44.4

式 (1) で求めた遮断周波数 f_C = ＿＿＿＿＿ Hz

▼表 2　HPF の周波数特性
($R_1 = 5.1\,\mathrm{k\Omega}$, $R_2 = 22\,\mathrm{k\Omega}$, $C_2 = 0.015\,\mu\mathrm{F}$, $C_3 = 0.015\,\mu\mathrm{F}$)

周波数 f [Hz]	入力電圧 v_i [V]	出力電圧 v_o [V]	減衰量 G [dB]
100		0.010	− 40.0
150		0.022	− 33.2
200		0.040	− 28.0
300		0.091	− 20.8
400		0.160	− 15.9
500		0.245	− 12.2
700		0.438	− 7.2
1k	1.0 一定	0.691	− 3.2
1.5k		0.886	− 1.1
2k		0.943	− 0.5
3k		0.970	− 0.3
4k		0.977	− 0.2
5k		0.979	− 0.2
7k		0.981	− 0.2
10k		0.982	− 0.2

式 (2) で求めた遮断周波数 f_C = ＿＿＿＿＿ Hz

[2] 実験 2 の測定結果を表 2 のように整理しなさい。減衰量は $G = 20\log_{10}\dfrac{v_o}{v_i}$ [dB] から求める。

[3] 表 1 および表 2 をもとに，図 4 のような周波数特性を片対数グラフ用紙に描きなさい。

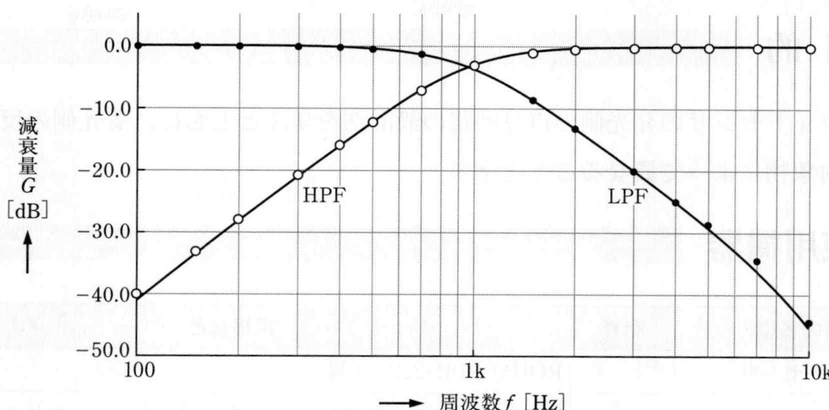

▲図 4　LPF と HPF の周波数特性

6 結果の検討

[1] フィルタの周波数特性において，式 (1) と式 (2) で求めた遮断周波数の値と，図 4 の周波数特性から求めた遮断周波数の値を比較してみよう。

[2] 図 4 から，このフィルタの減衰度は 1 オクターブあたり何 dB になるかを求めてみよう。

LPF：G =＿＿＿＿＿＿＿＿dB/oct　　HPF：G =＿＿＿＿＿＿＿＿dB/oct

[3] 図 5 に示すように，LPF と HPF を従続（カスケード）接続したときの周波数特性（図 6）を測定し，どのようなフィルタになるか考えてみよう（NJM4558 は 2 回路入りのオペアンプなので，一つのオペアンプで LPF と HPF を構成できる）。

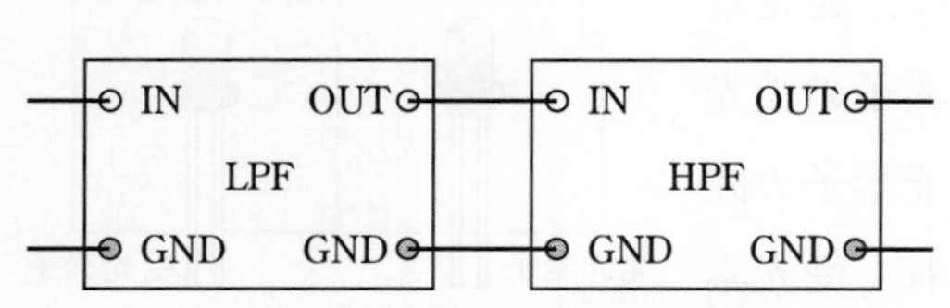

▲図 5　LPF と HPF の縦続接続

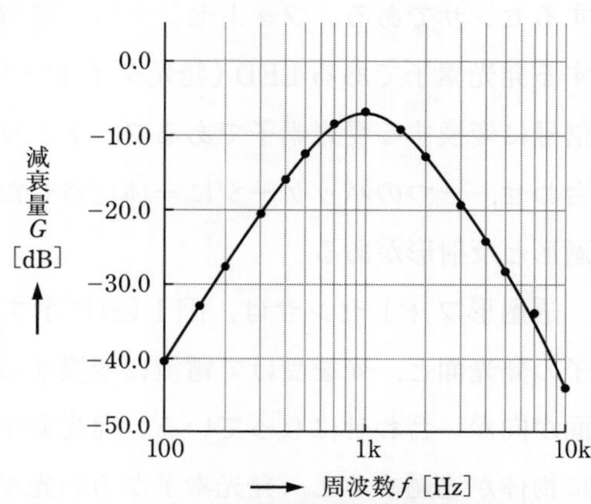

▲図 6　LPF と HPF の縦続接続の周波数特性

11 反射形フォトセンサの特性測定

1 目的

反射形フォトセンサの発光側の点灯回路の設計法を学ぶとともに，受光側の反射電流の大きさが対象物によって異なることを学ぶ。

2 使用機器

機器の名称	記号	定格など
反射形フォトセンサ		ROHM RPR-220，4 個
実験用基板		M3 ねじ用スペーサ (30 mm) 4 本，M3 × 6 mm ねじ 4 本， 炭素皮膜抵抗 680 Ω　1/4 W　1 本， ピンソケット (2 列× 2 ピン)，ユニバーサル基板 (両面)， すずめっき電線，チェック端子 4 個
反射物体		コピー用紙，アルミテープ，印刷用のパソコンとプリンタ
直流電源装置	E	5 V，1 A
直流電圧計	V	10 V
直流電流計	I	30 µA/100 µA/300 µA/1 000 µA/3 000 µA
その他：定規，ニッパ，油性ペン		

3 関係知識

1 フォトセンサ

フォトセンサは，光を利用して物体の有無や位置を検出するセンサである。フォトセンサは，電気信号を光に変換する発光素子であるLED (発光ダイオード) と，光を電気信号に変換する受光素子であるフォトトランジスタを組み合わせ，一つのパッケージに一体化させた素子であり，透過形と反射形がある。

透過形フォトセンサは，図 1 (a)に示すように，発光素子の発光面と，光を受けて電流に変換する受光素子の受光面が向かい合わせになっている。発光素子と受光素子の間に物体が通過すると，発光素子からの光が遮られ，受光素子の受光量が変化することで物体を検知する。

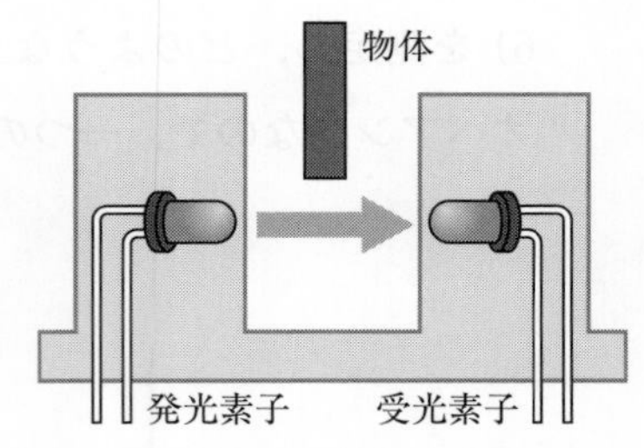

(a) 透過形フォトセンサ

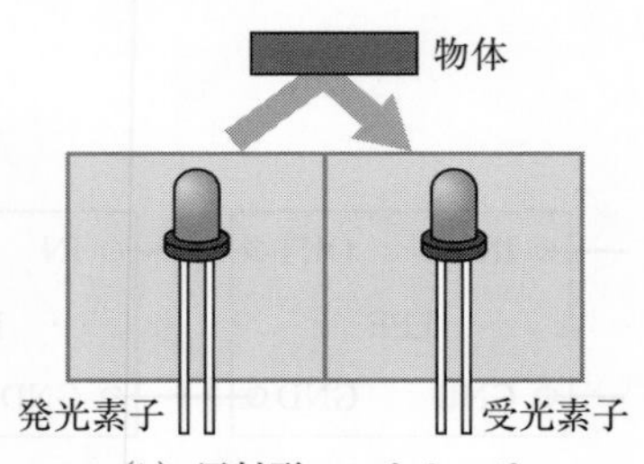

(b) 反射形フォトセンサ

▲図 1　フォトセンサ

一方，反射形フォトセンサは，図1(b)に示すように，発光素子の発光面と受光素子の受光面が同一方向に取りつけられている。物体が発光面と受光面のまえを通過すると，発光素子から出た光が物体に反射し，受光素子の受光量が変化することで物体を検知する。

2 発光素子

フォトセンサの発光素子には，LEDが用いられている。LEDは，半導体材料の違いにより，発光する光の波長が異なり，赤色・黄色・緑色・青色・白色のほか，目にみえない赤外線を発光するものもある。フォトセンサの発光素子には，一般的に，赤外線LEDが使用されている。

LEDは，順電流I_Fに比例した光出力が得られるとともに，LEDの両端に電圧降下が発生し，これを順電圧V_Fという(図2(a))。図2(b)に，LEDの順電流I_Fと順電圧V_F特性の例を示す。

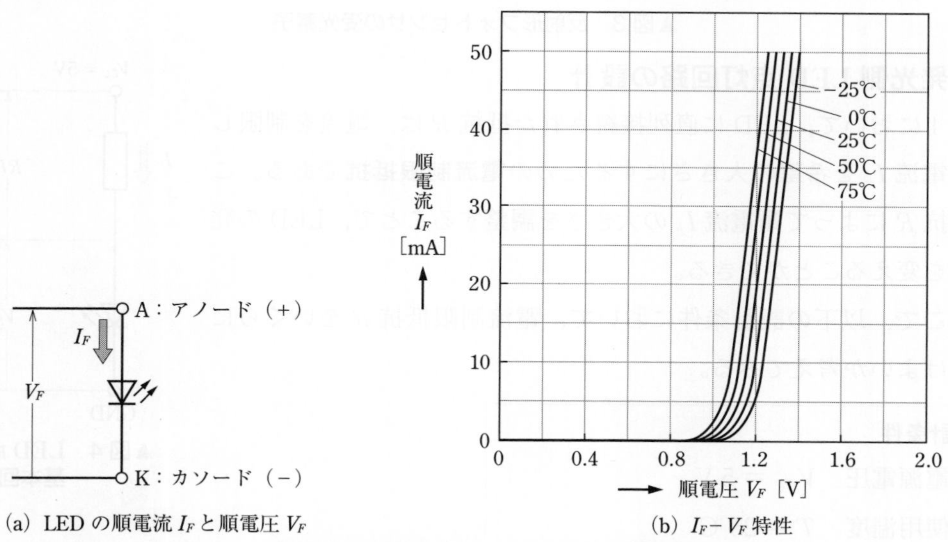

(a) LEDの順電流I_Fと順電圧V_F　　(b) I_F－V_F特性

▲図2　反射形フォトセンサの発光素子

3 受光素子

フォトセンサの受光素子には，フォトトランジスタが用いられる。フォトトランジスタは，受光部に光が当たると，光量に応じてコレクタ電流(出力電流)I_Cが流れ，コレクタ・エミッタ間に電圧V_{CE}が生じる(図3(a))。フォトセンサのフォトトランジスタは，発光素子に用いられる赤外線LEDが発光する光の波長に対して高い感度をもつようにつくられている。

図3(b)に，コレクタ電流I_Cとコレクタ・エミッタ間電圧V_{CE}特性を示す。発光側の赤外線LEDの順電流I_Fを大きくすると，受光側のフォトトランジスタのコレクタ電流I_Cが大きくなることがわかる。

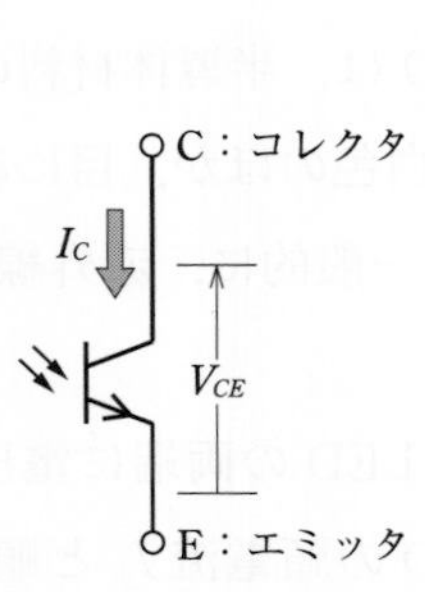

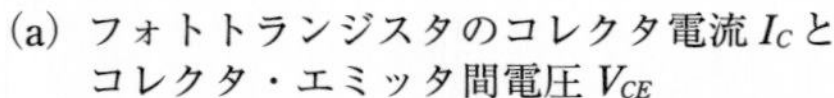
(a) フォトトランジスタのコレクタ電流 I_C と コレクタ・エミッタ間電圧 V_{CE}

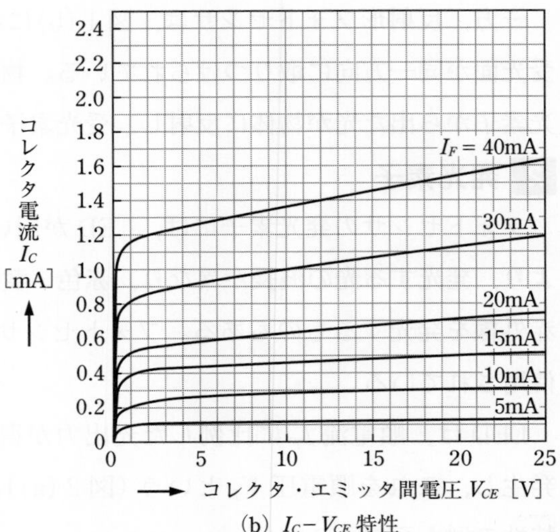

(b) $I_C - V_{CE}$ 特性

▲図3　反射形フォトセンサの受光素子

4 発光側 LED 点灯回路の設計

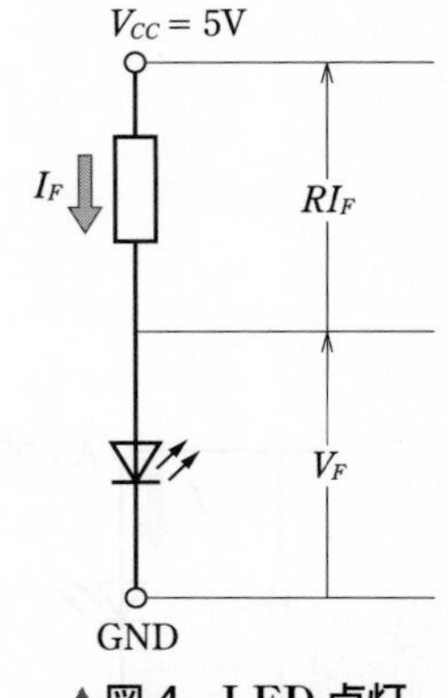

▲図4　LED 点灯基本回路

図4において，LEDに直列接続された抵抗 R は，電流を制限して順電流 I_F を希望の大きさにするための**電流制限抵抗**である。この抵抗 R によって順電流 I_F の大きさを調整することで，LEDの発光量を変えることができる。

ここで，以下の設計条件において，電流制限抵抗 R をいくらにすればよいか考えてみる。

> **設計条件**
>
> 電源電圧　$V_{CC} = 5$ V
>
> 使用温度　$T = 25$ ℃
>
> 順電流　$I_F = 50$ mA (最大発光時)
>
> 順電流　$I_F = 5$ mA (最小発光時)

図4より，電源電圧 V_{CC} と抵抗の電圧降下 RI_F，ダイオードの電圧降下 V_F の関係は，

$$V_{CC} = RI_F + V_F \text{ [V]} \tag{1}$$

であり，R について変形すると，式(2)のようになる。

$$R = \frac{V_{CC} - V_F}{I_F} \text{ [Ω]} \tag{2}$$

図2(b)より，25℃における順電圧 V_F の値を読み取ると，以下のようになる。

$$I_F = 5 \text{ mA の場合} \quad V_F \fallingdotseq 1.1 \text{ V} \tag{3}$$

$$I_F = 50 \text{ mA の場合} \quad V_F \fallingdotseq 1.3 \text{ V} \tag{4}$$

式 (2) と設計条件より，電流制限抵抗 R の最小値と最大値を求める。ただし，V_F は，I_F の値に応じて，式 (3)，(4) を使用する。

電流制限抵抗 R の最小値（$I_F = 50\,\mathrm{mA}$ のとき）

$$R_{\min} = \frac{V_{CC} - V_F}{I_F} = \frac{5 - 1.3}{50 \times 10^{-3}} = 74\ \Omega \qquad (5)$$

電流制限抵抗 R の最大値（$I_F = 5\,\mathrm{mA}$ のとき）

$$R_{\max} = \frac{V_{CC} - V_F}{I_F} = \frac{5 - 1.1}{5 \times 10^{-3}} = 780\ \Omega \qquad (6)$$

したがって，順電流 I_F を 5 mA ～ 50 mA の範囲で調整するには，電流制限抵抗 R を 74 Ω ～ 780 Ωにすればよい。本実習では，680 Ωの抵抗を用いることとする。

5 受光側の負荷抵抗

フォトトランジスタは，物体からの反射光量に応じて，コレクタ電流 I_C が変化する。負荷抵抗 R_L に流れる電流 I_L をフォトトランジスタの出力電流とすると，I_L は I_C に比例した電流が流れる。つまり，反射光量に応じて，I_L が変化する。

また，図 5 において，$I_L \fallingdotseq I_C$ として考えると，出力電圧 V_o は，$V_o = R_L\, I_L \fallingdotseq R_L\, I_C$ で求めることができる。抵抗の両端に発生する電圧降下の大きさから反射光量の大きさを電圧としても取り出すことができる。

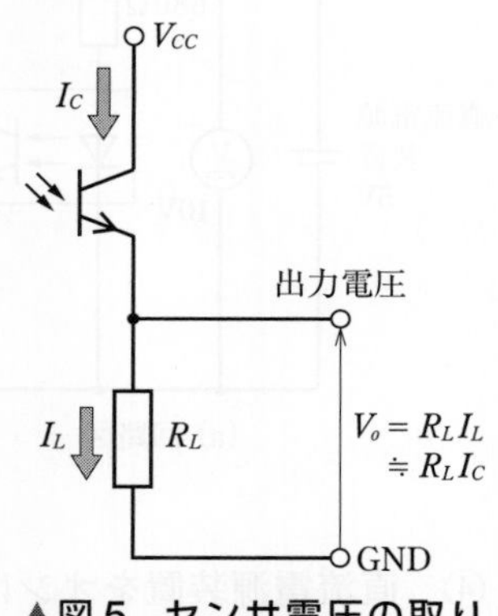

▲図 5　センサ電圧の取り出しかた

4 実験

製作　反射物体と実験用基板の製作

① 図 6 のように，コピー用紙に，黒と灰色を印刷し，間を空けて，アルミテープを貼りつける。

② 4 個のフォトセンサに，油性ペンなどで 1 ～ 4 の識別番号を書き，図 7 のように，センサの先端から 24 mm の位置で，ニッパを用いてリード線をカットする。

③ ユニバーサル基板の四隅に，長さ 30 mm のスペーサをねじを使って取りつける。

▲図 6　反射物体

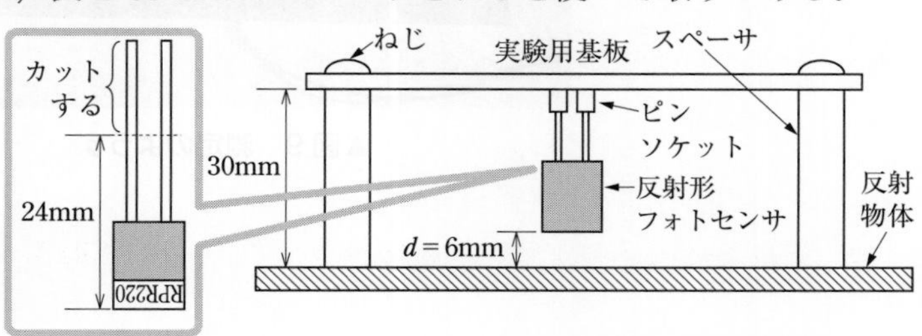

▲図 7　反射形フォトセンサの加工と実験用基板の製作

④　図8(a)を参考に，ユニバーサル基板に抵抗とピンソケットを取りつけ，各素子間をすずめっき電線を用いて配線する。ピンソケットは，基板の裏面に取りつける。また，直流電圧計と直流電流計を接続するためのチェック端子も取りつける。

実験1　反射形フォトセンサの出力特性の測定

①　図8のように，実験用基板と実験器具を結線する。

②　直流電源装置の出力が5.0Vになるよう直流電圧計をみながら調整する。

③　直流電源装置をオフにし，実験用基板のソケットに識別番号1のフォトセンサを取りつけ，実験用基板を反射物体の上に置く。

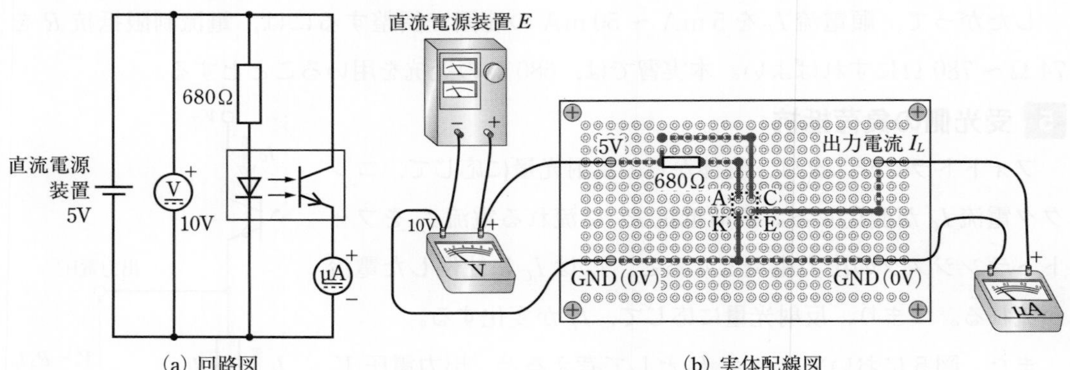

(a) 回路図　(b) 実体配線図

▲図8　反射形フォトセンサの実験回路

④　直流電源装置をオンにし，実験用基板を図9のように，黒色，灰色，白色，銀色の順に移動させ，そのつど，フォトトランジスタの出力電流 I_L の値を読み取り，表1のように記録する。必要に応じて直流電流計のレンジを切り換えること。

⑤　すべての色で測定が終わったら，直流電源装置の出力をオフにし，識別番号2～4のフォトセンサに取り換え，④の測定・記録を行う。最後に，直流電源装置をオフにする。

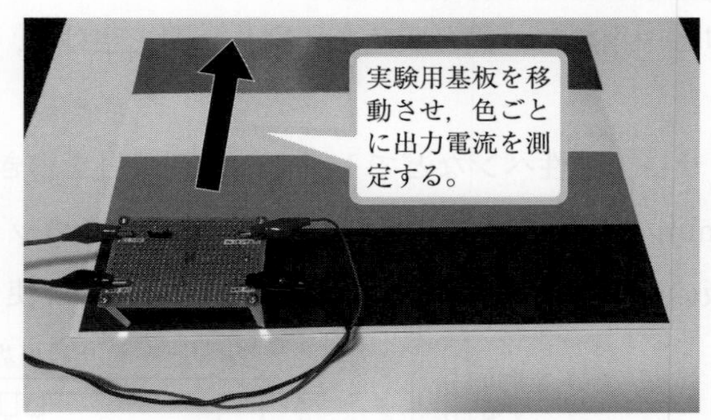

▲図9　測定のようす

5 結果の整理

[1] 実験1 の測定結果を表1のように整理しなさい。

[2] 表1をもとに，片対数グラフを使って，図10のようなグラフを描きなさい。

▼表1 反射形フォトセンサの出力電流

LED 電流制限抵抗 R = 680 Ω
センサ型番：RPR-220，電源電圧= 5.0 V，反射物体間距離 d = 6 mm

センサの識別番号	出力電流 I_L [μA]			
	黒 色	灰 色	白 色	銀 色
1	12.5	65	140	650
2	10.7	54	120	975
3	19.5	108	240	1 050
4	9.2	45	100	760

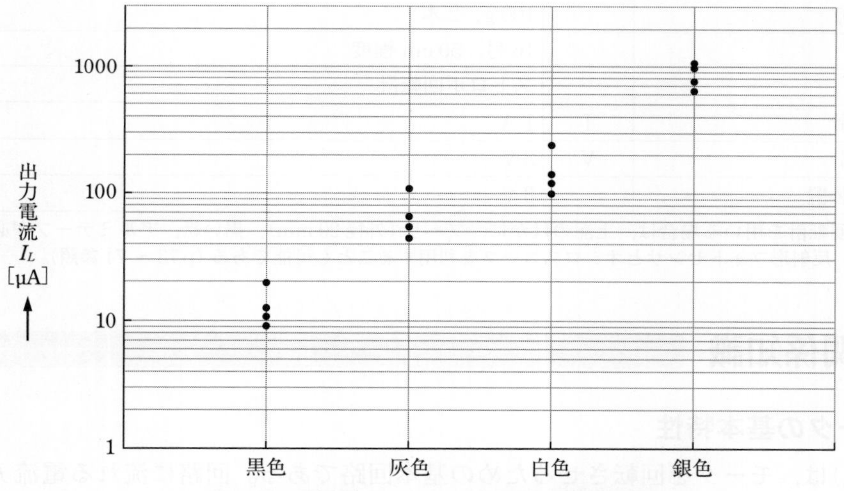

▲図10 反射形フォトセンサの出力電流特性

6 結果の検討

[1] 反射形フォトセンサの出力電流特性から，反射物体の色によって，出力電流がどのように変化するか考えてみよう。

[2] 反射物体の黒色と白色を判定する回路を製作したい。測定したデータより負荷抵抗 R_L をいくらにすればよいか考えてみよう。反射物体が白色のときセンサ電圧は 3 V 以上，黒色のとき 3 V 未満とする。センサ電圧を取り出す回路は，図5を参考にすること。

12 模型用 DC モータの特性測定

1 目的

模型用の DC モータを使い，負荷トルクやモータ電流，回転数を計測し，電気エネルギーから機械出力（回転力）に変換するエネルギー変換効率を求める。また，モータ電流と負荷トルク特性，回転数と負荷トルク特性などから，DC モータの基本的特性を理解する。

2 使用機器

機器の名称	記号	定格など
DC モータ出力特性実験装置		モータ：FA-130，プーリ直径 7 mm（外径 11 mm：タミヤ：プーリ（S）セット）
スタンド		高さ：750 mm
ばねはかり		100 g，2 本
絹糸		16 号，50 cm 程度
回転計		ストロボ回転計 *
直流電流計	I	1 A
直流電圧計	V	3 V
直流電源装置		3 V

* 光反射式回転計を用いる場合は，上記のほかに，プーリ（外径 20 mm），黒い紙，アルミテープが必要になる。ほかにも，反射形フォトセンサとオシロスコープを利用することも可能である（p.73 ～ 74 参照）。

3 関係知識

1 モータの基本特性

図 1 (a) は，モータを回転させるための基本回路である。回路に流れる電流 I_m をモータ電流とよぶ。この回路は，DC モータを巻線抵抗 R_a と逆起電力 E_C を使って，図 1 (b)

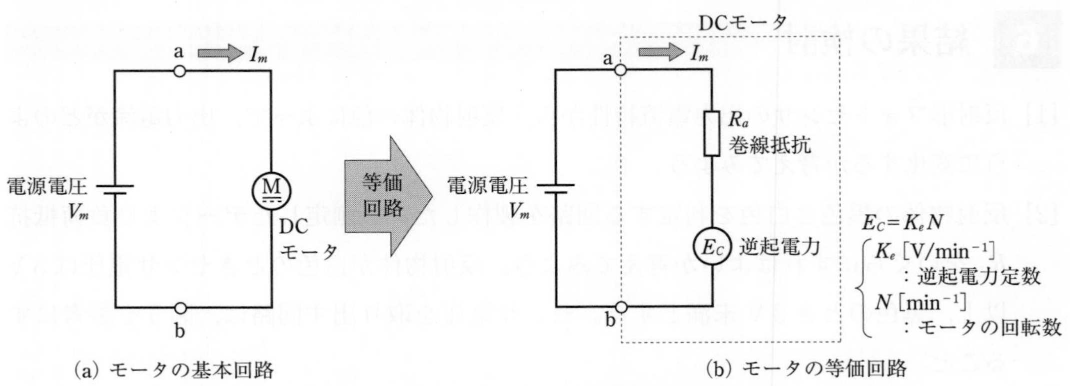

(a) モータの基本回路　　(b) モータの等価回路

▲図 1　DC モータの等価回路

に示すような等価回路で表すことができる。この等価回路から，式 (1) がなりたつ。

$$V_m = R_a I_m + E_C \ [\mathrm{V}] \tag{1}$$

ここで，逆起電力 E_C は，モータの回転数 N に比例し，その比例乗数を K_e とすると，$E_C = K_e N$ で表すことができる。この比例乗数 K_e を，**逆起電力定数**という。式 (1) から，モータ電流 I_m を求めると，式 (2) が得られる。

$$I_m = \frac{V_m - E_C}{R_a} \ [\mathrm{A}] \tag{2}$$

モータに電源電圧 V_m を加えた直後は，モータがまだ回転していないので $N = 0$ であり，逆起電力 E_C は 0 となる。したがって，モータの起動時のモータ電流 I_m は，

$$I_m = \frac{V_m}{R_a} \ [\mathrm{A}] \tag{3}$$

となる。つまり，起動時に最も大きなモータ電流（最大電流）が流れ，モータの回転数の増加とともに逆起電力 E_C が大きくなり，モータ電流 I_m が小さくなっていく。モータは最大電流のときに最も大きな力（トルク）を発生する。

なお，モータの回転軸に取りつけた物体によって過大な負荷がかかり，回転軸が拘束（ロック）されるときも $N = 0$ になるので，最大電流が流れることになる。このとき，モータの巻線には，モータ電流によってジュール熱が発生するので，最大電流が流れ続けると，モータ巻線を焼損してしまう恐れがある。このため，回転軸がロックされないように，注意が必要である。

2 モータの出力特性

(1) トルクについて　モータの回転軸（シャフト）を回す力，または回転軸の回転を止めようとする力のことを**トルク**という。トルクの単位は［N・m］で表される。

図2のように，回転軸の中心から r [m] のところに F [N] の力を加えたとき，回転軸に働くトルク T は，式 (4) で表される。

$$T = rF \ [\mathrm{N \cdot m}] \tag{4}$$

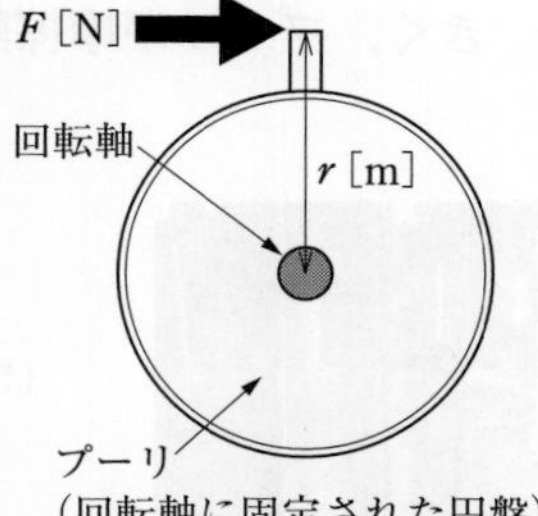

▲図2　トルクの定義

(2) モータのエネルギー変換効率　モータは電気エネルギーを機械エネルギーに変換する装置である。入力した電気エネルギーと，出力された機械エネルギーの比を**エネルギー変換効率**という。入力エネルギー（電力）を P_{in}，出力エネルギー（出力）を P_{out} とすると，エネルギー変換効率 η［%］は，式 (5) で表される。

$$\eta = \frac{P_{\mathrm{out}}}{P_{\mathrm{in}}} \times 100 \ [\%] \tag{5}$$

ここで，モータに加える電源電圧を V_m，モータ電流を I_m，モータの回転数を N [min^{-1}]，トルクを T [N・m] とすると，入力エネルギー P_{in} と出力エネルギー P_{out} は，それぞれ

式 (6), (7) で表される。

$$\text{入力エネルギー}\quad P_{\text{in}} = V_m I_m \ [\text{W}] \tag{6}$$

$$\text{出力エネルギー}\quad P_{\text{out}} = \frac{2\pi N}{60} \times T = 0.1047NT \ [\text{W}] \tag{7}$$

4 実験

実験1 モータの負荷特性

① 図3のように結線する。

② 直流電源装置の出力電圧を調整して，モータに加える電圧 V_m を1.5 V にする。

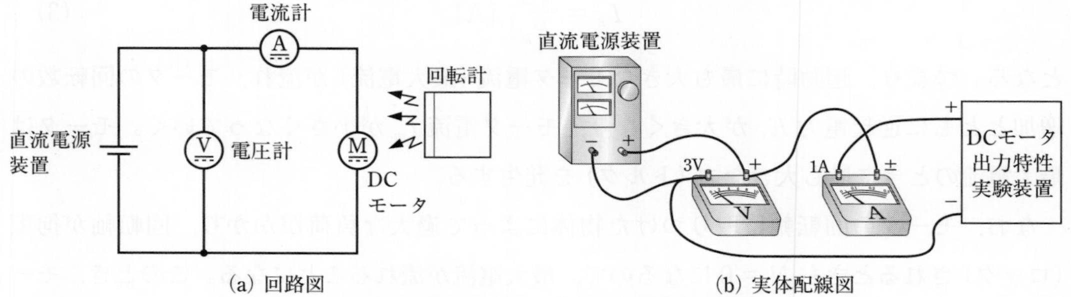

▲図3 モータのトルク測定の実験回路

③ 図4 (a)のように，ばねはかりBをスタンドに固定し，ばねはかりBに結んだ絹糸をプーリを介して，ばねはかりAに結び，ばねはかりAを手で引っ張って負荷をかける。なお，プーリにかける糸は必ず絹糸を用いること。ほかの糸を使用すると摩擦係数が大きく，プーリが摩擦熱で溶ける可能性がある。

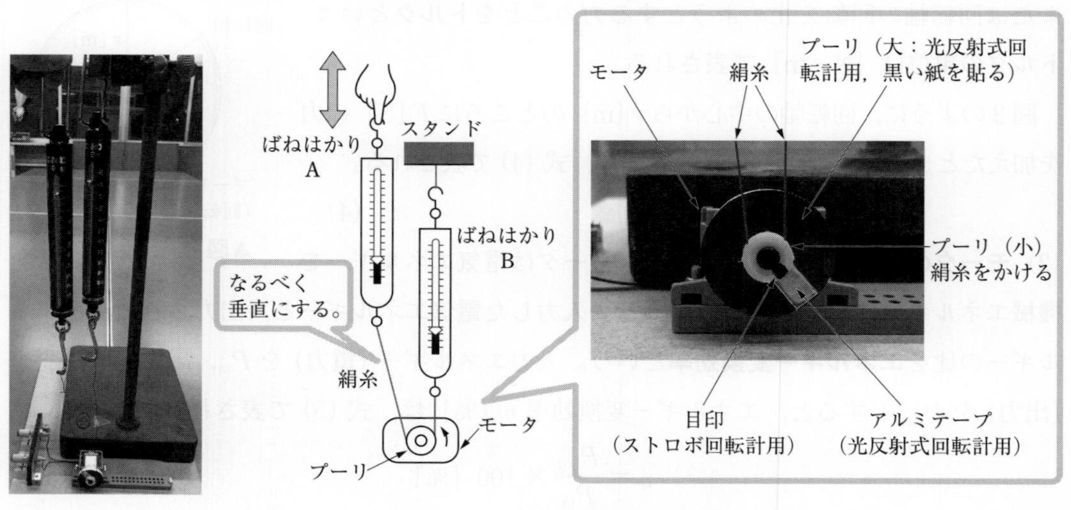

▲図4 DC モータ出力特性実験装置

④　ばねはかりAの指示値を0gになるように調整し，直流電源装置の電源を入れる。このときのばねはかりBの指示値とモータ電流 I_m および回転数 N を読み取り，表1のように記録する。なお，長時間負荷をかけ続けるとプーリが溶ける可能性があるので，なるべく短時間で測定を行うようにする。

⑤　ばねはかりAの指示値を5gから30gまで5g間隔で変更し，そのつど，ばねはかりBの指示値とモータ電流および回転数を読み取り，記録する。

回転数の測定方法

DCモータの回転数のおもな測定方法には以下のものがある。本実習では，①の方法を用いた。なお，図4(b)の写真は，①～③のいずれの方法でも測定できるように製作したものである。

①　ストロボ回転計による測定

図5に，ストロボ回転計を使った回転数の測定例を示す。図4(b)ように，あらかじめプーリに，目印となる図形を描いておく。ストロボ回転計には放電管が内蔵されており，設定した周期で光を点滅させることができる。この点滅する光と回転しているプーリが同じ周期になったとき，目印は，あたかも静止しているようにみえる。このとき設定した放電管の点滅周期を読むことで回転数がわかる。

▲図5　ストロボ回転計による測定例

②　光反射式回転計による測定

図6に，光反射式回転計を使った回転数の測定例を示す。図4(b)のように，あらかじめプーリの表面に光が反射しにくい黒い紙を貼る。さらに，プーリの一部にアルミテープを貼り，光が反射しやすい部分を設ける。プーリ(モータ)を回転させた状態で，図6のように，回転計の先端をプーリへ向け，計測スイッチを押すと，先端の照射用LEDが発光する。アルミテープによって，照射した光が反射して回転計の受光素子へ入力される。この回数を1分間計測することで，1分あたりの回転数 N [min^{-1}] がわかる。

▲図6　光反射式回転計による測定例

③　反射形フォトセンサとオシロスコープを利用した測定

図7に，反射形フォトセンサとオシロスコープを使った回転数の測定例を示す。光反射式回転計と同様，反射形フォトセンサが発光した光がアルミテープで反射し，受光素子に戻る回数を計測する。反射光の検出には，実習11で使用した反射形フォトセンサとオシロスコープを組み合わせて使用する。

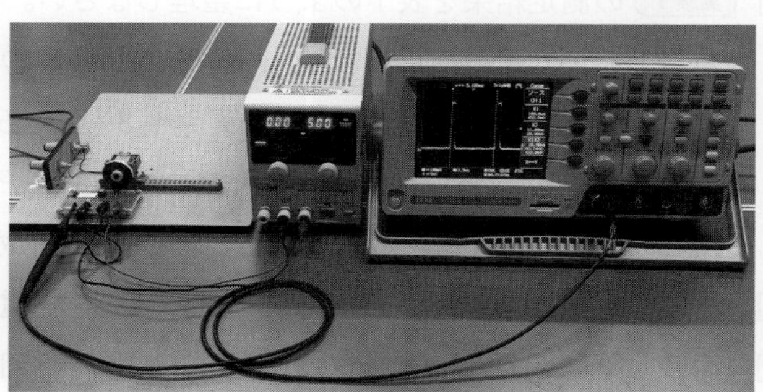
▶図7　反射形フォトセンサとオシロスコープを使った回転数の測定例

アナログ電子回路編

図8に，反射形フォトセンサを用いた検出回路を示す。オシロスコープで波形測定を行うさい，トリガ機能を正常に動作させるため，半固定抵抗器（10 kΩ）でセンサ出力 V_o [V] を調整できるようにしている。

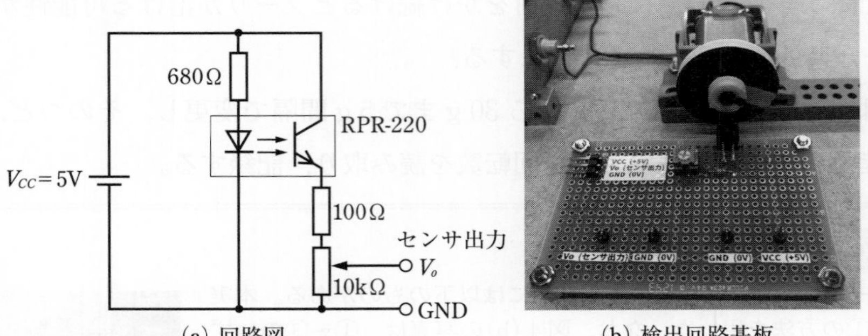

(a) 回路図　　(b) 検出回路基板

▲図8　反射形フォトセンサを用いた検出回路

p.70「使用機器」に示した機器以外に次のものが必要になる。直流電源装置，オシロスコープ，プローブ，ユニバーサル基板，テスト端子（4個），プーリ（外径 20 mm），黒い紙，アルミテープ，フォトセンサ（RPR-220），炭素皮膜抵抗（100 Ω，680 Ω），半固定抵抗器（10 kΩ）

図9に，センサの出力波形を示す。プーリに貼られたアルミテープを検出したとき HIGH レベルとなり，回転数によってパルスの周波数 f [Hz] が変化する。回転数は min^{-1} で記録する必要があるため，パルスの周波数 f [Hz] に 60 をかけることで，回転数 N [min^{-1}] を求めることができる。図9の場合，パルスの周波数 $f = 90.0124$ Hz であるので，回転数は，$N = 90.0124 \times 60 \fallingdotseq 5400.7$ min^{-1} となる。

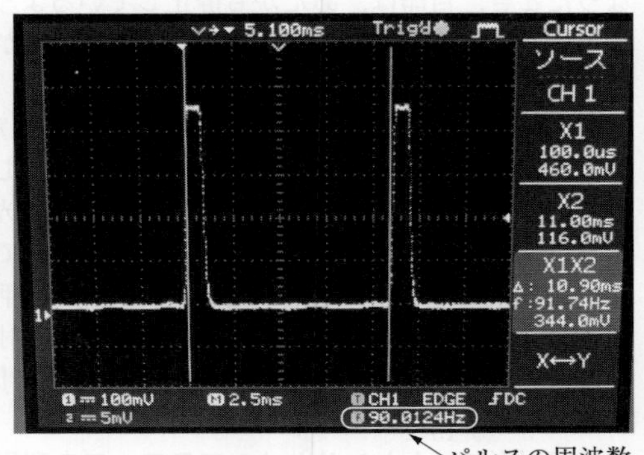

パルスの周波数

▲図9　反射形フォトセンサの出力波形

5　結果の整理

[1] 実験1 の測定結果を表1のように整理しなさい。

※ばねはかりAの指示値 A [g]，ばねはかりBの指示値 B [g] とすると，モータの回転軸に加わる負荷 F [N] は，$F = 9.8\,(A - B) \times 10^{-3}$ [N] と求められる。

※トルク T [N・m] は式 (4)，入力エネルギー P_{in} [W] は式 (6)，出力エネルギー P_{out} [W] は式 (7)，効率 η [%] は式 (5) で求める。

[2] 図10に示すように，トルク-効率曲線，トルク-電流曲線を作成しなさい。

[3] 図11に示すように，トルク-効率曲線，トルク-回転数曲線を作成しなさい。

▼表1　DC モータの負荷特性とエネルギー変換効率の測定

（プーリ半径 $r = 3.5$ mm，モータ電圧 $V_m = 1.5$ V）

設定値	測定値	計算値		測定値		計算値		
ばねはかり A の指示値［g］	ばねはかり B の指示値［g］	負荷 F［$\times 10^{-3}$ N］	トルク T［$\times 10^{-5}$ N・m］	モータ電流 I_m［mA］	回転数 N［min^{-1}］	入力エネルギー P_{in}［W］	出力エネルギー P_{out}［W］	効率 η［%］
0	0	0	0	170	8352	0.255	0	0
5	3	19.6	6.86	220	8164	0.330	0.059	17.9
10	6	39.2	13.72	280	7787	0.420	0.112	26.7
15	9	58.8	20.58	340	6930	0.510	0.149	29.2
20	12	78.4	27.44	390	6530	0.585	0.188	32.1
25	14	107.8	37.73	450	6223	0.675	0.246	36.4
30	17	127.4	44.59	520	5296	0.780	0.247	31.7

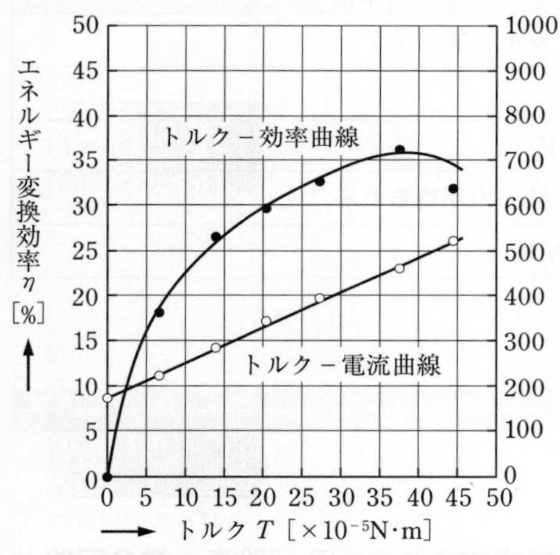

▲図10　トルクとエネルギー変換効率・モータ電流の関係

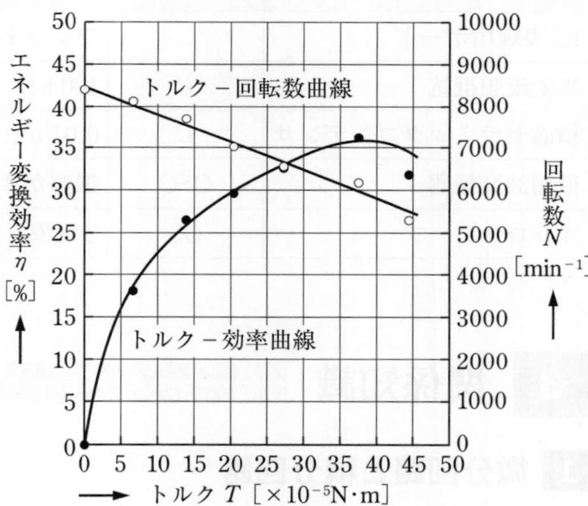

▲図11　トルクとエネルギー変換効率・回転数の関係

6　結果の検討

［1］トルクと電流の関係を示すグラフからどのようなことが読み取れるか考えてみよう。

［2］トルクと回転数の関係を示すグラフからどのようなことが読み取れるか考えてみよう。

［3］トルクとモータ電流，回転数に対して，エネルギー変換効率はどのように対応しているかグラフから考えてみよう。

ディジタル電子回路 編

13 微分回路と積分回路の特性

1 目 的

方形パルスの時間微分や時間積分波形を出力する回路の働きと，これらを構成する CR 回路の応答について学ぶ。

2 使用機器

機器の名称	記号	定格など
IC 実験用ボード		ブレッドボード，ジャンプワイヤ
炭素皮膜抵抗	R	100 kΩ，10 kΩ
積層セラミックコンデンサ	C	0.01 μF，0.001 μF
低周波発振器	OSC	振幅が 4 V の方形波出力が得られること
オシロスコープ	OS	2 現象　10 ～ 40 MHz

3 関係知識

1 微分回路と積分回路

図 1 (a)のような配置で，コンデンサ C と抵抗 R で構成される CR 回路を，**微分回路**という。この回路に方形波を入力すると，出力は，図 1 (b)のように，入力信号の時間に対する変化分（傾き）を近似的に出力するので，これを**微分波形**という。

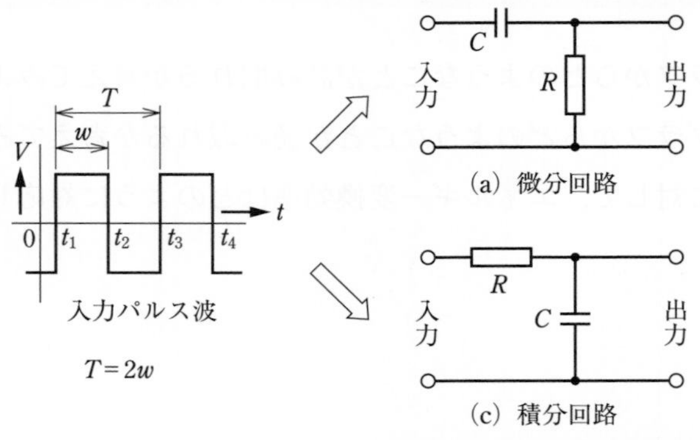

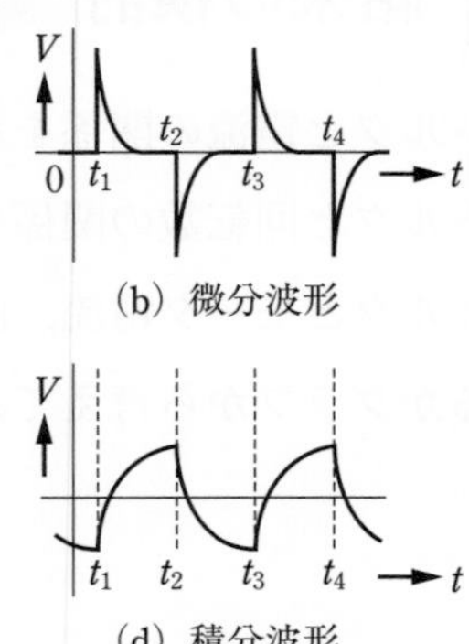

▲図 1　微分・積分回路の働き

また，図1(c)のように，微分回路の C と R の配置を交換した回路を，**積分回路**という。この回路に方形波を入力すると，出力は，図1(d)のように，入力パルスの振幅と時間を積算した値を近似的に出力するので，これを**積分波形**という。

2 微分・積分回路の出力波形

微分回路および積分回路の出力波形は，図2のように，CR 回路の $\tau = CR$ の値と入力パルス幅 w の関係によって決まる。τ を**時定数**といい，コンデンサの充電や放電に必要な時間の目安となる定数である。τ が小さいほど，充電や放電に要する時間が短い。

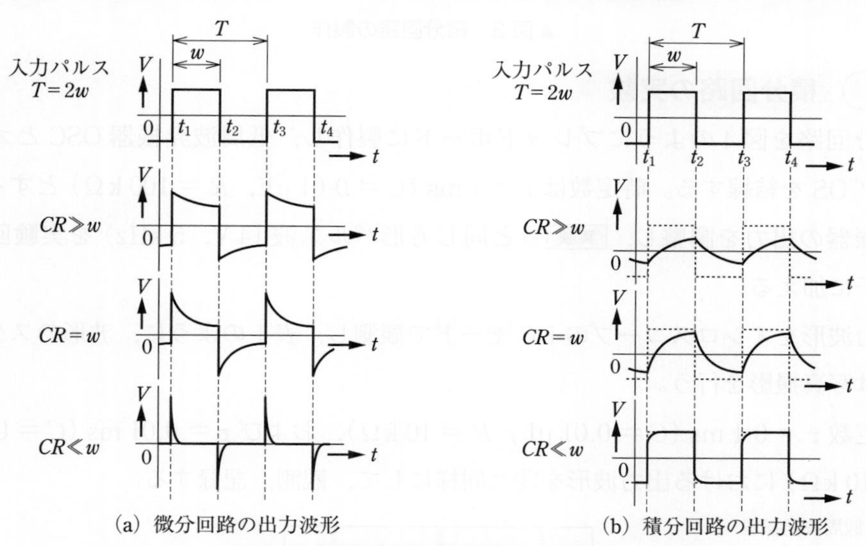

▲図2 微分・積分回路の出力波形

4 実験

実験1 微分回路の実験

① 微分回路を図3のようにブレッドボードに製作し，低周波発振器OSCとオシロスコープOSを結線する。時定数は $\tau = 1$ ms ($C = 0.01$ μF，$R = 100$ kΩ) とする。

② 発振器の出力を調整し，周波数5 kHz，振幅4 Vの方形パルス (TTLレベル) を実験回路の入力端子に加える。

③ 出力波形をオシロスコープのDCモードで観測し，表1のように，波形のスケッチもしくは写真撮影を行う。

④ 時定数 $\tau = 0.1$ ms ($C = 0.01$ μF，$R = 10$ kΩ)，および $\tau = 0.01$ ms ($C = 0.001$ μF，$R = 10$ kΩ) における出力波形を③と同様にして，観測，記録する。

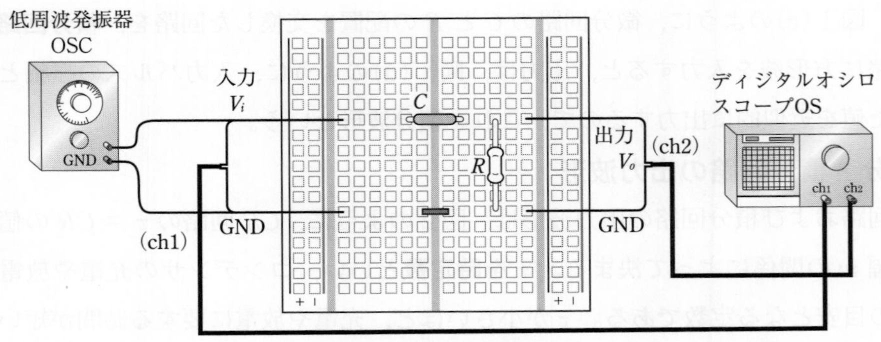

▲図 3　微分回路の製作

実験 2　積分回路の実験

① 積分回路を図 4 のようにブレッドボードに製作し，低周波発振器 OSC とオシロスコープ OS を結線する。時定数は $\tau = 1$ ms ($C = 0.01$ μF，$R = 100$ kΩ) とする。

② 発振器の出力を調整し，実験 1 と同じ方形パルス波 (4 V，5 kHz) を実験回路の入力端子に加える。

③ 出力波形をオシロスコープの DC モードで観測し，表 1 のように，波形のスケッチもしくは写真撮影を行う。

④ 時定数 $\tau = 0.1$ ms ($C = 0.01$ μF，$R = 10$ kΩ)，および $\tau = 0.01$ ms ($C = 0.001$ μF，$R = 10$ kΩ) における出力波形を③と同様にして，観測，記録する。

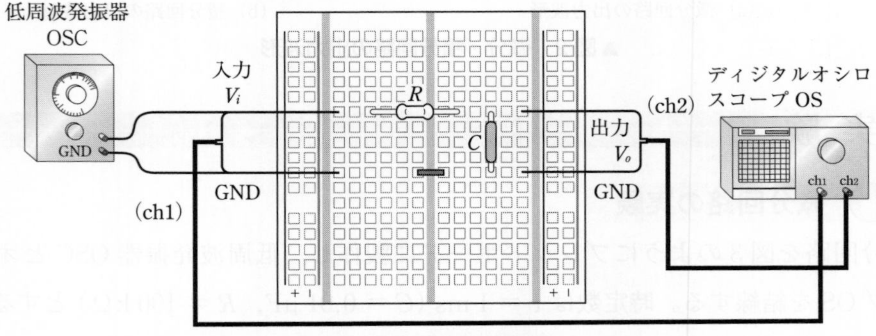

▲図 4　積分回路の製作

5　結果の整理

[1] 実験 1 と 実験 2 の結果を表 1 のように，入力信号波形と出力信号波形の時間的な関係がわかるように記録しなさい。

▼表1　微分回路と積分回路

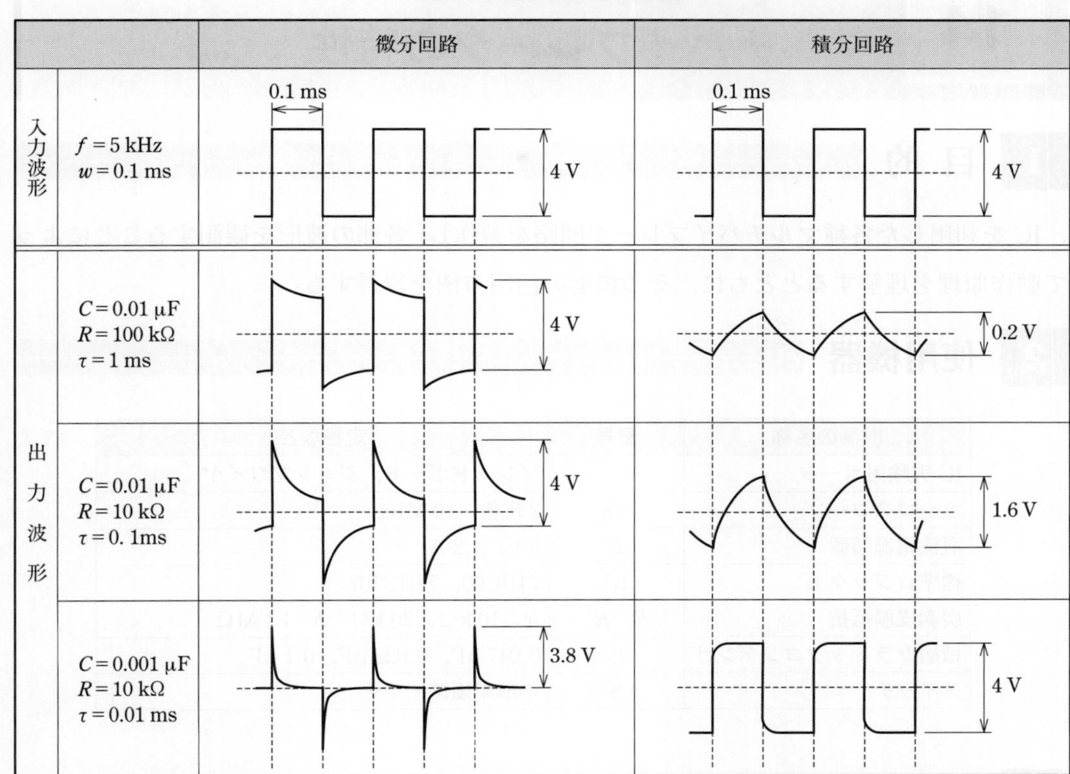

		微分回路	積分回路
入力波形	$f=5$ kHz $w=0.1$ ms	0.1 ms 4 V	0.1 ms 4 V
出力波形	$C=0.01$ μF $R=100$ kΩ $\tau=1$ ms	4 V	0.2 V
	$C=0.01$ μF $R=10$ kΩ $\tau=0.$ 1ms	4 V	1.6 V
	$C=0.001$ μF $R=10$ kΩ $\tau=0.01$ ms	3.8 V	4 V

6　結果の検討

[1] パルス幅に対して時定数がどのような関係であれば，微分波形や積分波形が出力されるか検討してみよう。

14 マルチバイブレータの特性

1 目的

IC を利用した各種マルチバイブレータ回路を製作し，各部の波形を観測することによって動作原理を理解するとともに，その機能の活用方法を習得する。

2 使用機器

機器の名称	記号	定格など
IC 実験用ボード		ブレッドボード，ジャンプワイヤ
オシロスコープ	OS	2 現象　10 MHz
直流電源装置	E	5 V，1.2 A
標準ロジック IC	IC	74HC00，74HC107
炭素皮膜抵抗	R，R'	R：10 kΩ，30 kΩ　R'：1 MΩ
積層セラミックコンデンサ	C	0.047 μF，0.022 μF，0.1 μF
スイッチ	S	小形単極スイッチ

3 関係知識

1 非安定マルチバイブレータ

NAND 素子を使用した非安定マルチバイブレータは，図 1 に示す回路で構成される。この回路は，抵抗とコンデンサによる充放電にともなう電圧の変化と NAND 素子のしきい値電圧を利用して，方形パルスを出力する。この回路の発振周波数 f は，式 (1) で表される。

$$f \fallingdotseq \frac{1}{2.2CR} \ \text{[Hz]} \qquad (1)$$

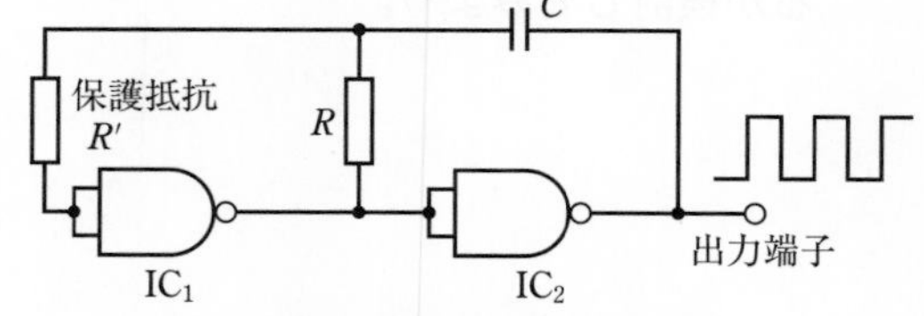

▲図 1　非安定マルチバイブレータ

2 単安定マルチバイブレータ

単安定マルチバイブレータは，図 2 に示す回路で構成される。入力端子に加えるトリガパルスにより，一定のパルス幅 w をもった出力が得られる。トリガパルスがないときは，出力端子とⓐは「1」(H)，また，IC_1 の出力ⓑは「0」(L) になっている。ここで，図 2 のような負極性トリガパルスが入力端子に加わると，ⓑは「1」となり，ある一定時間コン

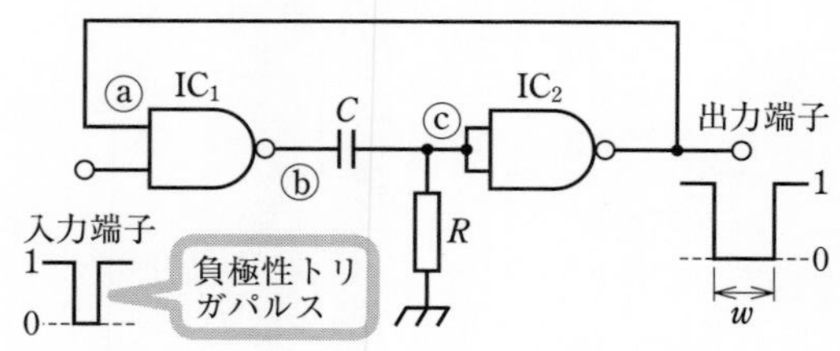

▲図 2　単安定マルチバイブレータ

デンサ C を充電する電流が抵抗 R に流れる。その間，ⓒは「1」となるので，出力端子はある一定時間だけ「0」に反転する。この反転しているパルス幅 w は，式(2)で表される。

$$w \fallingdotseq 0.69RC \text{ [s]} \qquad (2)$$

3 双安定マルチバイブレータ

双安定マルチバイブレータは，フリップフロップともいい，二つの安定状態をもつ回路である。図3は，JKフリップフロップ(JK-FF)による例である。入力 J に「1」が加わると，出力 Q は「1」，$\overline{Q}$ は「0」のセット状態になる。また，入力 K に「1」が加わると，出力 Q は「0」，$\overline{Q}$ は「1」のリセット状態になる。図4は，実験で使用するJK-FFの図記号と真理値表である。フリップフロップにはいろいろな種類があり，コンピュータの記憶回路などに利用されている。

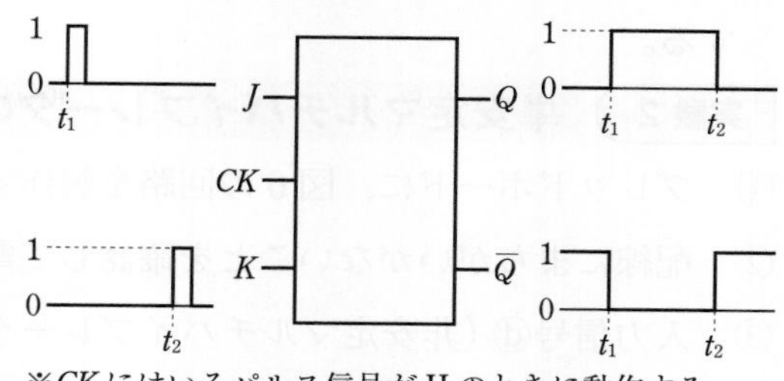

※CKにはいるパルス信号がHのときに動作する。

▲図3　双安定マルチバイブレータ

図記号

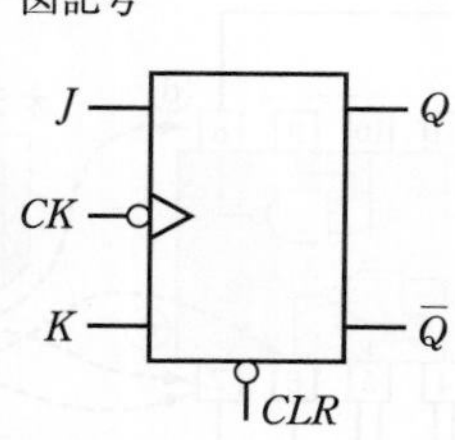

・CK端子の記号(◁▷)はCK入力信号の立下り部で動作することを表している。
・Q と $\overline{Q}$ は相補的な反転出力である。
・CLRはクリア入力である。

真理値表

CLR	CK	J	K	Q	$\overline{Q}$
L	×	×	×	L	H
H	⎍	L	L	無変化	
H	⎍	H	L	H	L
H	⎍	L	H	L	H
H	⎍	H	H	反転	

・CLRがLになるとQ=Lにリセットされる。
・JとKの両方をHにすると，出力は入力CKにより，状態の反転を繰り返す。

▲図4　JKフリップフロップ(74HC107)

4 実験

実験1　非安定マルチバイブレータの測定

① ブレッドボードに，図5の回路を製作する。

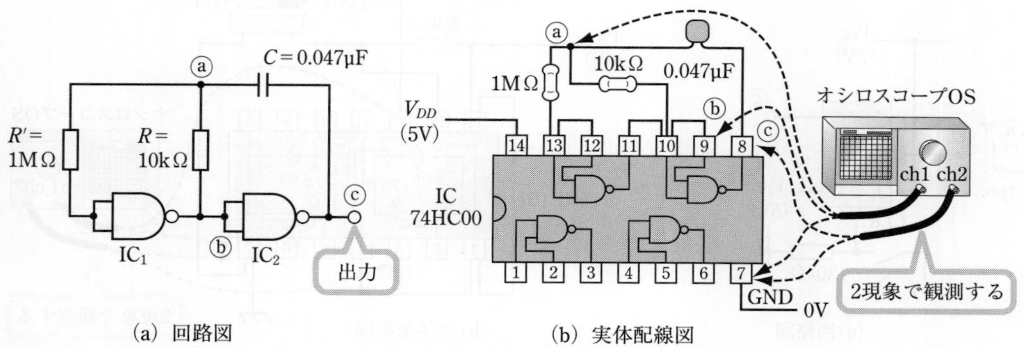

▲図5　非安定マルチバイブレータの測定

② 配線にまちがいがないことを確認して電源を接続し，5 V の電圧を加える。

③ 図 5 に示す測定点ⓐ，ⓑ，ⓒの波形をオシロスコープで観測し，表 1 のように記録する。

実験 2 単安定マルチバイブレータの測定

① ブレッドボードに，図 6 の回路を製作する。$R = 30\ \mathrm{k\Omega}$，$C = 0.022\ \mathrm{\mu F}$ とする。

② 配線にまちがいがないことを確認して電源を接続し，5 V の電圧を加える。

③ 入力信号ⓓ（非安定マルチバイブレータの出力）と単安定マルチバイブレータの出力信号ⓔをオシロスコープで観測し，表 1 のように記録する。

④ 非安定マルチバイブレータのコンデンサ C を 0.1 μF に交換する。

⑤ 非安定マルチバイブレータの出力周波数が約 $\frac{1}{2}$ になるので，この信号を単安定マルチバイブレータのトリガ信号とし，③と同様に入出力信号の波形を観測して記録する。

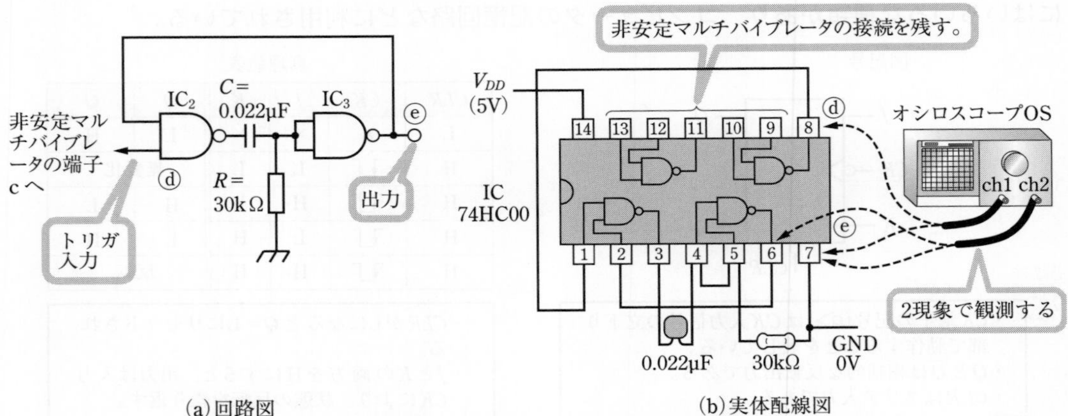

▲図 6 単安定マルチバイブレータの測定

実験 3 双安定マルチバイブレータの測定

① ブレッドボードに，図 7 の回路を製作する。

② 単安定マルチバイブレータの出力を CK 端子ⓕに加え，スイッチ S を開いたときと

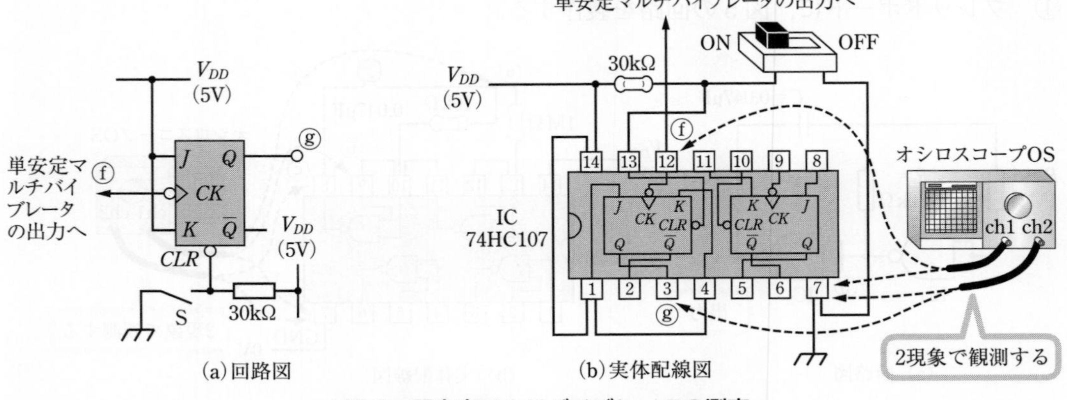

▲図 7 双安定マルチバイブレータの測定

閉じたときの出力端子ⓖの波形をオシロスコープで観測し，表１に記録する。

▼表１　各種マルチバイブレータの測定結果

回路	入力信号波形	出力信号波形	周波数・周期など
非安定マルチバイブレータ		$R=10\,\mathrm{k\Omega}$　$C=0.047\,\mathrm{\mu F}$ ⓐ 7.6V, 2.7V, 0V, −2.4V, $T=1.04\mathrm{ms}$ ⓑ 5.0V, 0V, 1.04ms ⓒ	周波数 $f=1/T$ $=1/(1.04\times10^{-3})$ $=962$ Hz 式(1)から求めた理論周波数 $f=967$Hz
双安定マルチバイブレータ	S開 ⓕ 2.3ms 5.0V, 0V	ⓖ 4.6ms 5.0V, 0V	$f_i=435$Hz（入力） $f_o=217$Hz（出力）

5 結果の整理

[1] 表１の結果から各波形の周波数を計算して整理しなさい。

[2] 非安定マルチバイブレータについて，発振周波数を式 (1) より求め，実験結果と比較しなさい。

[3] 単安定マルチバイブレータについて，パルス幅の時間を式 (2) より求め，実験結果と比較しなさい。

6 結果の検討

[1] 単安定マルチバイブレータの出力信号のパルス幅は，入力信号の周波数に関係があるだろうか。

[2] 双安定マルチバイブレータの入力信号の周波数と出力信号の周波数を比較してみよう。

15 波形整形回路の実験

1 目的

入力信号波形をもとのきれいな波形に整えたり，波形の一部を取り出したりする，各種の波形整形回路について，その動作を理解する。

2 使用機器

機器の名称	記号	定格など
実験用ボード		ブレッドボード，ジャンプワイヤ
小信号シリコンダイオード	D_1，D_2	1N4148
炭素皮膜抵抗	R	47 kΩ，1/4 W
低周波発振器	OSC	4～6 V の正弦波が出力できること
直流電源装置または乾電池	V_1，V_2	バイアス電圧設定用　1.5 V，3 V
オシロスコープ	OS	2 現象

3 関係知識

入力信号波形の一部を取り出す操作を波形整形といい，雑音の除去やパルス波の生成など電子回路で広く利用されている。波形整形回路には次のような種類がある。

1 クリッパ

図 1 に示す回路で，入力信号波形の上部や下部などの切り取り操作をする機能をもつ。

ピーククリッパ　波形の上部を，あるレベル (V_1) で切り取る。

ベースクリッパ　波形の下部を，あるレベル ($-V_2$) で切り取る。

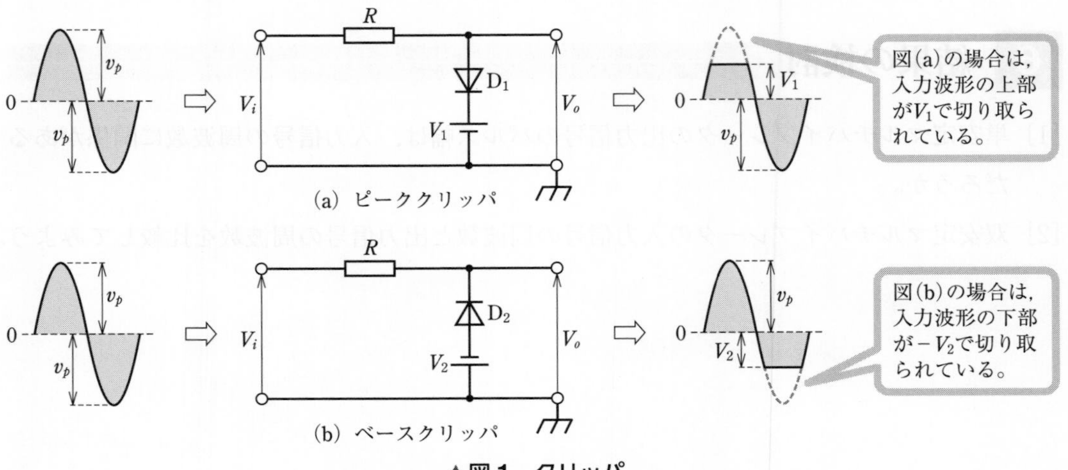

R
v_p
0
V_i
D_1
V_1
V_o
図(a)の場合は，入力波形の上部がV_1で切り取られている。
(a) ピーククリッパ
D_2
V_2
図(b)の場合は，入力波形の下部が$-V_2$で切り取られている。
(b) ベースクリッパ

▲図 1　クリッパ

2 リミタ

図2に示すように，正負のレベルピーククリッパを並列に組み合わせ，波形の上部と下部をある一定のレベルで切り取り，波形の振幅を制限するように働く回路である。

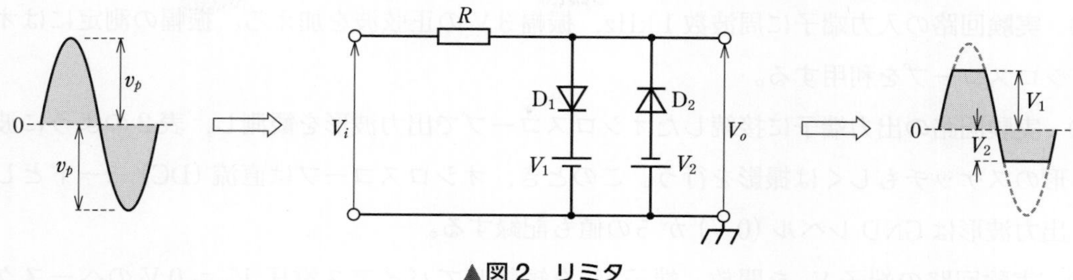

▲図2 リミタ

3 スライサ

図3に示すように，信号波形を二つのレベルの間で切り取る働きをする回路である。

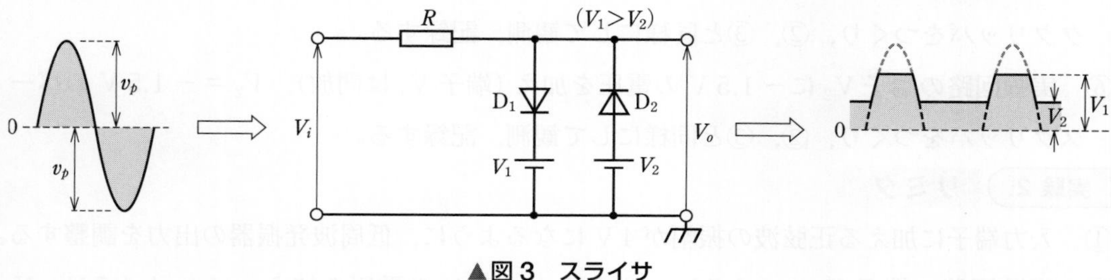

▲図3 スライサ

4 実験

図4(a)に示す波形整形回路を使用する。実験の内容に応じて，表1のように端子 V_1，V_2 に加える電圧の有無や極性によって，クリッパ・リミタ・スライサの各実験を行う。

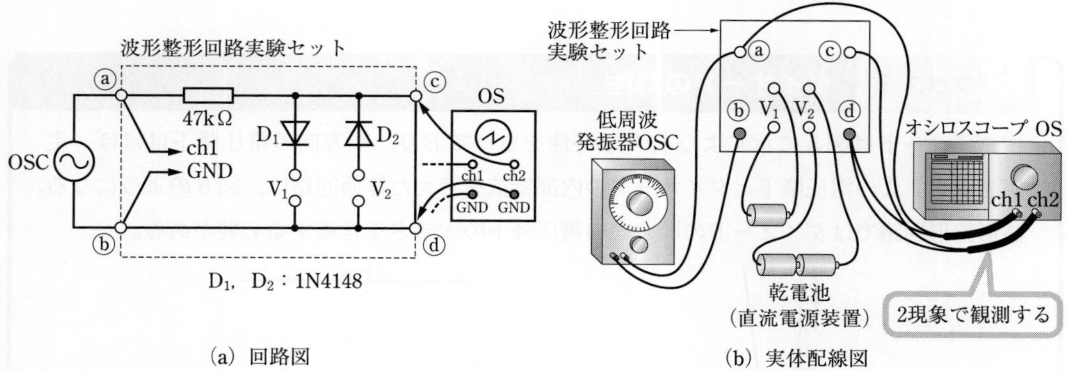

▲図4 波形整形回路

▼表1 各種波形整形回路に加える直流電源 V_1，V_2 の極性

端子	ピーククリッパ	ベースクリッパ	リミタ	スライサ
V_1	上：＋　下：－	開放（未接続）	上：＋　下：－	上：＋　下：－
V_2	開放（未接続）	上：－　下：＋	上：－　下：＋	上：＋　下：－

実験1 クリッパ

① 図4のように，実験回路に低周波発振器，オシロスコープを結線し，実験回路の端子 V_1 を短絡，端子 V_2 を開放して，$V_1 = 0$ V のピーククリッパとする。

② 実験回路の入力端子に周波数 1 kHz，振幅 3 V の正弦波を加える。振幅の測定にはオシロスコープを利用する。

③ 実験回路の出力端子に接続したオシロスコープで出力波形を観測し，表2のように波形のスケッチもしくは撮影を行う。このとき，オシロスコープは直流 (DC) モードとし，出力波形は GND レベル (0 V) からの値も記録する。

④ 実験回路の端子 V_1 を開放，端子 V_2 を短絡してバイアス電圧 $V_2 = 0$ V のベースクリッパ回路をつくり，②，③と同様にして観測，記録する。

⑤ 実験回路の端子 V_1 に＋1.5 V の電圧を加え（端子 V_2 は開放），$V_1 = +1.5$ V のピーククリッパをつくり，②，③と同様にして観測，記録する。

⑥ 実験回路の端子 V_2 に－1.5 V の電圧を加え（端子 V_1 は開放），$V_2 = -1.5$ V のベースクリッパをつくり，②，③と同様にして観測，記録する。

実験2 リミタ

① 入力端子に加える正弦波の振幅が 4 V になるように，低周波発振器の出力を調整する。

② 実験回路の端子 V_1 に＋1.5 V，端子 V_2 に－3 V の電圧を加え，$V_1 = +1.5$ V，$V_2 = -3$ V のリミタをつくり，実験1 の②，③と同様にして観測，記録する。

実験3 スライサ

① 実験回路の端子 V_1 に＋3 V，端子 V_2 に＋1.5 V の電圧を加え，$V_1 = +3$ V，$V_2 = +1.5$ V のスライサをつくり，実験1 の②，③と同様にして観測，記録する。

＋ プラス1 ダイオードの特性

ダイオードは図5に示すような *V-I* 特性をもっており，順方向の電圧降下はほぼ一定値を示す。この電圧降下とダイオードの内部抵抗を考えた等価回路は，図6のようになる。波形整形回路ではダイオードの順方向の電圧降下の大きさを考慮する必要がある。

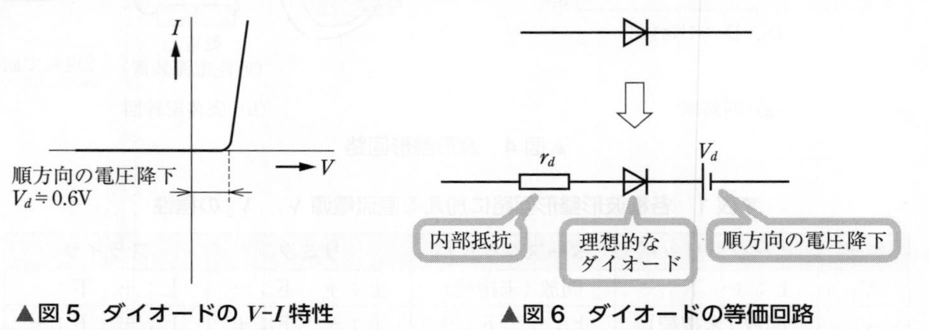

▲図5 ダイオードの *V-I* 特性　▲図6 ダイオードの等価回路

5 結果の整理

[1] 実験1 ～ 実験3 の結果（6 種類）を，表 2 のように整理しなさい。

▼表 2　波形整形回路の実験結果

入力波形	回路名	回路図	バイアス電圧	出力波形
正弦波 1kHz 3.0V 0V	ピーククリッパ	R D	0V	0.6V 0V 3.0V
正弦波 4.0V 0V	スライサ	R D_1　D_2 V_1　V_2	$V_1 = 3$V $V_2 = 1.5$V	3.5V 2.0V 0V

6 結果の検討

[1] 出力波形の観測結果から，実験で使用したダイオードの順方向の電圧降下はいくらであったと考えられるか。

[2] ダイオードの内部抵抗は，出力結果に影響を与えるだろうか。

[3] 図 7 のような回路では，出力波形はどのようになるだろうか。ただし，ダイオードは実験に使用したものとする。

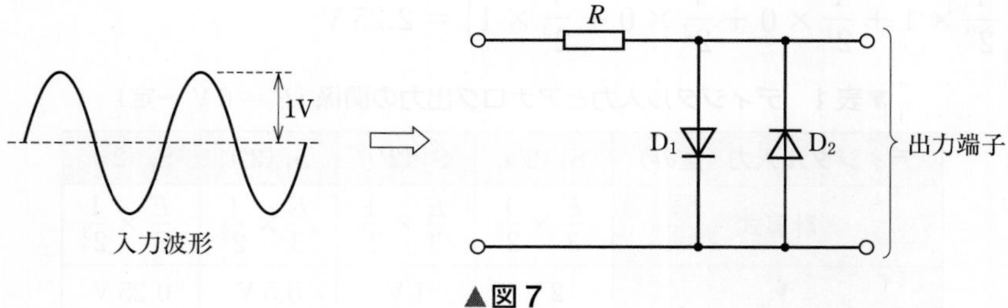

▲図 7

16 D-A・A-D 変換回路

1 目的

ディジタル信号をアナログ信号に変換するD-A 変換回路と，アナログ信号をディジタル信号に変換する A-D 変換回路の原理を学ぶ。

2 使用機器

機器の名称	記号	定格など
D-A 変換実験セット		(見返し 3 参照)
比較器実験セット		(見返し 3 参照)
直流電源装置	E	+6 V，0.5 V
直流電圧計	V_1，V_2	ディジタルテスタ

3 関係知識

1 D-A 変換回路

図 1 は，抵抗ラダー回路を用いた 4 ビットの D-A 変換回路の原理図で，電圧加算形ともよばれる変換方式である。$S_0 \sim S_3$ の 4 個のスイッチがディジタル入力端子に対応し，アナログ量に変換される。$S_0 \sim S_3$ のディジタル入力に対応する出力電圧 V_o は，表 1 のようになる。

たとえば，$(S_3\ S_2\ S_1\ S_0) = (1\ 0\ 0\ 1)_2$ のアナログ出力電圧 V_o は，次のように求めることができる。

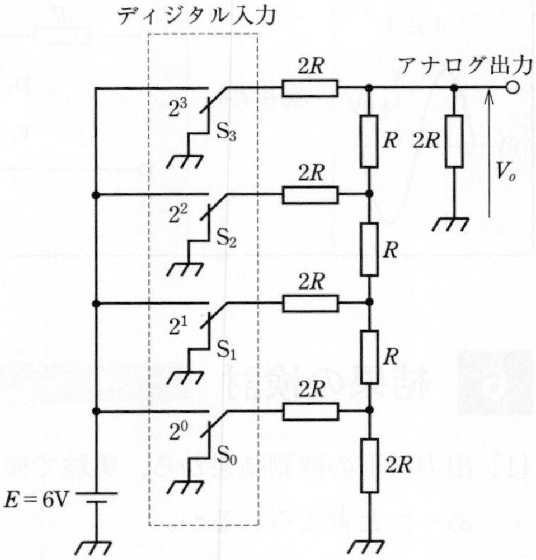

$$V_o = \frac{E}{3}\left(\frac{1}{2^0} \times S_3 + \frac{1}{2^1} \times S_2 + \frac{1}{2^2} \times S_1 + \frac{1}{2^3} \times S_0\right)$$

$$= \frac{6}{3}\left(\frac{1}{2^0} \times 1 + \frac{1}{2^1} \times 0 + \frac{1}{2^2} \times 0 + \frac{1}{2^3} \times 1\right) = 2.25 \text{ V}$$

▲図 1　抵抗ラダー回路を用いた D-A 変換回路の原理図

▼表 1　ディジタル入力とアナログ出力の関係 ($E = 6$ V 一定)

ディジタル入力 (重み)	S_3 (2^0)	S_2 (2^1)	S_1 (2^2)	S_0 (2^3)
計算式	$\frac{E}{3} \times \frac{1}{2^0}$	$\frac{E}{3} \times \frac{1}{2^1}$	$\frac{E}{3} \times \frac{1}{2^2}$	$\frac{E}{3} \times \frac{1}{2^3}$
V_o	2 V	1 V	0.5 V	0.25 V

2 A-D 変換回路

図2は，4ビットの逐次(ちくじ)比較形 A-D 変換器の原理図で，D-A 変換器と比較器（コンパレータ）で構成されている。アナログ電圧 V_A と D-A 変換器のアナログ出力 V_D を比較して，V_A と V_D が一致すれば，そのときの D-A 変換器のディジタル値が，A-D 変換器の出力された値になる。抵抗ラダー回路と比較器や逐次比較動作を行う制御回路は，集積化が容易であり，変換時間も速い。一般に，8ビットから12ビットの A-D 変換 IC が市販されている。

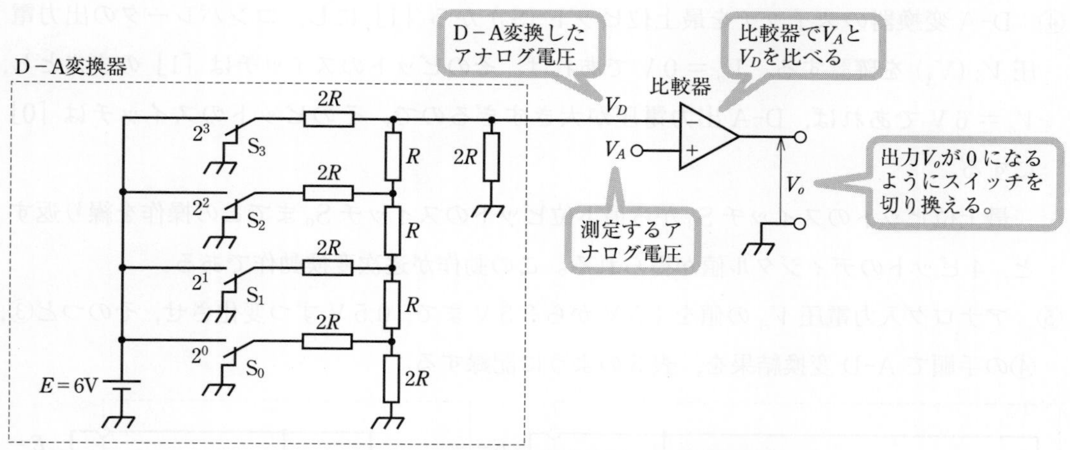

▲図2 逐次比較形 A-D 変換器の原理図

4 実験

実験1 D-A 変換回路の実験

① 図3の D-A 変換実験セットに，電源電圧6V を加える。

② スイッチ S_0 ~ S_3 の6V 側を2進数の「1」，GND 側を「0」として，表2の順番でディジタル入力を切り換え，そのつどアナログ電圧 V_D (V_1) の関係を，表2のように記録する。

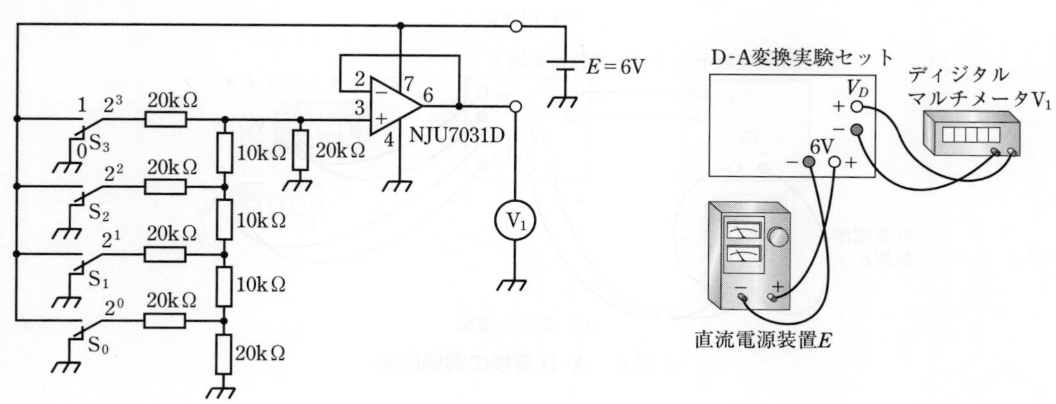

(a) 回路図　(b) 実体配線図

▲図3 D-A 変換の実験回路

実験 2　A-D 変換回路の実験

① 図 4 のように，D-A 変換実験セットと比較器実験セットを接続し，A-D 変換回路を構成する。

② D-A 変換実験セットと比較器実験セットに，電源電圧 6 V を加える。

③ D-A 変換器のスイッチはすべて「0」にし，$(S_3\ S_2\ S_1\ S_0) = (0\ 0\ 0\ 0)_2$ としたうえで，可変抵抗器 VR を調整し，アナログ入力電圧 V_A (V_2) の値を 1.0 V に設定する。

④ D-A 変換器のスイッチを最上位ビット (S_3) から「1」にし，コンパレータの出力電圧 V_o (V_1) を確認する。$V_o = 0$ V であれば，そのビットのスイッチは「1」のままとし，$V_o = 6$ V であれば，D-A 出力電圧が大きすぎるので，そのビットのスイッチは「0」にする。

最上位ビットのスイッチ S_3 から最下位ビットのスイッチ S_0 までこの操作を繰り返すと，4 ビットのディジタル値が得られる。この動作が逐次変換動作である。

⑤ アナログ入力電圧 V_A の値を 1.5 V から 3.5 V まで，0.5 V ずつ変化させ，そのつど③，④の手順で A-D 変換結果を，表 3 のように記録する。

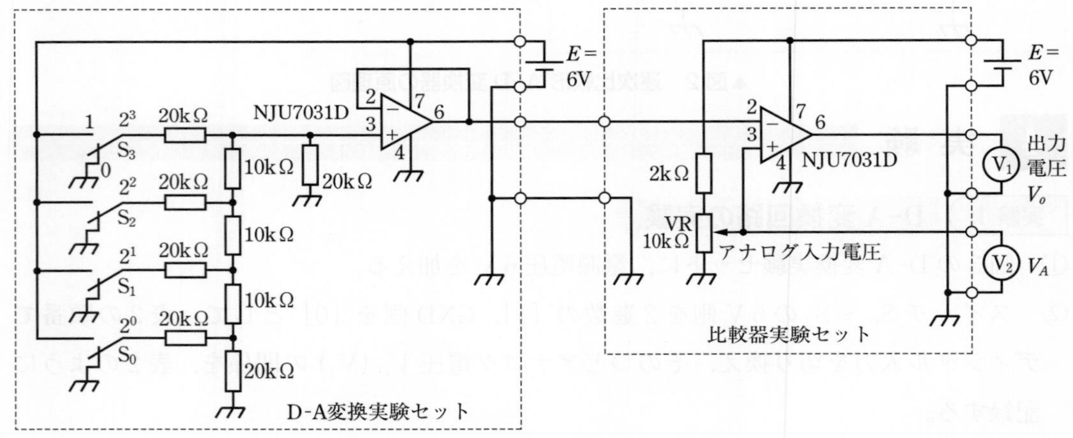

(a) 回路図

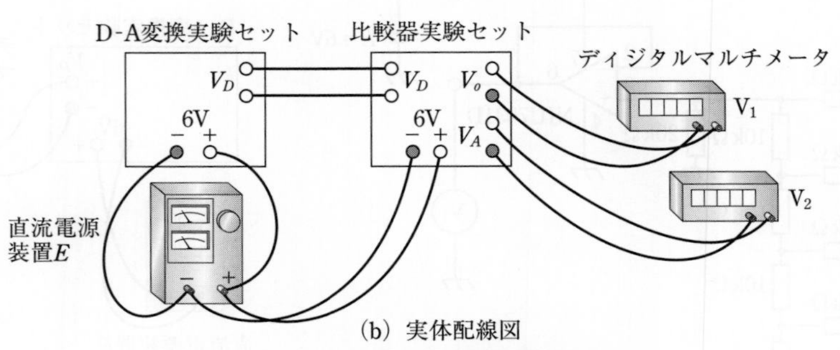

(b) 実体配線図

▲図 4　A-D 変換の実験回路

5　結果の整理

[1] 実験1 の測定結果と理論値 V_S，および実験値 V_D と表1より求められる理論値との誤差を求め，表2のように整理しなさい。

[2] 実験2 の測定結果と2進コードの理論値を，表3のように整理しなさい。

▼表2　D-A 変換回路（基準電圧 $E = 6$ V 一定）

ディジタル入力				D-A 出力		誤差 $V_D - V_S$ [V]
				アナログ電圧		
S_3	S_2	S_1	S_0	実験値 V_D [V]	理論値 V_S [V] *	
1	1	1	1	3.73	3.75	− 0.02
1	1	1	0	3.48	3.50	− 0.02
0	0	0	1	0.245	0.25	− 0.005
0	0	0	0	0.00	0.00	0.00

* $V_S = \frac{E}{3}\left(\frac{1}{2^0} \times S_3 + \frac{1}{2^1} \times S_2 + \frac{1}{2^2} \times S_1 + \frac{1}{2^3} \times S_0\right)$ [V]

▼表3　A-D 変換回路（基準電圧 $E = 6$ V 一定）

アナログ入力電圧 V_A [V]	D-A 出力（2進コード）							
	実験値				理論値			
	S_3	S_2	S_1	S_0	S_3	S_2	S_1	S_0
1.0	0	1	0	0	0	1	0	0
1.5	0	1	1	0	0	1	1	0
3.5	1	1	1	0	1	1	1	0

6　結果の検討

[1] 実験値と理論値を比較して，誤差の原因を考えてみよう。

[2] この実験では分解能が4ビットなので，アナログ電圧は16通りの値になるが，分解能を8ビットにしたら，何通りの値を取ることができるか考えてみよう。

17 ディジタルICによる基本論理回路実験 I

1 目的

ディジタル回路で一般に利用されているICの特性と，基本的なゲート回路の動作を確認することによって，ディジタルICの使用法を習得する。

2 使用機器

機器の名称	記号	定格など
IC実験用ボード		ブレッドボード，ジャンプワイヤ
標準ロジックIC	IC_1，IC_2	74HC00，74HC04
直流電圧計	V_1，V_2	ディジタルテスタ
直流電源装置	E	0～16 V，1.2 A
炭素皮膜抵抗	R_1，R_2，R_3	10 kΩ×2，1 kΩ
可変抵抗器	VR	100 kΩ
スライドスイッチ	S	小形3極　2個
発光ダイオード	LED	赤色

3 関係知識

1 スレッショルド電圧（しきい値電圧）

一般に，論理回路での信号レベルは「1」と「0」の2値であり，それぞれ高電位を1(H)，低電位を0(L)と表す。よく利用されるディジタルICは5Vの電圧で動作するため，「1」は5V，「0」は0Vに対応している。図1は，ディジタルICの入力電圧を0～5～0Vに変化させたときの出力電圧を測定した例である（$V_{CC}=5$ V）。**スレッショルド電圧**は，図1のように，「1」のレベルと「0」のレベルを区別する境目の電圧であり，**しきい値電圧**ともいう。この電圧はICの種類によって異なり，混用して接続するときには注意が必要である。

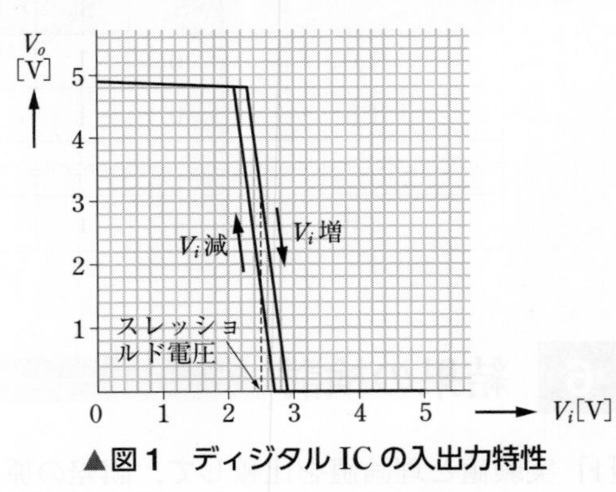

▲図1　ディジタルICの入出力特性

2 NAND・NORゲート

論理積（AND）や論理和（OR）などの基本的な論理演算を行う回路を**ゲート回路**といい，このような機能をもつICを**ゲートIC**という。

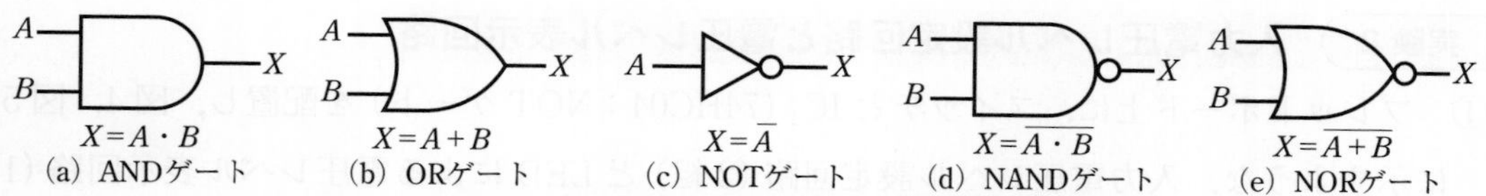

▲図2　基本的なゲートICの図記号と論理式

図2に，基本的なゲートICの図記号と論理式を示す。

ディジタル回路では，NANDゲートやNORゲートがよく利用される。これらのゲートは，AND，OR，NOTゲートを組み合わせてつくることができる。また，NANDゲートを組み合わせることで，ANDゲートやORゲートを構成することもできる。

表1は，二つの入力端子（AとB）が取りうるすべての組み合わせに対応する論理演算の結果（X）を示したものであり，このような表を**真理値表**という。

▼表1　ゲートICの真理値表

(a) AND

A	B	X
0	0	0
0	1	0
1	0	0
1	1	1

(b) OR

A	B	X
0	0	0
0	1	1
1	0	1
1	1	1

(c) NOT

A	X
0	1
1	0

(d) NAND

A	B	X
0	0	1
0	1	1
1	0	1
1	1	0

(e) NOR

A	B	X
0	0	1
0	1	0
1	0	0
1	1	0

4 実験

実験1　ディジタルICの入出力特性

① ブレッドボードに，図3に示す回路を製作し，電源電圧Eを5Vに設定する。二つのディジタルマルチメータは，直流電圧計として使用する。

② 可変抵抗器VRを調整し，入力電圧V_i（電圧計V_1）を表2のように変化させ，そのつど出力電圧V_o（電圧計V_2）を記録する。ただし，急激に出力電圧が変化する点があるので，この付近は入力電圧の変化量を小さくして注意深く測定する。

③ 次に，V_iを5～0Vまで逆向きに変化させたときのV_oを②と同様にして測定する。

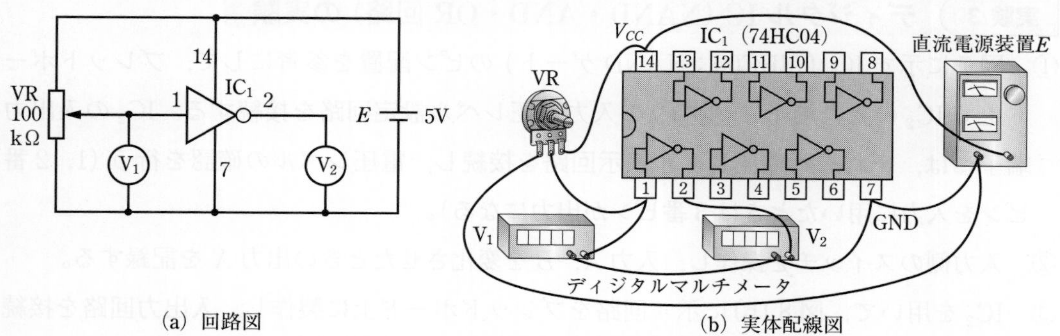

(a) 回路図　(b) 実体配線図

▲図3　ゲートICの入出力特性の測定

実験 2　入力電圧レベル設定回路と電圧レベル表示回路

① ブレッドボード上に，スイッチとIC_1(74HC04：NOT ゲート) を配置し，図 4，図 5 に示すような，入力電圧レベル設定回路 (2 組) と LED による電圧レベル表示回路 (1 組) を製作する (図 6)。

② 製作した回路の端子 A と B を電圧レベル表示回路の X 端子に接続し，それぞれの表に示すような出力 (正常に動作) が得られることを確認し，図 4，図 5 のように記録する。以降の実験では，この回路を用いて入力の設定と入出力のレベルの確認を行う。

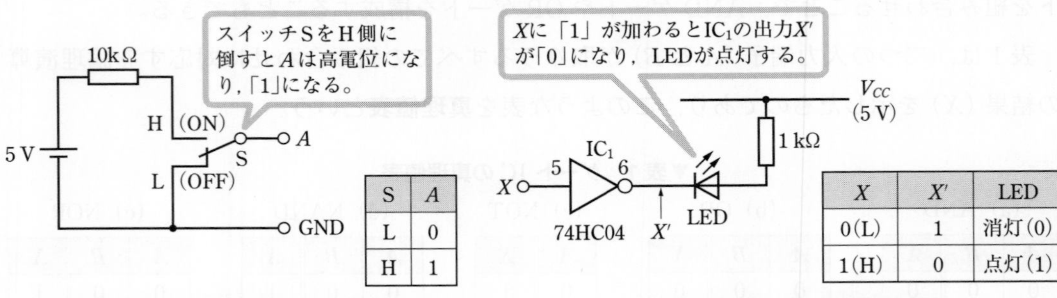

S	A
L	0
H	1

X	X'	LED
0(L)	1	消灯(0)
1(H)	0	点灯(1)

▲図 4　入力電圧レベル設定回路　　▲図 5　電圧レベル表示回路

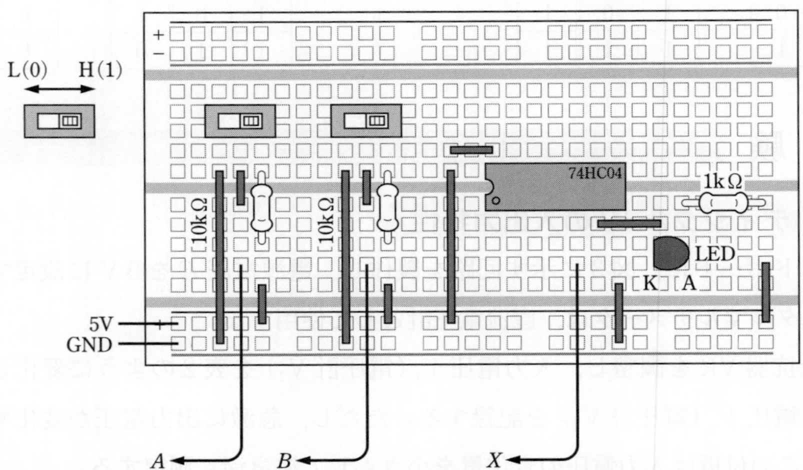

▲図 6　入力電圧レベル設定回路と電圧レベル表示回路の実体配線図

実験 3　ディジタル IC (NAND・AND・OR 回路) の実験

① 図 7 に示すIC_2(74HC00：NAND ゲート) のピン配置を参考にして，ブレッドボード上でIC_2の入力端子に 実験 2 の入力電圧レベル設定回路を接続する。IC_2の入出力端子には，それぞれ電圧レベル表示回路を接続し，電圧レベルの確認を行う (1，2 番ピンを入力に用いたときは 3 番ピンが出力になる)。

② 入力側のスイッチを操作し，入力 A，B を変化させたときの出力 X を記録する。

③ IC_2を用いて，図 8 (b) に示す回路をブレッドボード上に製作し，入出力回路を接続する (AND ゲートと等価，NOT ゲートは図 8 (a) の回路を用いる)。

④　②と同様にして，A，B の変化に対応する出力を記録する。

⑤　IC_2 の NAND ゲートを組み合わせて，図 8 (c) に示す回路をブレッドボード上に製作し，②と同様にして出力を記録する (OR ゲートと等価，NOT ゲートは図 8 (a) の回路を用いる)。

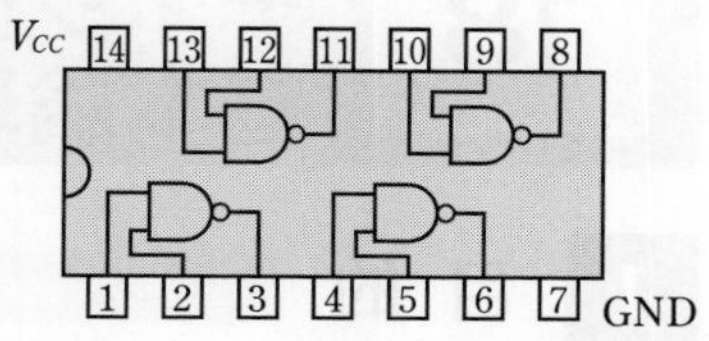

▲図 7　IC_2 (74HC00) のピンの配置

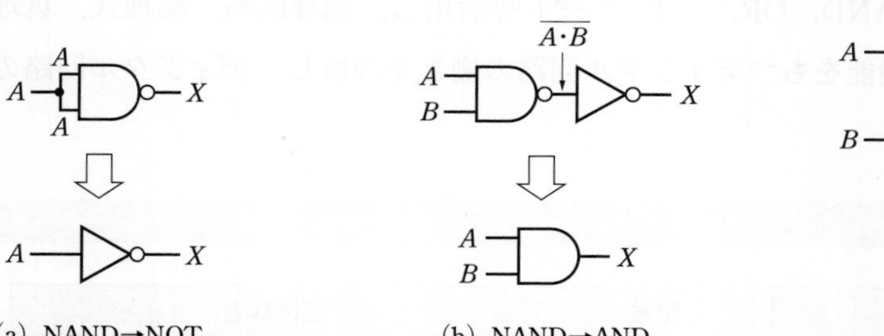

▲図 8　NAND ゲートによる NOT，AND，OR 回路

5　結果の整理

[1] 実験 1 の結果を表 2 のように整理し，グラフ用紙に図 1 のような入出力特性を描きなさい。

▼表 2　ディジタル IC の入出力特性

入力電圧 V_i [V]	出力電圧 V_o [V] V_i 増	出力電圧 V_o [V] V_i 減	入力電圧 V_i [V]	出力電圧 V_o [V] V_i 増	出力電圧 V_o [V] V_i 減
0	4.98	4.98	2.5	1.96	0.01
1.0	4.98	4.98	2.6	0.01	0.01
1.5	4.98	4.97	2.7	0.01	0.01
2.0	4.98	4.97	2.8	0.01	0.01
2.1	4.98	4.98	2.9	0.01	0.01
2.2	4.98	4.98	3.0	0.01	0.01
2.3	4.98	4.98	4.0	0.01	0.01
2.4	4.98	2.34	5.0	0.01	0.01

[2] 実験 2 の結果を図 4，図 5 のように，電圧レベルを表にしなさい。

[3] 実験 3 において，NAND ゲートによる AND ゲート，OR ゲートの回路図 (接続図) を描きなさい。接続図には IC のピン番号を必ず記入すること。

[4] 電圧レベル表示回路から，NAND ゲート，AND ゲート，OR ゲートの真理値を表 1 のように整理しなさい。

6　結果の検討

[1] 実験 1 より，NOT ゲート (74HC04) のしきい値電圧を調べてみよう。

[2] 図 7 の NAND ゲートからの NOT ゲートへの等価変換の論理式は，次のようになる。

$$X = \overline{A \cdot A} = \overline{A} \quad \text{または} \quad X = \overline{A \cdot A} = \overline{A} + \overline{A} = \overline{A}$$

同様に，AND ゲートや OR ゲートへの等価変換を論理式で表してみよう。

18 ディジタルICによる基本論理回路実験Ⅱ

1 目的

基本論理素子であるAND，OR，NOTゲートを活用し，論理回路，論理式，真理値表によって，いろいろな機能をもつディジタル回路の働きを理解し，ディジタル回路の構成法を習得する。

2 使用機器

機器の名称	記号	定格など
IC実験用ボード		ブレッドボード　2枚，ジャンプワイヤ
標準ロジックIC	IC_1，IC_2	74HC00，74HC04
直流電源装置	E	0～16 V，1.2 A
スライドスイッチ	S	小形3極タイプ　3個
発光ダイオード	LED	赤色　3個
炭素皮膜抵抗	R_1 ～ R_6	1 kΩ×3，10 kΩ×3

3 関係知識

1 排他的論理和（EX-OR）

図1(a)は，4個のNANDゲートによる排他的論理和回路（EX-ORゲート）を表したもので，その論理式は，次のようになる。

$$X = \overline{\overline{A \cdot \overline{A \cdot B}} \cdot \overline{B \cdot \overline{A \cdot B}}} = A \cdot \overline{B} + \overline{A} \cdot B$$

出力Xは，入力A，Bの不一致を表している。図1(b)に図記号を，表1に真理値表を示す。

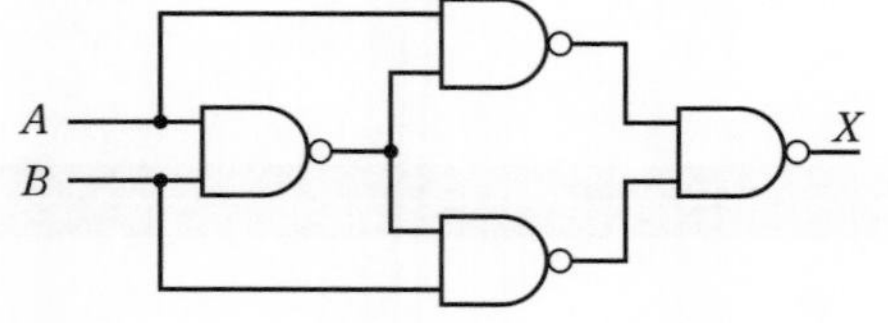

(a) NANDによるEX－OR

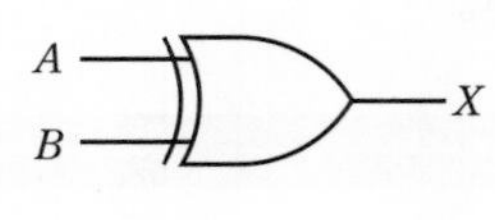

(b) EX－ORの図記号

▲図1　EX-ORゲート

▼表1　EX-ORの真理値表

A	B	X
0	0	0
0	1	1
1	0	1
1	1	0

2 データセレクタ（マルチプレクサ）

図2に示す回路を**データセレクタ**といい，入力A，Bを信号Cで選択（$C=0$のとき$X=A$，$C=1$のとき$X=B$）して出力するものである。表2に，この回路の真理値表を示す。

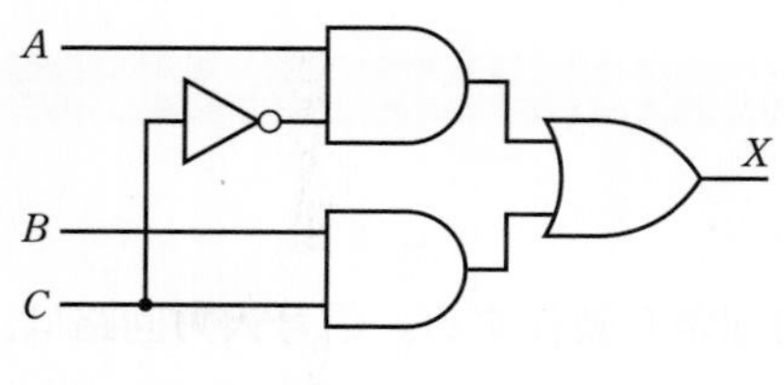

論理式　$X = A \cdot \overline{C} + B \cdot C$

▲図 2　データセレクタ

▼表 2　データセレクタの真理値表

A	B	C	X
0	0	0	0
0	0	1	0
0	1	0	0
0	1	1	1
1	0	0	1
1	0	1	0
1	1	0	1
1	1	1	1

3 半加算器（HA：ハーフアダー）

入力 A，B を一桁（ひとけた）の 2 進数とみなして，その加算演算を行う回路を**半加算器**という。半加算器は，図 3 のように，EX-OR ゲートと AND ゲートで構成され，入力 A と B の和 X と上位への桁上がり C_o の二つの出力がある。表 3 に，半加算器の真理値表を示す。

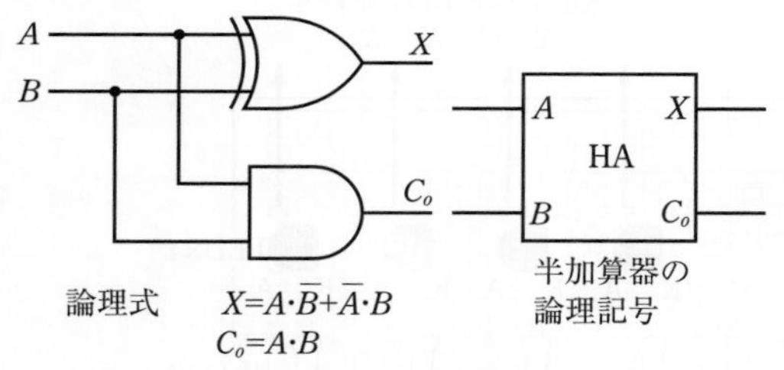

▲図 3　半加算器

▼表 3　半加算器の真理値表

A	B	和 X	桁上がり C_o
0	0	0	0
0	1	1	0
1	0	1	0
1	1	0	1

4 デコーダ

符号化されたディジタル信号をもとの状態に戻す働きをする回路を**デコーダ**という。デコーダは，復号器ともいう。図 4 に示す回路は，入力 A，B を 2 進数とみなし，これを 4 種類の出力として複合化するものである。表 4 に，デコーダの真理値表を示す。

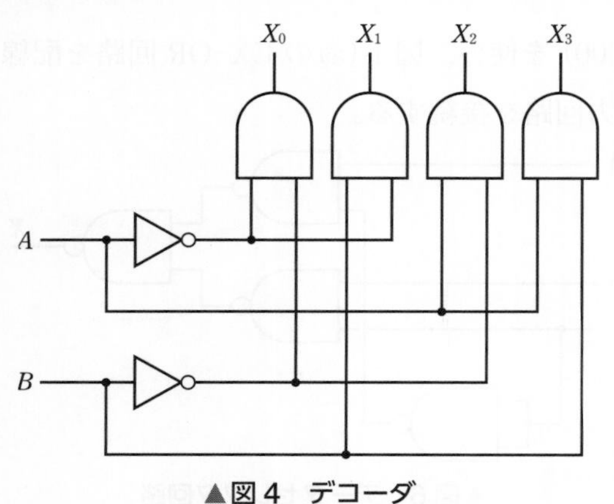

▲図 4　デコーダ

▼表 4　デコーダの真理値表

A	B	X_0	X_1	X_2	X_3
0	0	1	0	0	0
0	1	0	1	0	0
1	0	0	0	1	0
1	1	0	0	0	1

4 実 験

準備 信号入出力回路の製作

① ブレッドボードに，図 5 に示す信号入出力回路を製作する。信号入力回路は，スイッチを用いた入力レベル設定回路を 3 組，信号出力回路は，LED を用いた出力レベル表示回路を 4 組用意する。

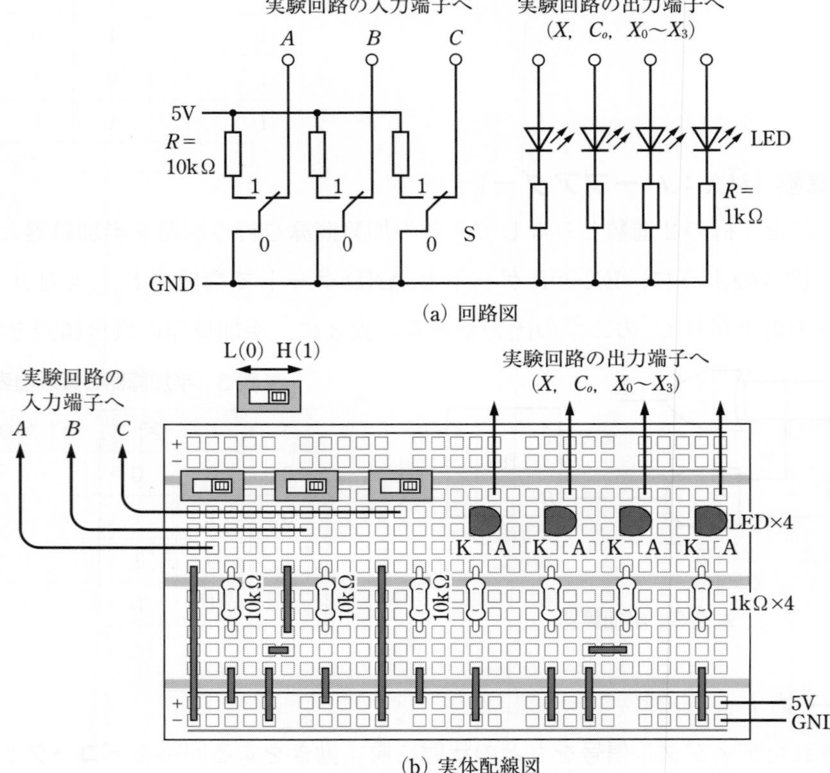

(a) 回路図
(b) 実体配線図

▲図 5　信号入出力回路

実験 1 EX-OR ゲートの実験

① ブレッドボードに，NAND ゲート (74HC00) を使い，図 1 (a)の EX-OR 回路を配線する。さらに，準備 で製作した信号入出力回路を接続する。

② 入力側のスイッチを操作し，入力 A，B を表 1 のように変化させ，そのつど出力 X を真理値表に記録する。

実験 2 データセレクタの実験

① ブレッドボードに，NAND ゲート (74HC00) を使い，図 6 のデータセレク

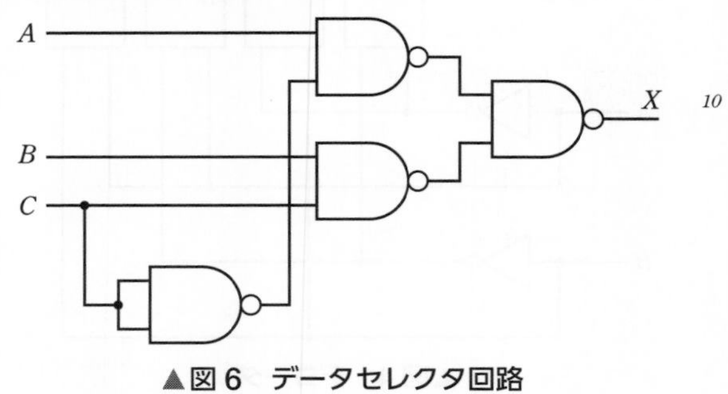

▲図 6　データセレクタ回路

タ回路を配線し，信号入出力回路を接続する。

② 入力側のスイッチを操作し，入力 A，B，C を表2のように変化させ，そのつど出力 X を真理値表に記録する。

実験3 半加算器の実験

① ブレッドボードに，NANDゲート（74HC00）を二つ使い，図7の半加算器回路を配線し，信号入出力回路を接続する。

② 入力側のスイッチを操作し，入力 A，B を表3のように変化させ，そのつど❶～❸の各点と出力 X，C_o の値を，真理値表（表5）に記録する。

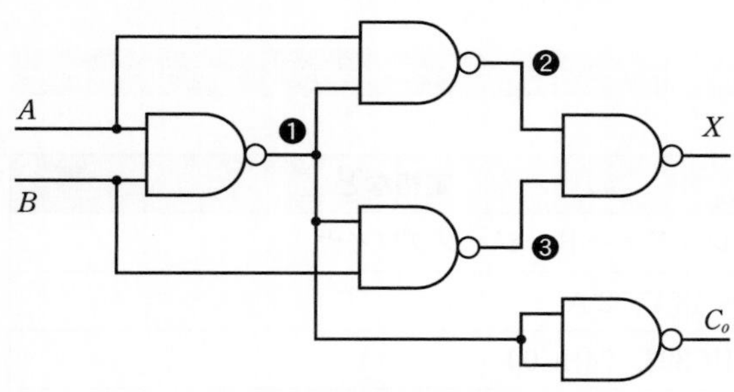

▲図7 半加算器回路

▼表5 半加算器の真理値表

A	B	❶	❷	❸	X	C_o
0	0					
0	1					
1	0					
1	1					

実験4 デコーダの実験

① ブレッドボードに，NANDゲートとNOTゲート（74HC00，74HC04）を使い，図8のデコーダ回路を配線し，信号入出力回路を接続する。

② 入力側のスイッチを操作し，入力 A，B を表4のように変化させ，そのつど出力 X_0，X_1，X_2，X_3 の値を，真理値表に記録する。

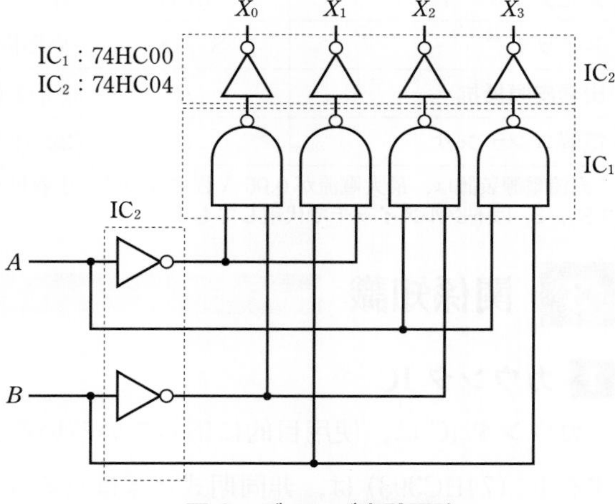

▲図8 デコーダ実験回路

5 結果の整理

[1] 実験1～実験4の真理値表を，作成しなさい。

6 結果の検討

[1] EX-OR回路を参考にして，入力 A，B が一致したときに，出力 X が「1」となる**一致回路**を考えてみよう。

[2] 図6のデータセレクタ回路が図2と同じであることを，論理式を使って証明してみよう。

19 ディジタル IC によるカウンタ回路

1 目 的

入力パルスの数の計数に使用するカウンタ IC の基本動作を理解する。また，カウンタが誤動作しないようにするパルスやクリア信号をつくる方法などから，ディジタル IC の活用法を習得する。

2 使用機器

機器の名称	記号	定格など
IC 実験用ボード		ブレッドボード，ジャンプワイヤ
直流電源装置 *	E	0 ~ 18 V，2 A
標準ロジック IC	IC_1，IC_2	74HC393，74HC00
発光ダイオード	LED	緑色 2 個，赤色 4 個
スイッチ **	S_A，S_C	小形押しボタンスイッチ
炭素皮膜抵抗	R	1 kΩ (1/4 W) 6 本，33 kΩ (1/4 W) 3 本
電解コンデンサ	C	22 μF (16 V)

* 直流電源装置は，最大電流が 0.06 A 程度なので，小容量タイプでも使用できる。
** S_A，S_C はトグルスイッチで代用してもよい。

3 関係知識

1 カウンタ IC

カウンタ IC は，使用目的に応じていろいろな種類が製品化されている。本実験に使用する IC (74HC393) は，非同期式とよばれる 4 ビット 2 進カウンタであり，図 1 に示すように，直列に接続された 4 個の JK フリップフロップ回路で構成されている。

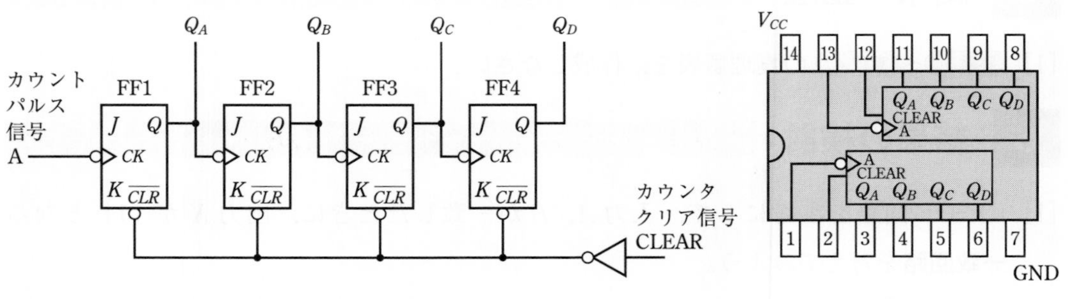

(a) 16進（4ビット2進）カウンタ　　(b) ピンの内部接続

▲図 1　カウンタ IC (74HC393) の内部回路

2 カウンタ回路について

図1(a)において，入力端子Aに加わるカウントパルス信号は，出力端子 Q_D，Q_C，Q_B，Q_A から2進数で表示される。74HC393は，入力されたカウントパルスの立下りに同期して計数が行われる。また，クリア入力端子に「1」を加えると，内部の4ビット2進カウンタは「0」になる。実験2の状態では，10回目のパルスを計数すると Q_B と Q_D が「1」になるので，この状態をNANDゲートで検出し，クリア信号として与えることにより，10進カウンタを構成している。

4 実験

実験1 16進カウンタ（4ビット2進カウンタ）

① ブレッドボードを用いて，図2に示す実験回路を製作する。回路図と照合し，誤配線がないことを確かめる。カウンタの出力を確認するために，4個の赤色LEDの回路を IC_1 の Q_A，Q_B，Q_C，Q_D に接続している。また，カウントパルス信号とクリア信号のようすを確認するために，2個の緑色LEDの回路を接続している。

② 実験回路に5Vの電圧を加え，S_C を押してカウンタをクリアし，初期状態にする。

③ S_A を押すと，1個のカウンタパルスがカウンタICの入力端子に加えられる。カウンタの各出力端子の電圧レベルはLEDの発光で識別できるので，16個のカウンタパルスを順次加えたときの各出力端子のレベルを，表1のようなタイムチャートとして記録する。なお，LEDが発光しているときは「1」，発光していないときは「0」である。

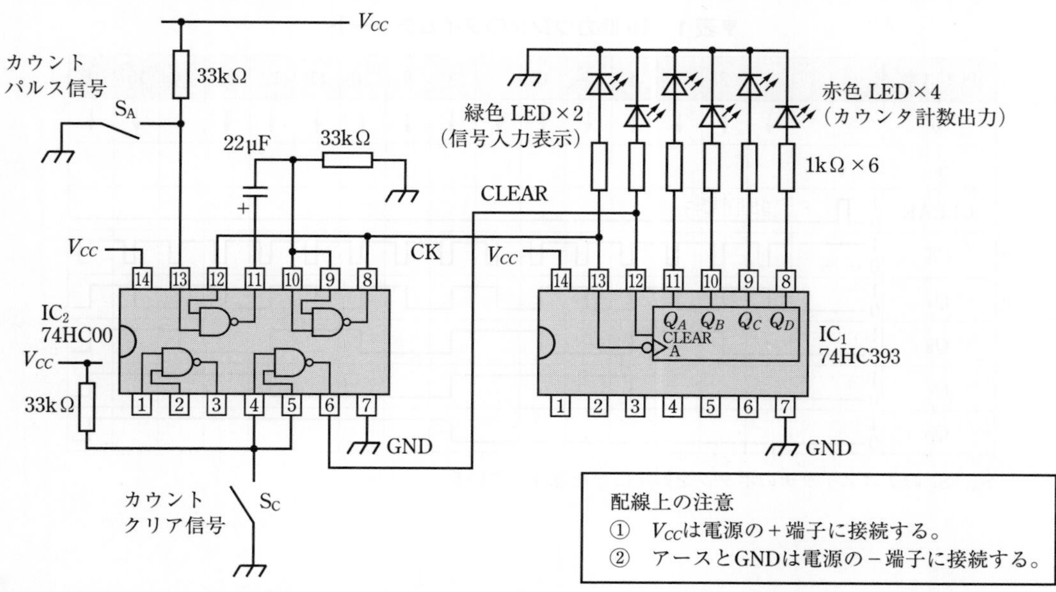

※カウントパルス入力の誤動作を防止するために，NANDゲートによる単安定マルチバイブレータ回路を使用している。

▲図2 16進カウンタの実験回路

実験２ 10 進カウンタ・12 進カウンタ

① 実験１ の回路を図 3 に示す回路となるように変更し，10 進カウンタとする。

② 実験１ と同じ手順で実験を行い，結果を表 2 のように記録する。

③ 図 3 の破線で示す配線を追加し，12 進カウンタとする。

④ 実験１ と同じ手順で実験を行い，結果を表 3 のように記録する。

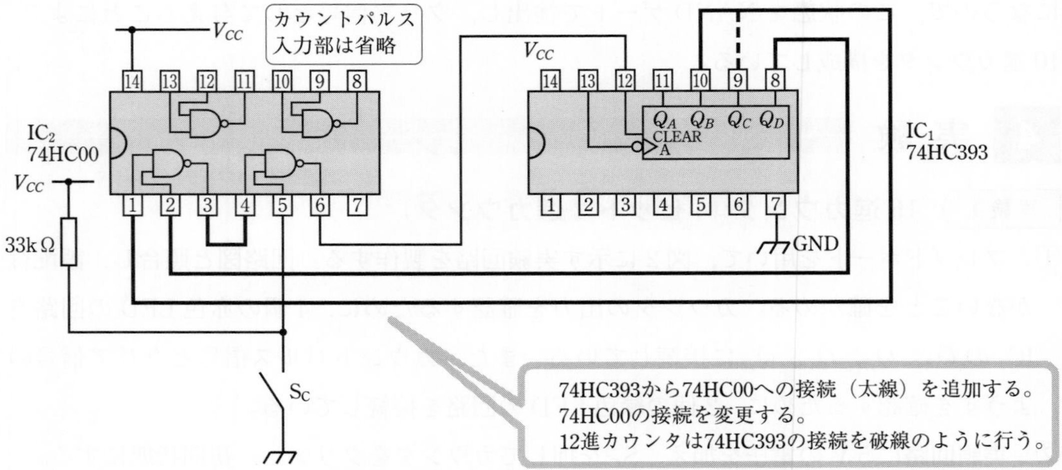

▲図３　10 進カウンタ・12 進カウンタの実験回路

5 結果の整理

[1] 表 1，表 2，表 3 のタイムチャートを完成させなさい。

▼表１　16 進カウンタのタイムチャート

パルス数		1	2	3	4	5	6	7	8	9	10	11	12	13	14	15	16
S_A		↓	↓	↓	↓	↓	↓	↓	↓	↓	↓	↓	↓	↓	↓	↓	↓
S_C	↓																
CLEAR	1 0																
CK	1 0																
Q_A	1 0																
Q_B	1 0																
Q_C	1 0																
Q_D	1 0																

S_A，S_C の↓はスイッチのボタンを押すことを意味している。

▼表2　10進カウンタのタイムチャート

パルス数		1	2		10	11	12
S_A		↓	↓		↓	↓	↓
S_C	↓						
CLEAR							
CK							
Q_A							
Q_B							
Q_C							
Q_D							

▼表3　12進カウンタのタイムチャート

パルス数		1	2		12	13	14
S_A		↓	↓		↓	↓	↓
S_C	↓						
CLEAR							
CK							
Q_A							
Q_B							
Q_C							
Q_D							

[2] 表1～表3の結果から，表4～表6のように，入力パルス数に対する Q_A ～ Q_D の状態を「0」，「1」として整理しなさい。

▼表4　16進カウンタ

入力パルス	Q_D	Q_C	Q_B	Q_A
0	0	0	0	0
1	0	0	0	1
2	0	0	1	0
3	0	0	1	1
15	1	1	1	1
16	0	0	0	0

▼表5　10進カウンタ

入力パルス	Q_D	Q_C	Q_B	Q_A
0	0	0	0	0
1	0	0	0	1
2	0	0	1	0
3	0	0	1	1
11	1	0	0	1
12	0	0	0	0

▼表6　12進カウンタ

入力パルス	Q_D	Q_C	Q_B	Q_A
0	0	0	0	0
1	0	0	0	1
2	0	0	1	0
3	0	0	1	1
13	1	0	1	1
14	0	0	0	0

6　結果の検討

[1] 8進カウンタは3個のフリップフロップで構成することができる。これを5進カウンタとするには，どのような回路にすればよいだろうか。

[2] 16進カウンタの出力 Q_A ～ Q_D にNOT回路（インバータ）を接続すると出力表示はどのようになるだろうか。LEDの点灯を「1」，消灯を「0」として2進数で考えてみよう。

[3] 本実験では，実習14▶p.80で利用した単安定マルチバイブレータを利用して入力パルスをつくっている。これは，スイッチのチャタリングを防止するためである。チャタリングとは何か，Webサイトなどを使って調べてみよう。

20 PIC マイコンボードの製作

1 目 的

本実習では，マイコンを使った制御実験や課題研究などで活用できる PIC マイコンボードを製作する。製作を通して，使用する部品の外観と名称を理解し，両面プリント基板への部品の実装手順や，はんだ付け方法などの知識と技能を習得する。なお，実習 21 から実習 26 までは，本実習で製作した PIC マイコンボードを利用した実験を行う。

2 使用機器

機器の名称	記号	定格など	数量
炭素皮膜抵抗	R_1	10 kΩ，± 5%，1/4 W	1
炭素皮膜抵抗	R_2	4.7 kΩ，± 5%，1/4 W	1
積層セラミックコンデンサ	C_1	1 μF (105)，50 V	1
電解コンデンサ	C_2	470 μF，16 V	1
積層セラミックコンデンサ	C_3	0.1 μF (104)，50 V	1
積層セラミックコンデンサ	C_4	0.47 μF (474)，50 V	1
抵抗アレイ	RM_1	10 kΩ，8 素子内蔵	1
抵抗アレイ	RM_2，RM_3	1 kΩ，8 素子内蔵	2
発光ダイオード (緑)	LED_1	ϕ3，緑色，OSG5TA3Z74A	1
発光ダイオード (赤)	LED_2，LED_3	10 ポイント LED アレイ (赤色)，OSX10201-R	2
ワンチップマイコン	U_1	PIC16F1938-I/SP	1
3 端子レギュレータ	U_2	面実装タイプ　5 V，1.5 A，NJM7805SDL1	1
整流用ショットキー接合ダイオード	D_1，D_2	ショットキー型，40 V，1 A，1S4	2
トグルスイッチ	SW_1	基板用，2 回路 2 接点，定格 120 V，3 A	1
DIP スイッチ	SW_2	8 素子内蔵，EDS108SZ	1
タクトスイッチ	SW_3	タクトスイッチ (黄)	1
IC ソケット	US_1	28 ピン IC ソケット，0.3 インチ幅	1
10 ピンボックスコネクタ	CN_1, CN_2, CN_3	10 ピン (2 列× 5) ストレート・ピンヘッダ 逆挿入防止形ボックスコネクタ	3
2 列× 8 ピンヘッダ	CN_4, CN_5, CN_6	16 ピン (2 列× 8) ストレート・ピンヘッダ	3
1 列× 5 ピンヘッダ	CN_7	5 ピン (1 列× 5) アングル・ピンヘッダ	1
1 列× 3 ピンヘッダ	POWER	3 ピン (1 列× 3) ストレート・ピンヘッダ	1
DC ジャック	CN_8	ϕ2.1 入力径，MJ-179P	1
短絡ソケット	SS	2 極，2.54 mm ピッチ，黄色	25
スペーサ	SP	M3 用，長さ 14 mm，M3 ねじ付き	1
プリント基板	PCB	70 mm × 90 mm，両面プリント基板	1
使用工具など	はんだごて，ニッパ，ラジオペンチ，ピンセット，テスタ， はんだ，AC アダプタ (DC9 V，センタープラス)		

3 関係知識

1 PIC マイコンボードの特徴

図1は，本実習で製作するPIC マイコンボードの外観である。搭載しているマイコンPIC16F1938は，マイクロチップテクノロジー社の制御用8ビットマイコンで，4系統（ポートA，ポートB，ポートC，ポートE）のI/O ポートをもっている。

製作するマイコンボードでは，4系統のうち，8ビットすべての端子が利用できるポートA，ポートB，ポートCの3系統を利用できるようにしている。また，ポートAには8素子内蔵のDIP スイッチと，ポートB，Cには8ポイントのLED アレイが接続されているので，ビットごとに状態を確認でき，このマイコンボードだけで，ディジタル入出力による基礎的なプログラミング学習を行うことができる。

なお，外部回路から信号を入力したり，出力したりする場合，あらかじめ接続されているDIP スイッチやLED が不要になることがある。このような場合，短絡ソケットを取りはずすことにより，DIP スイッチやLED を，ビット単位で信号線から切り離すことができるので，マイコンを使った制御実験や課題研究など，あらゆる用途に活用することが可能である。また，5 V，1.5 A の3端子レギュレータを搭載しているため，一般的なAC アダプタ（直流9 V 出力）が利用できるほか，自律移動型ロボットなどへの搭載も想定して，入力電源電圧切換端子により，充電式電池による電源電圧の直接供給もできるようなっている。

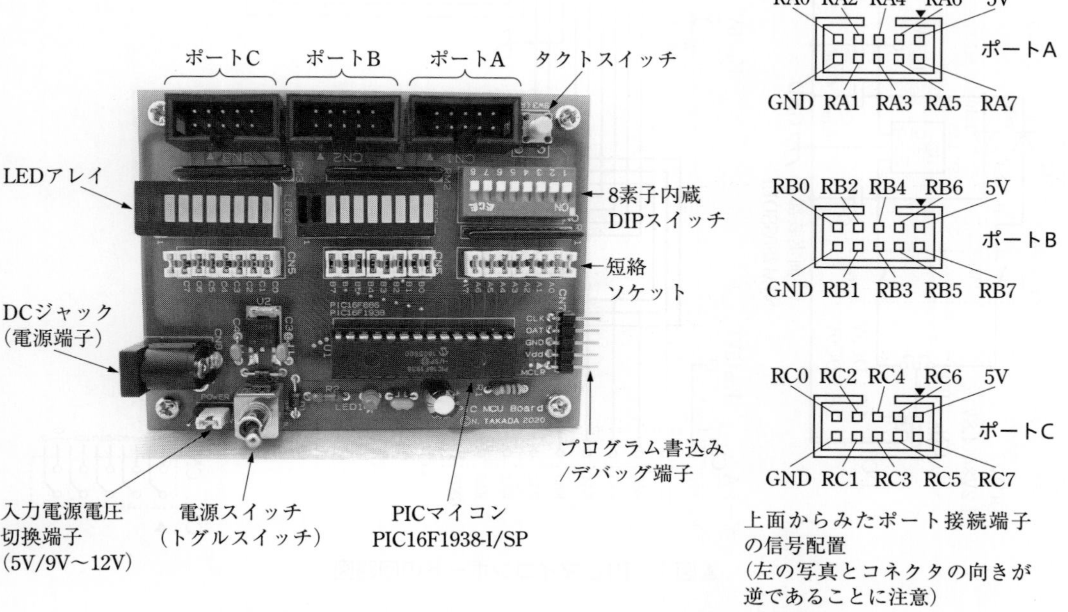

▲図1 PIC マイコンボードの外観とポート接続端子の信号配置

2 PICマイコンボードの回路

図2は，製作するPICマイコンボードの回路図である。プリント基板を使って製作する。

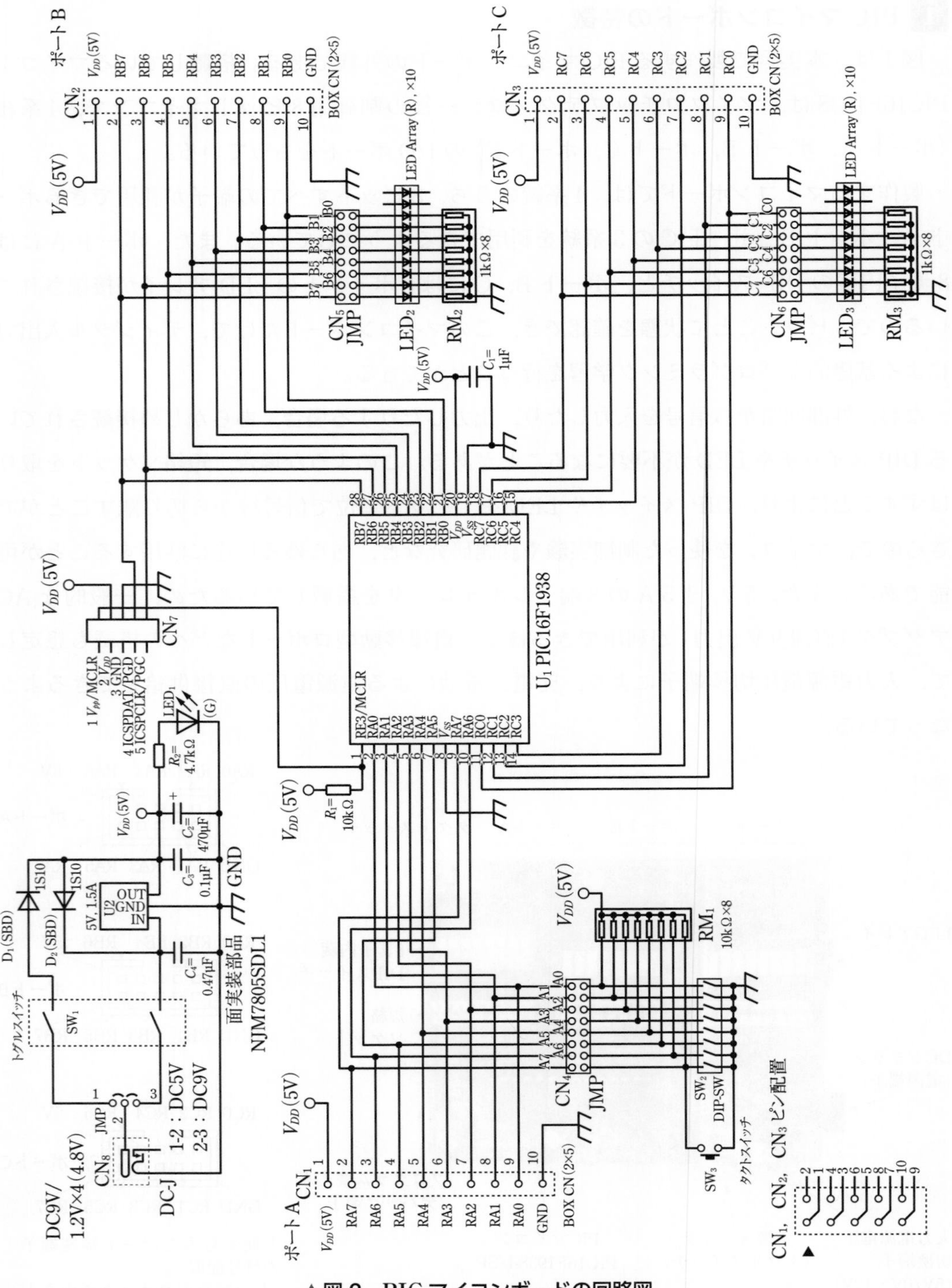

▲図2　PICマイコンボードの回路図

＋ プラス 1　両面プリント基板を使ったはんだ付けのポイント

① はんだ付けする部分に，こての熱がじゅうぶんに伝わるよう，こて先をきれいにクリーニングしてからはんだ付けする。

② はんだをランドの穴（スルーホール）に流し込むイメージで，部品のリード線とランドに広がるはんだの量が，過不足なく，図 3 のような形状になるようにする。また，プリント基板のパターン面が広い場所では，少し長めの時間で熱を加え，加熱不足によるはんだ不良にならないように注意する。

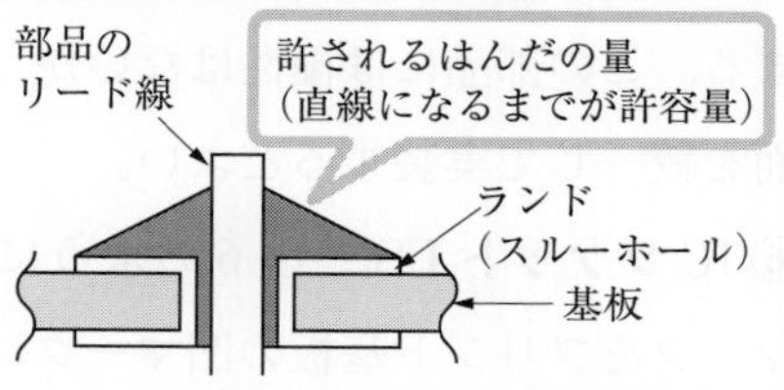

▲図 3　適切なはんだの量

③ 背の低い部品から順に実装し，部品の「浮き」や「傾斜」がないようにする。

④ 端子数の多い部品は，中央部の 1 か所を仮はんだしたあと，部品を手で押さえながら再加熱して基板からの浮きや傾斜を取る。

⑤ LED は片方の足を仮はんだしたあと，部品を手で押さえながら再加熱して余分な浮きや傾斜を取り除き，最後にもう一方の足をはんだ付けすると仕上がりがよくなる。

4 製作

1 プリント基板の製作

プリント基板の配線パターンは，図 2 に示す回路図からプリント基板設計 CAD を使って設計する。▶実習 31 配線パターンの設計データをプリント基板製造業者に渡すことで，容易に両面プリント基板を製作することができる。

2 電子部品の実装

プリント基板は，表 1 に示す部品を以下の順番で，背の低い部品から実装していく。

①抵抗 R_1，R_2　プリント基板の部品記号の位置に合わせて，はんだ付けする。

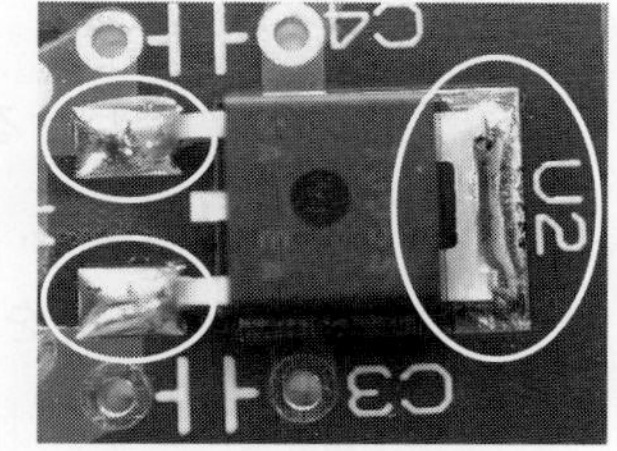

▲図 4　3 端子レギュレータの取付け

② 3 端子レギュレータ U_2　図 4 のように，3 か所をはんだ付けする。

③整流用ショットキーダイオード D_1，D_2　D_1 と D_2 の穴の位置に合わせて，ダイオードのリード線をラジオペンチで折り曲げてから穴に挿入する。このとき，ダイオードの極性に注意する。

④ 5 ピン・アングルピンヘッダ CN_7　図 5 のように，ピンの長さが短いほうを基板側に差し込む。

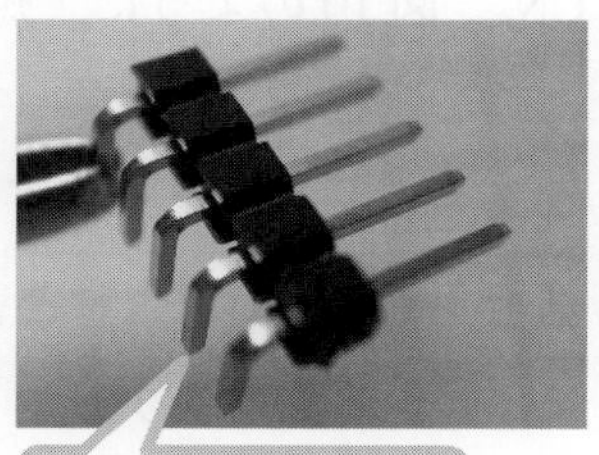

▲図 5　アングルピンヘッダの取付け方向

⑤積層セラミックコンデンサ C_1, C_3, C_4　C_1, C_3, C_4 は，外観が同じなので，部品に表示してある数値に注意する。この部品には極性はないが，数値を表示してある面を統一して実装するとよい。

「半円形の切り欠けマーク」をプリント基板の凹マークに合わせる。

▲図６　IC ソケットの向き

⑥ IC ソケット US_1　図６のように，半円形の切り欠けマークをプリント基板の凹マークに合わせる。

⑦発光ダイオード LED_1（緑色）　ダイオードの極性に注意する。

⑧抵抗アレイ RM_1　図７のように，共通端子のマークがあるので，プリント基板の取付け位置に示す印に合わせる。1 kΩ の RM_2 と RM_3 とまちがえないように，表示してある数値に注意する。

抵抗アレイの内部回路
com（共通端子）
共通端子を示すマーク
10KΩ J

▲図７　抵抗アレイの極性

⑨抵抗アレイ RM_2, RM_3　図７と同様に，共通端子のマークをプリント基板の取付け位置に示す印に合わせる。

⑩ DIP スイッチ SW_2　DIP スイッチは，取りつける向きがあるので，図８のように，表示してある「ON」の文字をプリント基板の表示に合わせる。

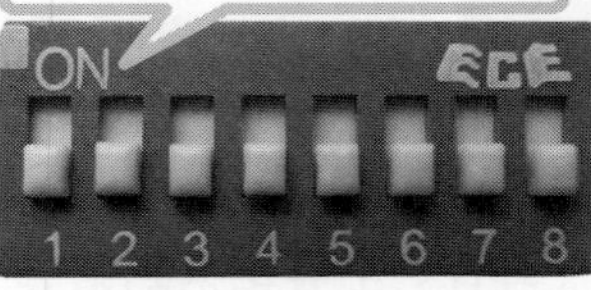
ONの位置をプリント基板のON表示に合わせる。
ON
1 2 3 4 5 6 7 8

▲図８　DIP スイッチの向き

⑪電解コンデンサ C_2　極性があるので，取りつける向きに注意する。

⑫タクトスイッチ SW_3　取りつける向きがあるので，穴の位置に合わせる。

⑬発光ダイオード LED_2, LED_3　図９のように，コーナーカットの位置をプリント基板上の「1」の印に合わせる。

コーナーカットの位置をプリント基板上の１の表示位置に合わせる。
OSX10201-R

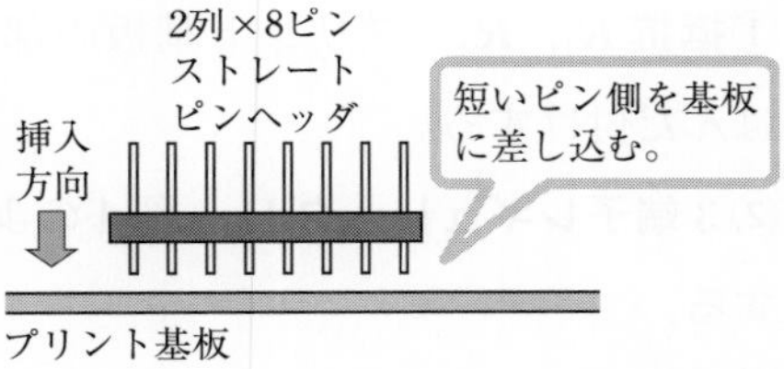

▲図９　LED アレイの向き

⑭ストレートピンヘッダ（2 列× 8 ピン）CN_4, CN_5, CN_6　図 10 のように，短いピン側をプリント基板に差し込む。

2列×8ピンストレートピンヘッダ
挿入方向
短いピン側を基板に差し込む。
プリント基板

▲図 10　ストレートピンヘッダの向き

⑮ストレートピンヘッダ（1 列× 3 ピン）　プリント基板上の「POWER」と書かれた場所に，⑭と同様に，短いピン側をプリント基板に差し込む。

⑯ 10 ピンボックスコネクタ（2 列× 5 ピン）CN_1, CN_2, CN_3　図 11 のように，開口部側面の▼マークをプリント基板の▼マークに合わせる。

フラットケーブルコネクタの逆挿入防止のための開口部
１番ピンの位置を示す▼マーク

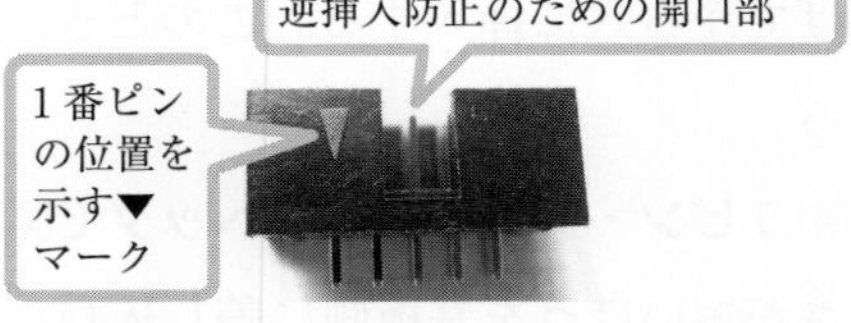

▲図 11　ボックスコネクタの外観

⑰ DC ジャック CN_8，トグルスイッチ SW_1　端子の金具が大きいので，はんだ付け不良にならないように注意する。

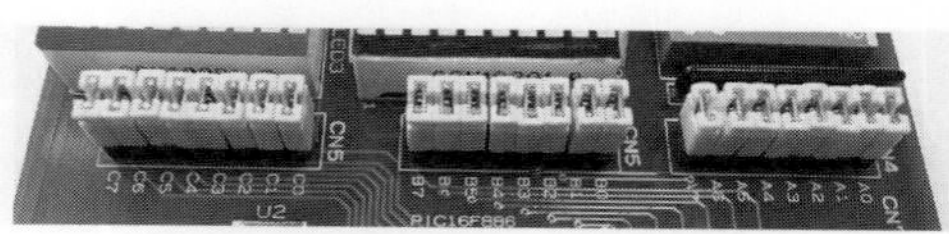

▲図 12　短絡ソケットの取付け

⑱短絡ソケット SS　CN_4，CN_5，CN_6 のすべてのピンヘッダに，短絡ソケットを図 12 のように差し込む。また，POWER 端子は，図 13 のように，9 V 側に短絡ソケットを差し込む。

5Vを超える出力電圧をもつACアダプタを使用する場合は，9V側に短絡ソケットを差し込む。

▲図 13　POWER 端子の短絡ソケット

⑲スペーサ SP　M3 × 8 mm のねじを使い，プリント基板の四隅の穴にスペーサを取りつける。

⑳ LED_2，LED_3 の加工　LED の発光面に貼ってある透明な保護シールをはがす。使用しない二つのドット LED は，図 14 のように，油性ペンで黒く塗りつぶす。

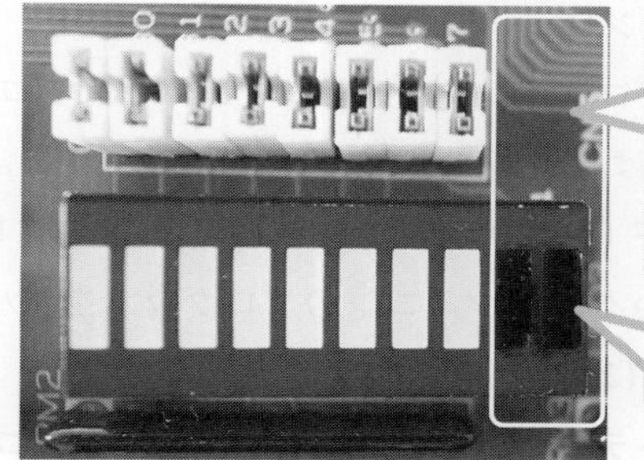

短絡ソケットが配置されていないドット LED 2 個は使用しないので，黒色の油性ペンで発光部を塗りつぶす。

この二つのドットを黒く塗りつぶす。

▲図 14　LED_2，LED_3 の表示部の加工

5　動作確認と PIC マイコンの取付け

プリント基板に部品を実装したあとの不具合は，プリント基板や部品の破損・故障につながるため，この段階ではプリント基板の IC ソケットに PIC マイコンを取りつけない。電源電圧が正常につくられているかをテスタで確認してから，PIC マイコンを取りつける。

1 電圧チェック

① DC ジャックに 9 ～ 12 V の直流電源を供給する。

② プリント基板上の電源スイッチをオンにすると，LED_1（緑色）が点灯するか確認する。もし，点灯していなければ，プリント基板のどこかで短絡している可能性があるので，ただちに電源スイッチをオフにして，不良箇所を点検する。

③ IC ソケットの 8 番ピンにテスタの黒色テストリード，20 番ピンに赤色テストリードをあて，直流電圧の値を確認する。5 V を表示すれば正常である。5 V でない場合は，3 端子レギュレータ周辺に異常があるので，ただちに電源スイッチをオフにして点検する。

2 マイコンの取付け

プリント基板上の電源スイッチをオフにしたあと，PIC マイコンを IC ソケットに取りつける。このとき，IC のリード端子は「ハの字」に広がっているため，机の角などを使って「コの字」に修正してから IC ソケットに差し込む。

以上で，PIC マイコンボードが完成する。

参考　PIC マイコンのプログラム開発環境

1　プログラムの開発環境

PIC マイコンとは，米国のマイクロチップテクノロジー社が開発した，組み込みシステム用のマイクロコントローラ (MCU) である。マイクロコントローラは，一つの IC チップ上に，CPU (中央処理装置)，ROM (読取り専用 IC メモリ)，RAM (読取りと書込みが可能な IC メモリ) に加え，「周辺機能」とよばれる A-D 変換器やディジタル信号出力などのモジュールを集積化した超小形マイクロコンピュータである。

PIC マイコンのプログラムを作成し，マイコンにプログラムを実装する (ROM にプログラムを書き込む) ためには，図 1 に示すような構成で，次のようなものが必要である。

(1) マイコンボード (ターゲットボード)　最終的に単独で使用するマイコンボードである。ここに搭載されている PIC マイコンのプログラムを，パソコン上で作成し，専用ツールを使ってマイコンの ROM に書き込む。

(2) インサーキットデバッガ PICkit4　開発用パソコンと PIC マイコンとの通信を行うための専用ツールである。マイコンの ROM にプログラムを書き込む機能だけでなく，プログラムを実行させながら，変数のモニタや値の変更などを行うデバッグ機能を備えた開発ツールである。

(3) 統合開発環境 MPLAB X IDE　PIC マイコンのプログラムを開発するためのソフトウェアである。MPLAB X IDE 上で，プログラムの作成や編集，プログラムの書込み，デバッグなど，すべての作業を行うことができる。

(4) PIC マイコン用 C コンパイラ MPLAB XC8　プログラム作成には，一般に，使用するマイコンの内部構造に合わせた専用の C コンパイラが必要である。この実習で使用するマイコン PIC16F シリーズは，8 ビットのマイコンなので，8 ビットの PIC マイコン用 C コンパイラである MPLAB XC8 を使用する。

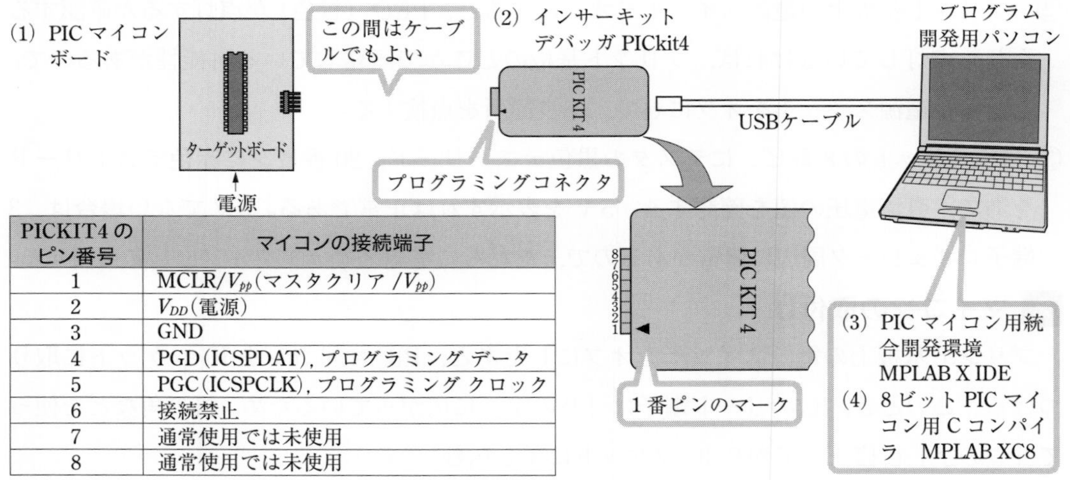

PICKIT4 の ピン番号	マイコンの接続端子
1	MCLR/V_{pp} (マスタクリア /V_{pp})
2	V_{DD} (電源)
3	GND
4	PGD (ICSPDAT)，プログラミング データ
5	PGC (ICSPCLK)，プログラミング クロック
6	接続禁止
7	通常使用では未使用
8	通常使用では未使用

▲図 1　PIC マイコンの開発環境

2 MPLAB X IDE と C コンパイラのインストール

(1) 統合開発環境 MPLAB X IDE のインストール

MPLAB X IDE は，パソコンの OS ごとに用意され，マイクロチップテクノロジー社の Web サイトから最新版をダウンロードできる。ここでは，Windows 版を例に紹介する。

① マイクロチップテクノロジージャパンの Web サイトのトップページから，**製品情報＞開発ツール＞ MPLAB X IDE** をクリックすると，図 2 のような画面になる。ここで Windows 版をダウンロードする。「名前を付けて保存」を選択し，保存場所を指定すると MPLABX-v ○．○○ -windows-installer.exe が保存される（○．○○はバージョン番号）。

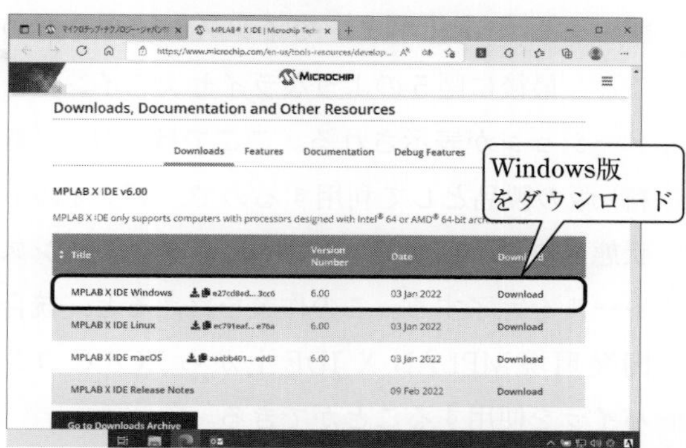

▲図 2 MPLAB X IDE のダウンロード

② 保存されたファイルをダブルクリックすると，インストーラが起動する。インストールがはじまると，ライセンスの同意（License Agreement）画面が開くので，**I accept agreement**（同意する）を選択し，**Next** ボタンを押すとインストールが継続される。その後は，デフォルト（初期設定）のまま **Next** ボタンでインストールを進めていく。

③ インストールが完了すると，図 3 のようなインストール完了画面が表示される。デフォルト状態のままで **Finish** ボタンを押すとインストーラが終了し，続けて MPLAB X IDE が起動する。

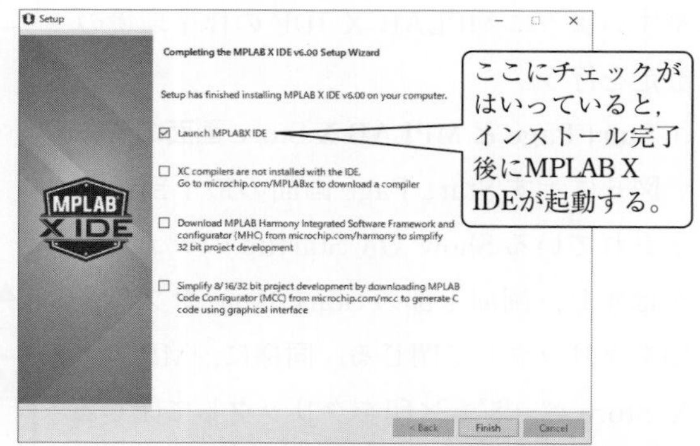

▲図 3 インストール完了画面

以上で MPLAB X IDE のインストールが完了し，パソコンのデスクトップ上に MPLAB X IDE のアイコンが作成される。以後は，デスクトップ上のアイコンから起動できる。MPLAB X IDE はつねに改良を重ねているため，しばしばバージョンアップが行われている。

(2) 8 ビット PIC マイコン用 C コンパイラ MPLAB XC8 C Compiler のインストール

① マイクロチップテクノロジージャパンの Web サイトから，**製品情報＞開発ツール＞コンパイラ**をクリックすると，図 4 のような画面になる。ここで **XC8 コンパイラのダウンロード**をクリックすると OS の選択画面になるので，Windows 版をダウンロードする。

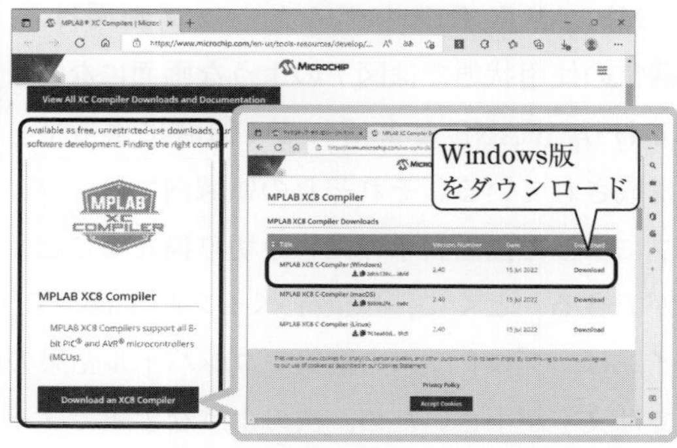

▲図 4 XC8 のダウンロード画面

「名前を付けて保存」を選択し，保存場所を指定すると，xc8-v○.○○-full-install-windows-x64-installer.exe が保存される（○.○○はバージョン番号）。

② 保存されたファイルをダブルクリックすると，インストーラが起動する。セットアップ画面の指示に従い，すべてデフォルト（初期設定）状態のまま，**Next** ボタンでインストールを進めると，最後に図5のようなライセンスインフォメーションが表示される。ここではフリー（無料）版の製品として利用するので，デフォルト状態のまま，何もせずに **Next** ボタンでインストールを完了する。この作業を終えると，統合開発環境 MPLAB X IDE 上から XC8 C コンパイラを使用することができる。

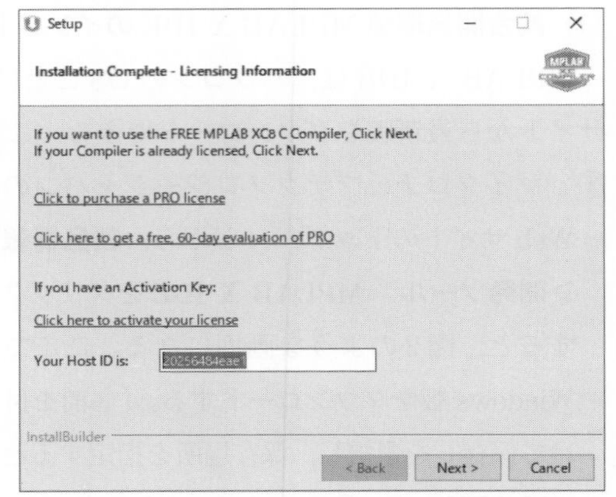

▲図5　XC8 のライセンス情報画面

3　MPLAB X IDE の作業環境設定

MPLAB X IDE の初回起動時は，プログラム作成に関係のない図6のような画面になっている。そこで，プログラム作成が行いやすいように MPLAB X IDE の作業環境の設定を行う。

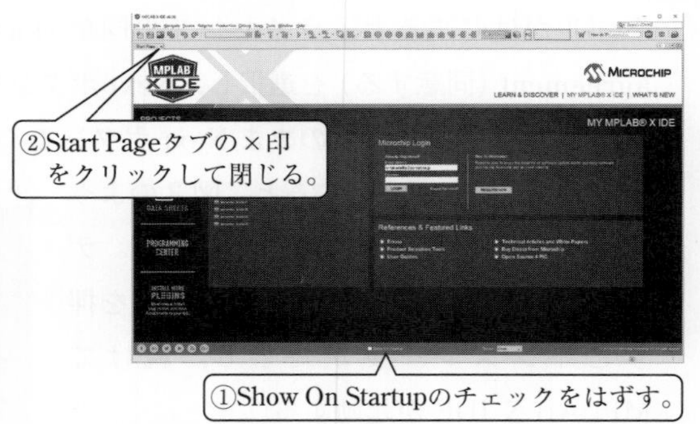

▲図6　初回起動時の MPLAB X IDE の画面画面

① Start Page と MPLAB X Store 画面の消去

図6に示す Start Page 画面の最下部に表示されている Show On Startup のチェックをはずし，画面上部の Start Page タブの×印をクリックして閉じる。同様に，MPLAB X Store ページも×印をクリックして閉じることで，次回以降の起動時に表示されなくなる。

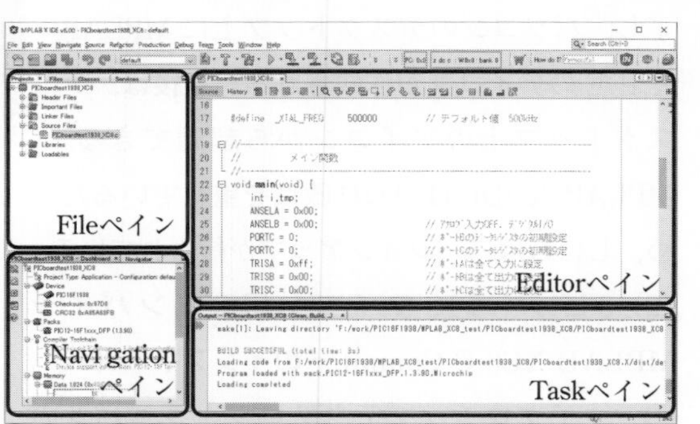

▲図7　MPLAB X IDE デスクトップ画面

MPLAB X IDE のデスクトップ画面は，通常の使用状態では図7のような画面になっており，PANE（ペイン）とよばれる4領域によって構成されている。それぞれの領域内では，タブによって画面表示の内容を切り換えることができる。とくに，Editor ペインと Task ペインは，プログラムの編集やコンパイル結果の確認など，最もよく使う画面であるが，初期状態では文字が小さいため，次のような手順でフォントサイズを調整する。

② Editor ペインのフォントサイズ調整　メニューバーから，Tools > Options をクリックする

と Option 画面が開く。①画面上部の Fonts & Colors タブをクリックする。②画面右側の Font の変更ボタンをクリックすると，Font Chooser 画面が開く。③画面右端の Size 選択から，18 を選択し，プレビュー画面で変更後のフォントサイズを確認する。必要に応じて Size の数値を増減してみやすいサイズを選び，OK ボタンで決定する。

③ Task ペインのフォントサイズ調整　Task ペインの Output 画面にメッセージが表示されている状態で，Output 画面の領域内で右クリックすると，プルダウンメニューが表示される。ここから，Settings... をクリックすると Miscellaneous 画面が開く。Font Size の変更ボタンを使い，画面下部に表示される文字の大きさを参考に，15 程度の値に設定し，OK ボタンで決定する。

4　プログラムの開発手順（プロジェクトの作成から実装まで）

PIC マイコンのプログラム開発は，MPLAB X IDE 上で作成する**プロジェクト**という単位で行う。ここでは，実習 20 ▶ p.104 で製作した PIC マイコンボードを使い，例として，E ドライブに作成した PICwork フォルダに，LEDtest というプロジェクトを作成し，プログラムの作成から実装（マイコンにプログラムを書き込む）までの手順を紹介する。なお，開発ツールの PICkit4 は，MPLAB X IDE を起動するまえに，パソコンの USB ポートに接続しておく。

①プロジェクトの種類を選択　MPLAB X IDE のメニューバーから，File > New Project... を選択すると図 8 の画面が開く。デフォルト状態は，PIC マイコン用の標準プロジェクトに設定されているので，そのまま Next ボタンで次に進む。

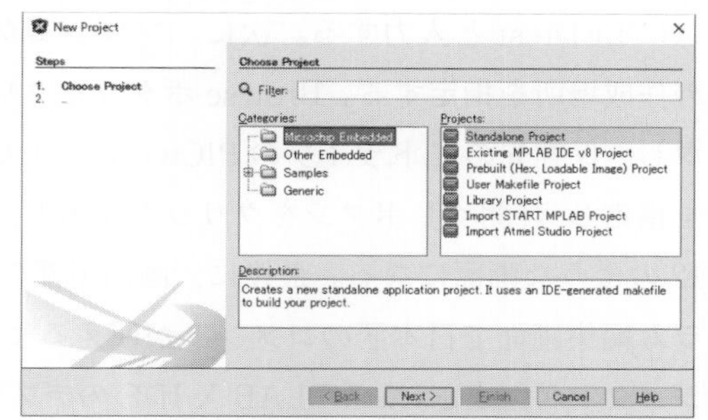

▲図 8　プロジェクトの種類を選択

②デバイス（マイコンの型番）選択　画面は図 9 に切り換わる。ここでは，使用するマイコンの型番を選択する。マイコンの型番は PIC16F1938 なので，Device と書かれたテキストボックスに 1938 とだけ入力する。自動検索機能により候補となるマイコンの型番が表示されるので，PIC16F1938 を選択する。

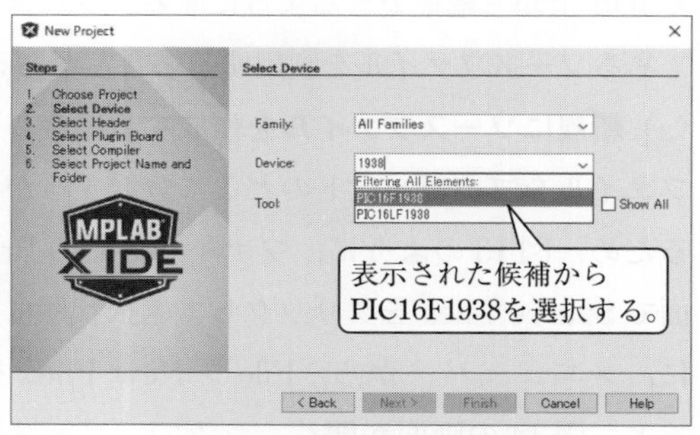

▲図 9　マイコンの型番を選択

次に，開発ツールを選択する。Tool と書かれたテキストボックスには No Tool と表示されているが，変更ボタンをクリックし，図 10 のように PICkit4 を選択する。最後に，Next ボタンで次の画面に進む。

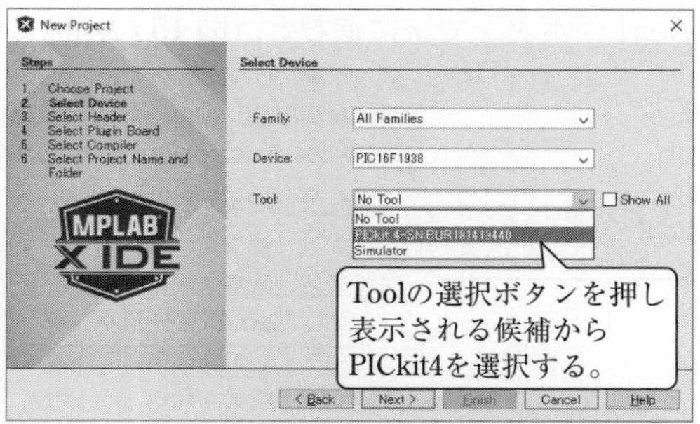

▲図 10　開発ツール（書込み装置）の選択

③ヘッダの選択　ヘッダとは，プログラムのデバッグを行うさいに使用する専用のハードウェア

である。ここでは使用しないので，Next ボタンで次に進む。

④コンパイラの選択　ここでは，8 ビットの PIC マイコン用の C コンパイラを使用するので，MPLAB X IDE に登録されているコンパイラから，図 11 のように XC8 を選択し，Next ボタンで次に進む。

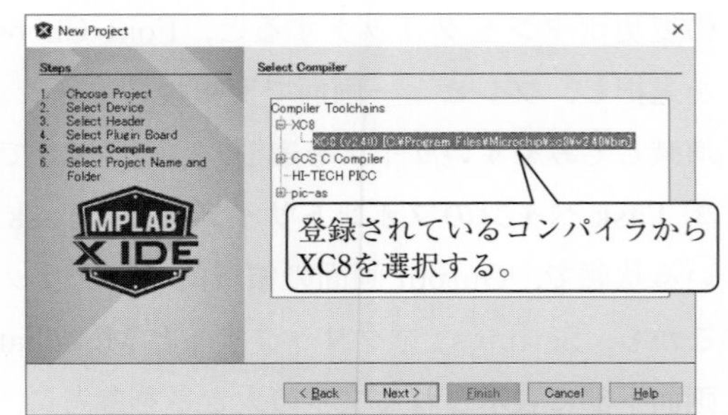

登録されているコンパイラから
XC8を選択する。

▲図 11　コンパイラの選択

⑤プロジェクト名と作成場所（保存先）の指定

この設定では，プロジェクト名と作成場所（保存先）を指定する。プロジェクト名には日本語（全角文字）が使えないので，先頭が英文字ではじまる半角の英数文字にしなければならない。ここでは Project Name と書かれたテキストボックスに LEDtest と入力する。次に，プロジェクトの作成場所を指定する。Browse（ブラウズ）ボタンをクリックし，保存先の E ドライブの PICwork フォルダを指定し，「開く」ボタンをクリックすると，図 12 のような画面になる。最後に，画面下部の Encoding: を「Shift-JIS」に設定すると，プログラム編集画面で日本語のコメントが使えるようになる。Finish ボタンで画面を閉じると，プロジェクトが作成され，MPLAB X IDE のデスクトップ画面に戻る。

①プロジェクト名を入力する。
②Browseボタンでプロジェクトの保存先を指定する。
③Shift-JISを選択する。

▲図 12　プロジェクト名と作成場所の指定

⑥ソースファイルの作成　C 言語によるプログラム（ソースファイル）を作成・登録し，MPLAB X IDE 上から編集できるようにする。ソースファイルは，新規に作成する場合と，すでに作成してあるソースファイルを利用する場合とがある。

(a) **新規にソースファイルを作成する場合**　ソースファイルをプロジェクトのどこに登録するかを指定するため，図 13 のように，ファイル領域の Projects 画面で Source Files をクリックして選択状態にする。次に，メニューバーから，File ＞ New File... を選択すると，図 14 の画面が開く。ここで，ソースの種類とタイプを指定する。Categories: は「C」を選択し，File Types: は「C Main Files」を指定する。Next のボタンで次に進むと，図 15 の画面になる。

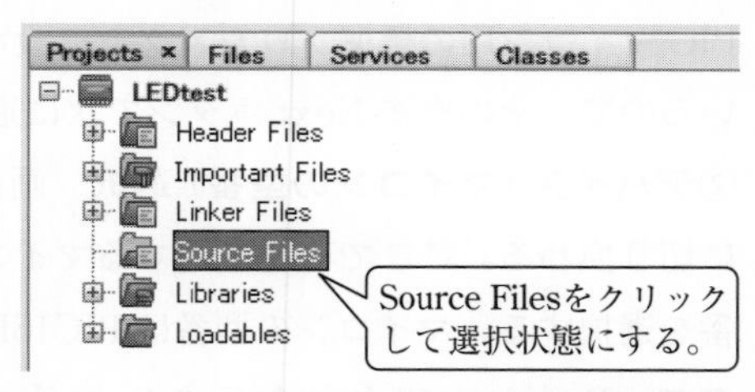

Projects
Files
Services
Classes
LEDtest
Header Files
Important Files
Linker Files
Source Files
Libraries
Loadables
Source Filesをクリックして選択状態にする。

▲図 13　ソースファイルの登録先を指定

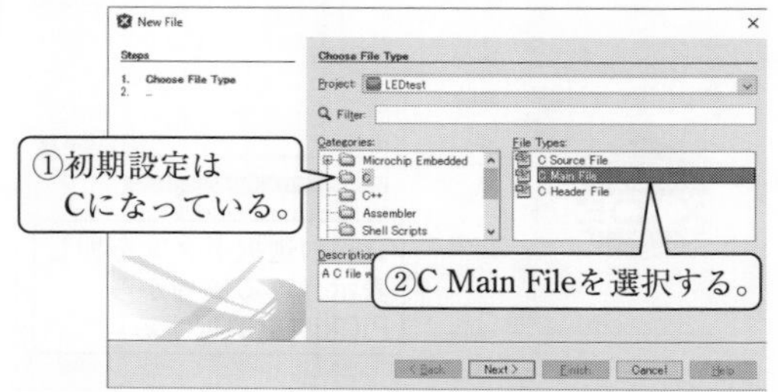

①初期設定はCになっている。
②C Main Fileを選択する。

▲図 14　ソースファイルの新規作成画面

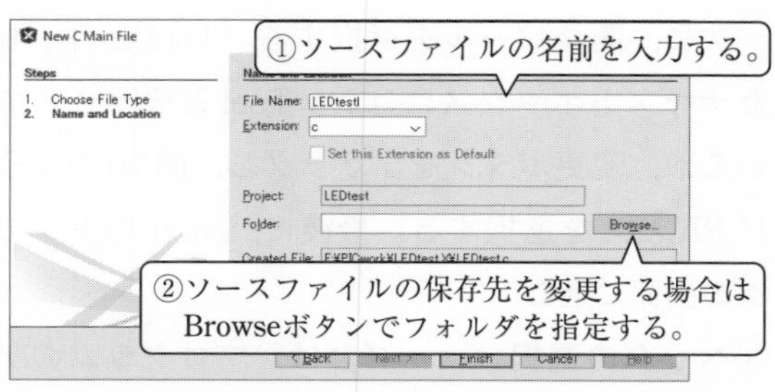

①ソースファイルの名前を入力する。
②ソースファイルの保存先を変更する場合はBrowseボタンでフォルダを指定する。

▲図 15　ファイル名と保存先の指定

この画面では，Cソースファイルのファイル名を指定する。ここでは，File Name:のテキストボックスに，プロジェクトと同じ名前のLEDtestと入力する。Cソースファイルの保存先は，プロジェクトフォルダLEDtestになっているので，そのままとする。保存場所を変更したい場合は，Browseボタンで保存先を指定できる。最後にFinishボタンで画面を閉じるとMPLAB X IDEのデスクトップ画面に戻り，Editorペインに編集画面が開く。この画面には，自動的に生成された「ひな形」が表示されるが，すべて削除し，図16のように，プログラムを入力する。

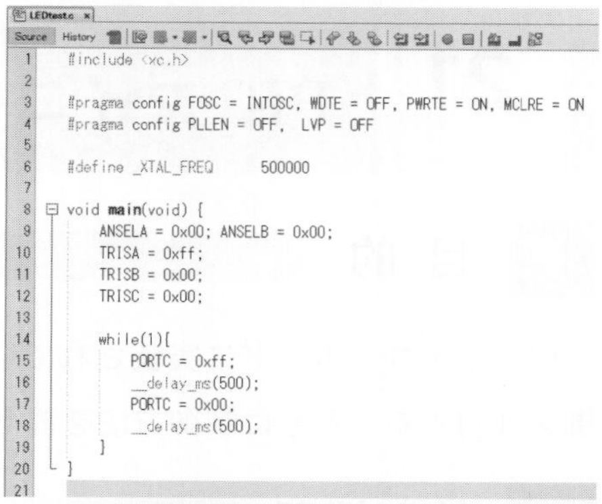

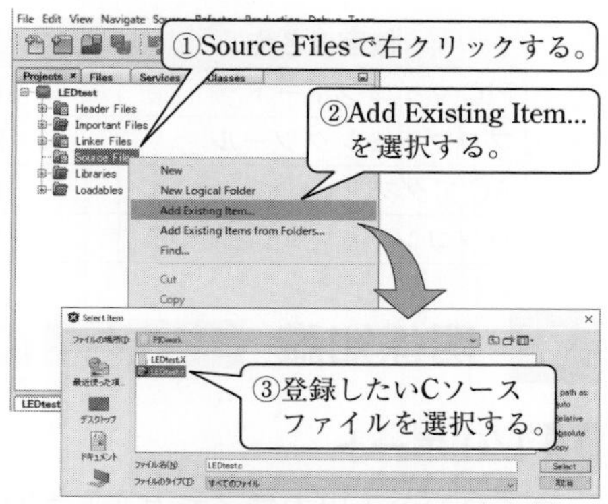

▲図16　編集画面でソースファイルの作成

(b) 既存のソースファイルを使う場合　すでに作成ずみのCソースファイルをプロジェクトに登録し，編集して使用する場合は，次のようにする。

ファイル領域のプロジェクト画面から，Source Filesを選択し，右クリックする。表示されるメニューから「Add Existing Item...(アイテムの追加)」を選択する。図17のようなブラウザが開くので，使用したいCソースファイルを選択し，Selectボタンをクリックして完了する。プロジェクト画面からSource Filesをダブルクリックしてフォルダを開くと，登録したCソースファイル名が表示されるので，ファイル名をダブルクリックすると，図16のような編集画面が開いてソースファイルの編集ができるようになる。

▲図17　既存のソースファイルの登録

⑦コンパイルと書込み，実行　ソースファイルの入力が完了したらコンパイルし，エラーがなければPICマイコンにプログラムを書き込んで実行する。MPLAB X IDEのツールバーには，図18のようなビルドアイコンが用意されている。多くの場合，実行ボタン(図18③)だけで「コンパイル・プログラムの書込み・プログラムの実行」までを1クリックで行えるので便利である。プログラムにエラーがなければ，書込みに移行し，マイコンのROMに正常に書込みが完了すると，図19のような「Programming/Verify complete」というメッセージが表示され，続けてプログラムが実行される。

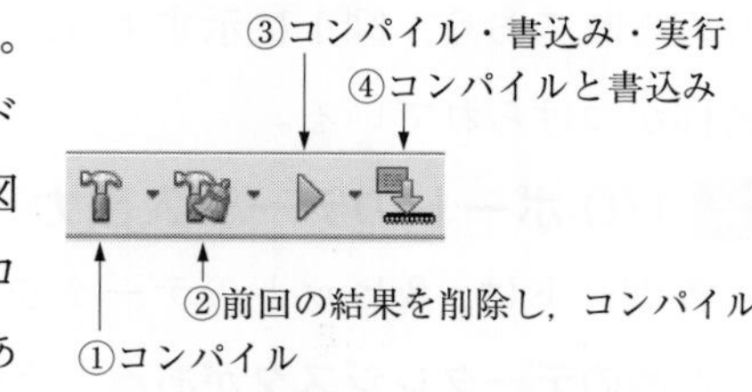

▲図18　ビルドアイコン

プログラムに誤りがある場合は，エラーメッセージがOutputウィンドウに表示されるので，メッセージを読んで修正し，再度，実行ボタンをクリックする。

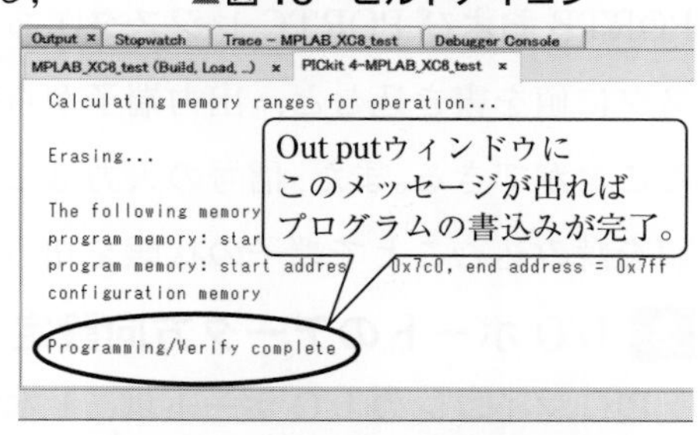

▲図19　プログラムの書込み完了

マイコン制御編

21 PIC マイコンによる LED 点灯制御

1 目 的

PIC マイコンボードに実装されている LED の点灯制御を通して，マイコンの入出力制御を理解するとともに制御方法を習得する。

2 使用機器

機器の名称	記号	定格など	数量
PIC マイコンボード		(実習 20 参照)	1
プログラミングツール		PICkit4 または PICkit3	1
AC アダプタ		DC9 V，1.3 A	1
パソコン		MPLAB X IDE ver6.0 以上，XC8 コンパイラ	1

3 関係知識

1 I/O ポート

マイコンの入出力端子をグループに分けたものを**ポート**または**I/O ポート**とよぶ。実習で使用する PIC マイコンボードには PIC16F1938 が用いられており，ポート A，ポート B，ポート C の 3 系統のポートが利用できる。各ポートは 8 ビットごとにまとめられており，図 1 に示すように，R ではじまる名称がつけられている。

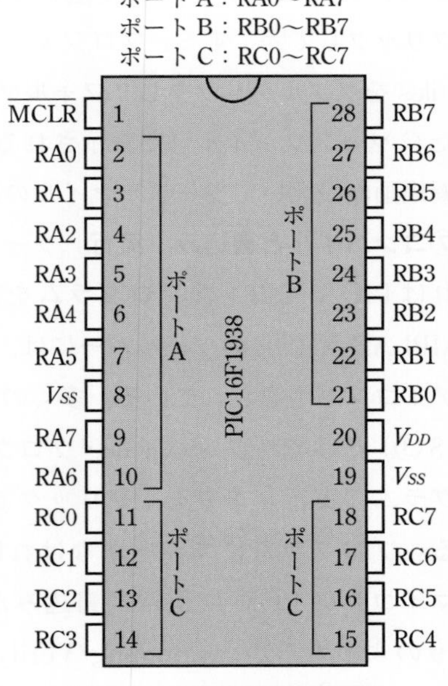

▲図 1　入出力端子の配置

2 I/O ポートのデータ入出力

各ポートは，8 ビットのデータを保持（記憶）するための**データレジスタ**がある。それぞれ PORTA，PORTB および PORTC レジスタがあり，このレジスタに値を書き込むと，出力端子から信号を出力することができる。また，信号の入力はこのレジスタの値を読み込むことで端子の状態を知ることができる。

3 I/O ポートのデータ方向設定

PIC マイコンの I/O ポートは，1 本ずつ独立に入力または出力として設定することができる。PIC マイコンでは I/O ポートのデータ方向を設定するレジスタとして **TRIS**(トリス) **レジスタ**がある。TRIS レジスタはポートごとに設けられており，ポート A のデータ方向は TRISA，ポート B のデータ方向は TRISB，ポート C のデータ方向は TRISC でそれぞれ設定する。

図 2 に，ポート A におけるデータ方向の設定例を示す。TRIS レジスタに 1 を設定すると，そのビットの端子は入力，0 を設定すると出力になる。リセット時には，すべてのビットが 1 に設定される。使用しない端子は不必要な信号の出力を防ぐため，1 を設定して入力端子にしておくとよい。

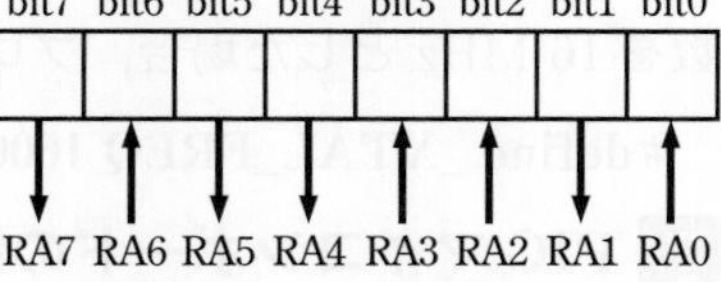

▲図 2　データ方向の設定例（ポート A）

4 I/O ポートのアナログ・ディジタル設定

PIC マイコンの I/O ポートの一部は，アナログ電圧の入力端子に設定し，A-D 変換や電圧比較を行うことができる。アナログ入力かディジタル入力かの設定を行うのが，**ANSEL レジスタ**である。このレジスタに 1 を設定するとアナログ入力，0 を設定すると通常の I/O ディジタル端子となる。PIC16F1938 では，ポート A とポート B の一部をアナログ入力端子として使用できる。

図 3 に，RA0 をアナログ入力，その他の端子をディジタル入力とした例を示す。TRISA レジスタで入力か出力を選択し，ANSELA レジスタでアナログかディジタルかを設定する。

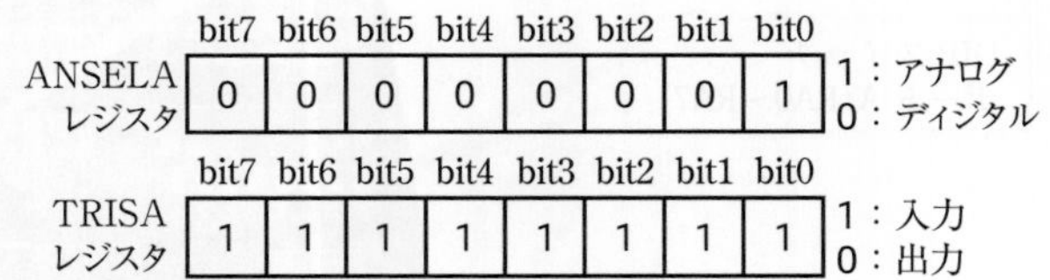

▲図 3　ANSELA レジスタと TRISA レジスタの設定例（ポート A）

＋ プラス 1　プログラムにおける 2 進数と 16 進数の記述

レジスタの各ビットに「1」または「0」をプログラムで設定するさいには，2 進数でも記述できるが，16 進数で記述することが多い。たとえば，プログラムで，ポート A の端子をすべて入力端子に設定，つまり，TRISA レジスタの各ビットに 1 を設定することを考えてみる。2 進数の場合は，先頭に 0b をつけて，「TRISA = 0b11111111;」とする。16 進数の場合は，先頭に 0x をつけて，「TRISA = 0xFF;」とする。ここで，2 進数の 11111111 を 10 進数で表すと，$1 \times 2^7 + 1 \times 2^6 + 1 \times 2^5 + 1 \times 2^4 + 1 \times 2^3 + 1 \times 2^2 + 1 \times 2^1 + 1 \times 2^0 = 255$ となり，これを 16 進数に変換すると，$255_{(10)} = 15 \times 16^1 + 15 \times 16^0 = \mathrm{FF}_{(16)}$ となる。

5 コンフィグレーションの設定

PIC マイコンにはコンフィグレーションとよばれる特別なレジスタがあり，マイコンの動作に必要なクロック発振器やリセット動作などの設定を行う必要がある。

6 遅延（時間待ち）処理

XC コンパイラでは，使用頻度が高い時間待ち関数として，__delay_ms（　）と __delay_us（　）を利用することができる。この関数は，CPU の命令サイクルに対して遅延処理を行うため，動作クロック周波数を定義しておく必要がある。マイコンの動作クロック周波数を 16 MHz とした場合，プログラム中に以下の定義を記述する。

#define _XTAL_FREQ 16000000　←マイコンの動作クロック周波数は 16 MHz という意味

7 PIC マイコンボードの制御対象と入出力端子名

図 4 は，本実習で使用するマイコンボードである。ポート A（RA0 ～ RA7）には DIP スイッチが接続されている。このうち，RA7 は DIP スイッチと並列にタクトスイッチが接続されている。ポート B（RB0 ～ RB7）とポート C（RC0 ～ RC7）にはそれぞれ 8 ポイントの LED アレイが接続されている。

▲図 4　PIC マイコンボードの制御対象と入出力端子名

8 スイッチ回路

スイッチ回路は，スイッチのオン・オフの状態をマイコンに入力するためのもので，マイコンの入力端子の電位を確定させるため，電源（＋5 V）の間に抵抗を入れる必要がある。この抵抗を**プルアップ抵抗**という。スイッチをオフにすると，図 5 (a)のように，RA0 端子は 5 V（「H」レベル）になり，スイッチをオンにすると，図 5 (b)のように，0 V（「L」レベル）になる。

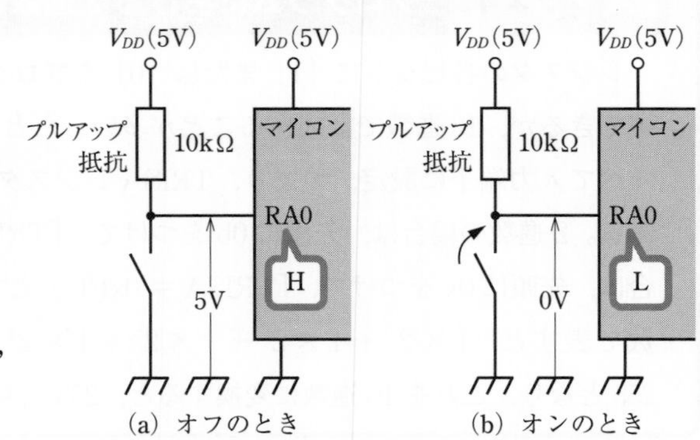

▲図 5　スイッチ回路の動作

4 プログラミング

1 LED 点灯制御 1（交互点滅）

ポートCのRC0とRC1に接続されているLEDを交互に500 msずつ点滅させてみよう。この動作はプログラム1で実現できる。

図6は，プログラム1のタイムチャートである。RC0，RC1は，500 ms間隔で5 Vと0 Vを交互に出力し，5 V（「H」）のときにLEDが点灯し，0 V（「L」）のときに消灯する。

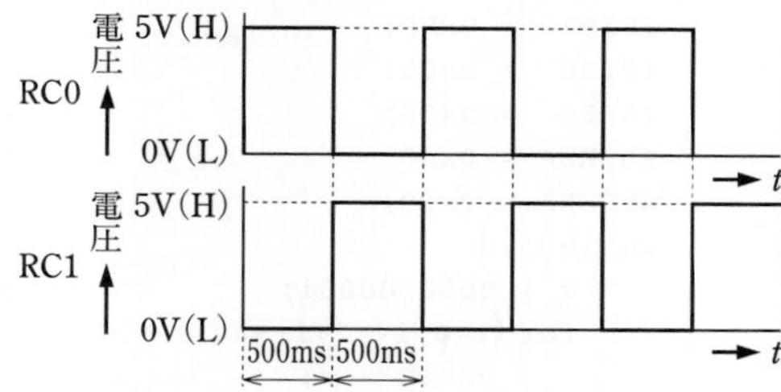

▲図6　プログラム1のタイムチャート

●プログラム＿1

```
//------------ PICマイコンに関する各種設定 --------------------------------//
#include <xc.h>                    // ヘッダファイル
#pragma config FOSC=INTOSC,PLLEN=OFF,MCLRE=OFF,WDTE=OFF // コンフィグレーションの設定
#define _XTAL_FREQ 16000000    // 動作クロック周波数設定（delay関数用）
//----------------------------- メイン関数 --------------------------------//
void main(void){
    OSCCON = 0b01111000;              // 発振器設定  動作クロック周波数 Fosc = 16MHz
    PORTA  = 0xFF;                    // ポートAの初期値はすべて1にする
    PORTB  = 0x00;                    // ポートBの初期値はすべて0にする
    PORTC  = 0x00;                    // ポートCの初期値はすべて0にする
    TRISA  = 0xFF;                    // ポートAはすべて入力端子に設定
    TRISB  = 0x00;                    // ポートBはすべて出力端子に設定
    TRISC  = 0x00;                    // ポートCはすべて出力端子に設定
    ANSELA = 0x00;                    // ポートAはすべてディジタルI/Oに設定
    ANSELB = 0x00;                    // ポートBはすべてディジタルI/Oに設定
    while(1){                         // 無限ループ
        RC0 = 1;                      // ポートC RC0にHIGHを出力
        RC1 = 0;                      // ポートC RC1にLOWを出力
        __delay_ms(500);              // 500ms待ち処理
        RC0 = 0;                      // ポートC RC0にLOWを出力
        RC1 = 1;                      // ポートC RC1にHIGHを出力
        __delay_ms(500);              // 500ms待ち処理
    }
}
```

2 LED 点灯制御 2（順次点滅）

図7に示すように，ポートCのRC0～RC7に接続されているLEDをRC0から250 ms間隔で順次点滅させてみよう。この動作はプログラム2で実現できる。

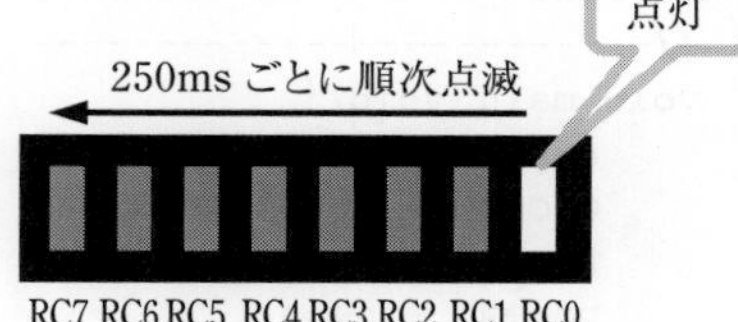

▲図7　プログラム2の動作

●プログラム＿2

```
//------------ PICマイコンに関する各種設定 --------------------------------//
#include <xc.h>                    // ヘッダファイル
#pragma config FOSC=INTOSC,PLLEN=OFF,MCLRE=OFF,WDTE=OFF // コンフィグレーションの設定
#define _XTAL_FREQ 16000000    // 動作クロック周波数設定（delay関数用）
```

マイコン制御編

```
//----------------------------- メイン関数 --------------------------------//
void main(void){
    unsigned char i, k;                    // 変数i,kを符号なしchar型で宣言
    OSCCON = 0b01111000;                   // 発振器設定　動作クロック周波数 Fosc = 16MHz
    PORTA  = 0xFF;                         // ポートAの初期値はすべて1にする
    PORTB  = 0x00;                         // ポートBの初期値はすべて0にする
    PORTC  = 0x00;                         // ポートCの初期値はすべて0にする
    TRISA  = 0xFF;                         // ポートAはすべて入力端子に設定
    TRISB  = 0x00;                         // ポートBはすべて出力端子に設定
    TRISC  = 0x00;                         // ポートCはすべて出力端子に設定
    ANSELA = 0x00;                         // ポートAはすべてディジタルI/Oに設定
    ANSELB = 0x00;                         // ポートBはすべてディジタルI/Oに設定
    while(1){                              // 無限ループ
        k = 0b00000001;                    // 変数kの初期値
        for(i=0;i<=7;i++){                 // for文による繰り返し処理
            PORTC = k;                     // ポートCに変数kの内容を出力
                k = k<<1;                  // 変数kの内容を1ビット左シフト
            __delay_ms(250);               // 250ms待ち処理
        }
    }
}
```

3 LED 点灯制御 3（LED 点滅パターンの切換）

ポートCのRC0～RC7に接続されているLEDの点滅パターンをタクトスイッチ（RA7）の操作によって切り換える。タクトスイッチが押されているときは図8(a)のように，押していないときは図8(b)のようにLEDを点滅させてみよう。この動作はプログラム3で実現できる。

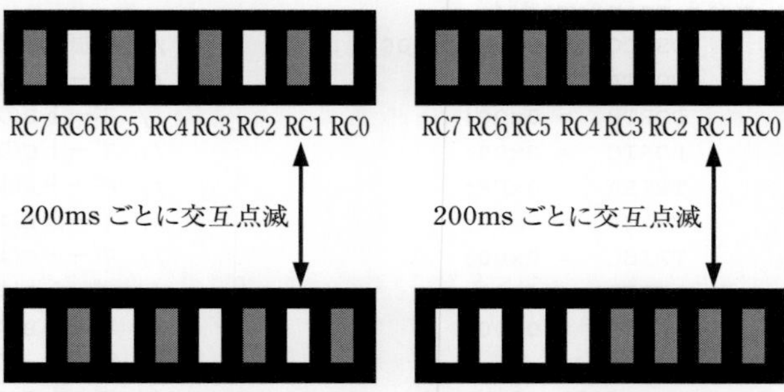

▲図8　プログラム3の動作

●プログラム＿3

```
//------------ PICマイコンに関する各種設定 -----------------------------------//
#include <xc.h>                   // ヘッダファイル
#pragma config FOSC=INTOSC,PLLEN=OFF,MCLRE=OFF,WDTE=OFF // コンフィグレーションの設定
#define _XTAL_FREQ 16000000     // 動作クロック周波数設定（delay関数用）
//----------------------------- メイン関数 --------------------------------//
void main(void){
    unsigned char i, k;                    // 変数i,kを符号なしchar型で宣言
    OSCCON = 0b01111000;                   // 発振器設定　動作クロック周波数 Fosc = 16MHz
    PORTA  = 0xFF;                         // ポートAの初期値はすべて1にする
    PORTB  = 0x00;                         // ポートBの初期値はすべて0にする
    PORTC  = 0x00;                         // ポートCの初期値はすべて0にする
    TRISA  = 0xFF;                         // ポートAはすべて入力端子に設定
    TRISB  = 0x00;                         // ポートBはすべて出力端子に設定
    TRISC  = 0x00;                         // ポートCはすべて出力端子に設定
    ANSELA = 0x00;                         // ポートAはすべてディジタルI/Oに設定
    ANSELB = 0x00;                         // ポートBはすべてディジタルI/Oに設定
```

```
        while(1){                                // 無限ループ
            if(PORTA == 0b01111111){             // ポートAタクトスイッチ(RA7)が押されているとき
                PORTC = 0b01010101;              // ポートCにLED制御データを出力
                __delay_ms(200);                 // 200ms待ち処理
                PORTC = 0b10101010;              // ポートCにLED制御データを出力
                __delay_ms(200);                 // 200ms待ち処理
            }
            else {                               // ポートAタクトスイッチ(RA7)が押されていないとき
                PORTC = 0b11110000;              // ポートCにLED制御データを出力
                __delay_ms(200);                 // 200ms待ち処理
                PORTC = 0b00001111;              // ポートCにLED制御データを出力
                __delay_ms(200);                 // 200ms待ち処理
            }
        }
    }
```

5 プログラムの実行と変更

●プログラム＿1

① プログラム1を実行し，動作を確認する。

② ポートCのRC6とRC7に接続したLEDが，交互に点滅するように制御プログラムを変更し，動作を確認する。

③ LEDの点滅時間が250 msになるように制御プログラムを変更し，動作を確認する。

●プログラム＿2

① プログラム2を実行し，動作を確認する。

② LEDをポートCのRC7から250 ms間隔で順次点滅（①と逆方向）するようにプログラムを変更し，動作を確認してみよう。

③ for文による繰り返し処理をwhile文による繰り返し処理に変更し，動作を確認する。

●プログラム＿3

① プログラム3を実行し，動作を確認する。DIPスイッチはすべてオフにする。

② if文による条件判断処理をswitch文による条件判断処理に変更し，動作を確認する。

6 結果の検討

[1] ポートBに接続されたLEDを制御するには，どのような処理が必要か考えてみよう。

[2] プログラム3の流れ図を描いてみよう。

[3] LED点灯パターンを4パターンに増やし，DIPスイッチ1・2を使って切り換えられるプログラムを考えてみよう。

22 PICマイコンによるDCモータの速度制御

1 目的

PICマイコンに内蔵される周辺機能であるCCPモジュール（PWM機能）やA-D変換モジュールを活用し，DCモータの回転速度をPWMによって制御する方法について学ぶ。

2 使用機器

機器の名称	記号	定格など	数量
PICマイコンボード		（実習20参照）	1
プログラミングツール		PICkit4またはPICkit3	1
ACアダプタ		DC9 V，1.3 A	1
パソコン		MPLAB X IDE ver6.0以上，XC8コンパイラ	1
ブレッドボード，ジャンプワイヤ			1
可変抵抗器	VR	10 kΩ（p.48参照）	1
積層セラミックコンデンサ	C_1	0.1 μF	1
電解コンデンサ	C_3	470 μF/16 V	1
炭素皮膜抵抗	R_4	200 Ω	1
炭素皮膜抵抗	R_5	100 Ω	1
炭素皮膜抵抗	R_6	100 kΩ	1
発光ダイオード	LED_1	ϕ3，黄色	1
圧電スピーカ	BZ	PKM13EPYH4000-A0	1
整流用ショットキー接合ダイオード	SBD	SB340LS，40 V，3 A	1
nチャネルパワーMOS FET	TR_1	2SK4017，60 V，5 A	1
ターミナルブロック	CN_4	2ピン	1
DCモータ	DCM	FE130AV-2270-38-R	1
ディジタルオシロスコープ			1
リボンケーブル		10芯，コネクタ付き	1

3 関係知識

1 PWM制御

PWM（pulse width modulation）制御は，図1(a)に示す回路において，スイッチを一定の周期Tの中でオンの時間とオフの時間の比率を変えることにより，平均電圧（出力電圧）を調整する技術である。

図1(b)において，オンの時間が長いと，平均電圧V_Oが大きくなり，逆に，オンの時間が短いと平均電圧V_Oは小さくなる。周期Tに対してパルス幅τが占める割合を**デューティ比**といい，式(1)のように表される。また，出力電圧V_Oは，デューティ比Dと入力電圧V_{IN}

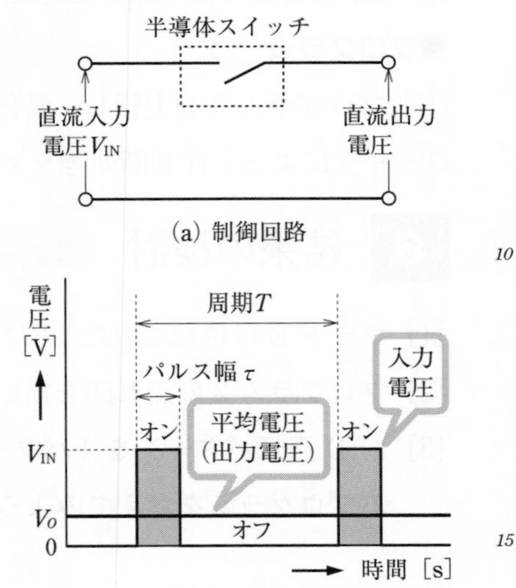

▲図1　PWM制御の原理

より，式 (2) のように表される。

$$\text{デューティ比} \qquad D = \frac{\tau}{T} \times 100\ [\%] \tag{1}$$

$$\text{PWMの出力電圧} \quad V_O = V_{\text{IN}} \frac{D}{100}\ [\text{V}] \tag{2}$$

2 CCPモジュール（PWM機能）

PICマイコンに内蔵されているモジュールの一つに，CCP（capture compare pwm）モジュールがあり，この機能の一つとしてPWMがある。

PICマイコンボードに搭載されているPIC16F1938には，5系統のCCPモジュールがあり，本実習では，ポートCのRC2に割り当てられているCCP1を使用する。

図2に，CCP1をPWM機能に設定した場合の内部ブロックを示す。周期 T の時間をつくる**周期カウント部**とパルス幅 τ の時間をつくる**デューティカウント部**などで構成されている。

PWM機能は，マイコンの動作クロックによってカウントアップ動作するタイマ2カウンタレジスタ（以下，TMR2）の値から，周期 T とパルス幅 τ の時間をつくり出している。

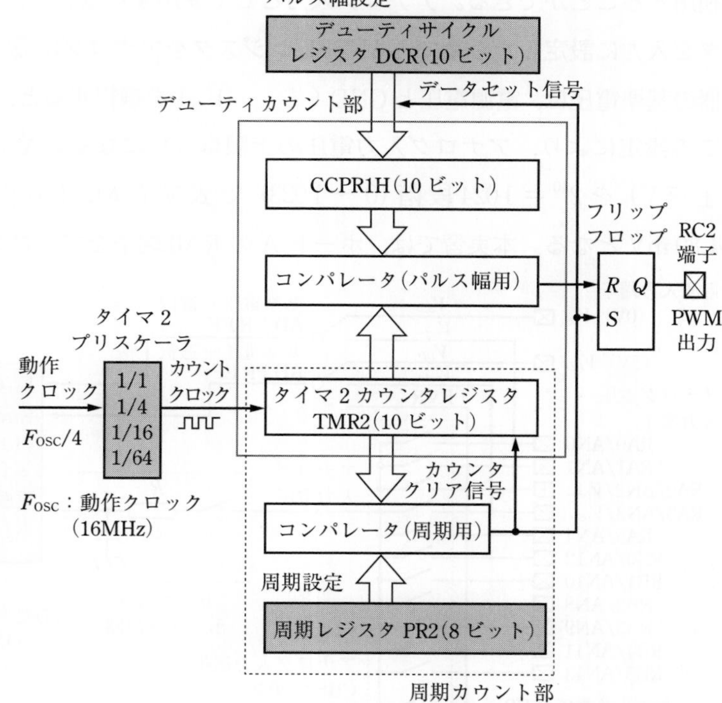

▲図2　CCPモジュール（PWM機能）の内部ブロック

①周期 T の生成　周期カウント部の周期レジスタ（以下，PR2）には，周期に相当する値を設定する。この設定値は，TMR2の値とコンパレータで比較され，TMR2のカウントアップされた値と一致したとき，1周期が完了したことになり，TMR2カウンタが0にクリアされるとともに，PWM出力は「1」にセットされる。

②パルス幅 τ の生成　デューティカウント部のデューティサイクルレジスタ（以下，DCR）には，パルス幅に相当する値を設定する。この設定値は，TMR2が0にクリアされるタイミングで，DCRからCCPR1Hレジスタにコピーされる。このレジスタの値とTMR2の値は，コンパレータで比較され，両者が一致したとき，パルス幅 τ の時間が完

了したことになり，PWM 出力は「0」にクリアされる。パルス周期 T とパルス幅 τ は，式 (3)，式 (4) で求めることができる。

$$\text{周期}\quad T = (PR2 + 1) \times 4 \times \frac{1}{F_{\mathrm{OSC}}} \times T2PR\ [\mathrm{s}] \qquad (3)$$

$$\text{パルス幅}\quad \tau = DCR \times \frac{1}{F_{\mathrm{OSC}}} \times T2PR\ [\mathrm{s}] \qquad (4)$$

F_{OSC}：動作クロック周波数 16 MHz，$PR2$：周期レジスタの設定値 (0 ～ 255)，
$T2PR$：プリスケーラの設定値 (1，4，16，64 のいずれか)，
DCR：デューティサイクルレジスタの設定値 (0 ～ 1023)

3 A-D 変換モジュール

PIC16F1938 がもつ A-D 変換モジュールは，10 ビットの逐次比較型の A-D 変換器が使われており，図 3 のような構成になっている。最大で 11 チャネルのアナログ電圧入力端子を利用することができる。アナログ入力として使用する場合は，該当する端子の TRIS レジスタを入力に設定したうえで，ANSEL レジスタをアナログに設定する必要がある。A-D 変換器の基準電圧は，電源電圧と GND ($V_{DD} - V_{SS}$) を選択すると，5 V に設定することができる。この設定により，アナログ入力電圧の上限は 5 V になる。A-D 変換器の分解能は，基準電圧 (5 V) を $2^{10} = 1024$ 段階 (0 ～ 1023) で表すため，1 カウントあたり 5 V ÷ 1023 = 4.89 mV となる。本実習では，ポート A の RA0 端子をアナログ入力 AN0 として使用する。

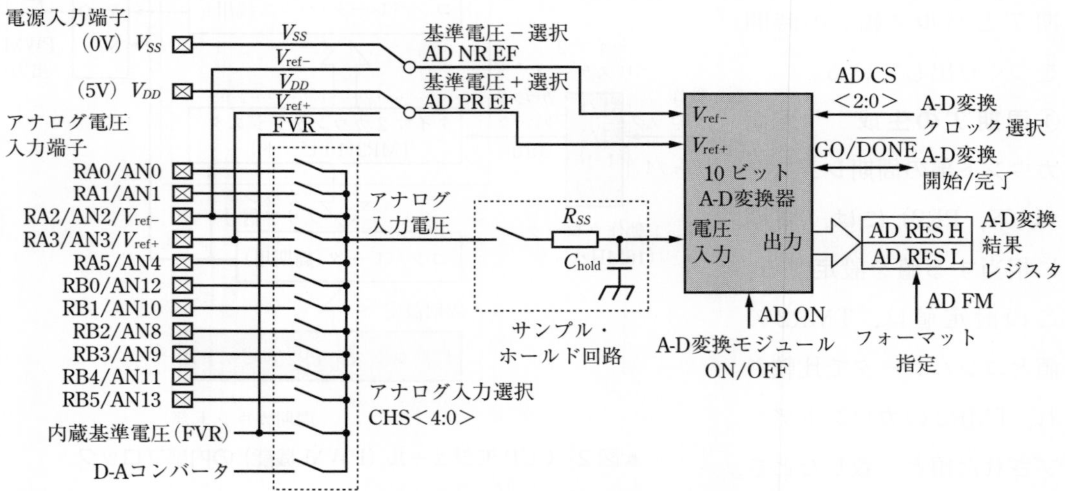

▲図 3　PIC16F1938 の A-D 変換モジュールの構成

4 実験回路の結線

① ブレッドボード上に，図 4 (a)に示す実験回路を製作する。実体配線図を図 4 (b)に示す。

② ①で製作した実験回路と PIC マイコンボードをジャンプワイヤで接続する。

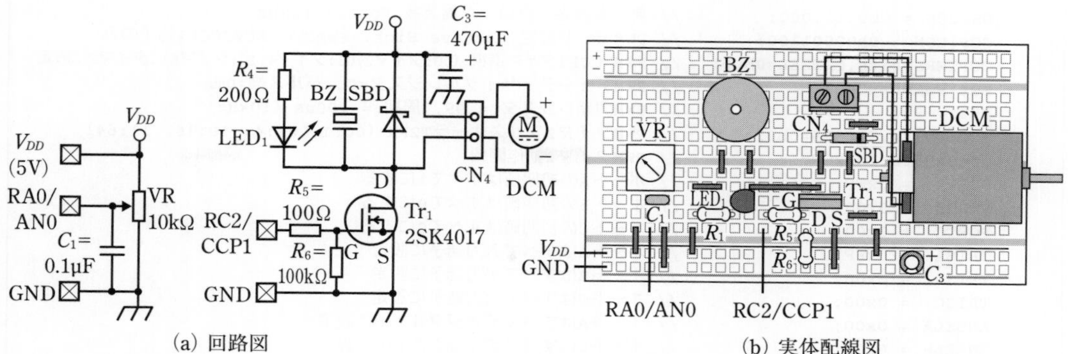

▲図 4　実験回路

5　プログラミング

1 LED の明るさとモータの回転制御

PWM の周期 T を 100 μs (10 kHz) とし，デューティ比が 0 ~ 100% となるよう DCR の値を for 文で変化させ，LED_1 の明るさとモータの回転速度が徐々に変化することを確認する。プリスケーラの設定値 ($T2PR$) は 4，動作クロック周波数 F_{OSC} は 16 MHz とする。

①周期の設定：周期レジスタ ($PR2$) の計算　周期レジスタ $PR2$ の値は，式 (3) を変形して，次のようになる。

$$PR2 = \frac{T \times F_{OSC}}{4 \times T2PR} - 1 = \frac{100 \times 10^{-6} \times 16 \times 10^6}{4 \times 4} - 1 = 99$$

②パルス幅の設定：デューティサイクルレジスタ (DCR) の計算　DCR に設定できる最大値 DCR_{max} は，デューティ比 100% (パルス幅 τ = 周期 T) のときの値であり，式 (5) で求めることができる。また，任意のデューティ比 D における DCR の設定値は，式 (6) で求めることができる。

$$DCR_{max} = (PR2 + 1) \times 4 \qquad (5)$$

$$DCR = DCR_{max} \frac{D}{100} = (PR2 + 1) \times 4 \times \frac{D}{100} \qquad (6)$$

たとえば，$D = 50\%$ にしたい場合，DCR の設定値は，次のようになる。

$$DCR = (PR2 + 1) \times 4 \times \frac{D}{100} = (99 + 1) \times 4 \times \frac{50}{100} = 200$$

●プログラム＿1

```
//------------ PICマイコンに関する各種設定 ----------------------------------//
#include <xc.h>                    // ヘッダファイル
#pragma config FOSC = INTOSC,PLLEN=OFF, MCLRE=OFF,WDTE=OFF // コンフィグレーションの設定
#define _XTAL_FREQ 16000000        // クロック周波数設定 (delay関数用)
//------------ プロトタイプ宣言とグローバル変数 ----------------------------//
void set_PwmDutyCycle(unsigned int DutyCycle);
unsigned int dcr;
//----------------------------- メイン関数 ----------------------------------//
void main(void){
```

```
    OSCCON = 0b01111000;          // 発振器設定　クロック周波数 Fosc = 16MHz
    CCP1CON = 0b00001100;         // PWMモード設定, Active-High, PWM出力 RC2/CCP1端子のみ
    CCPTMRS0bits.C1TSEL=0b00;     // PWM CCP1タイマ選択 (00:タイマ2,01:タイマ4,10:タイマ6),タイマ2に設定
    set_PwmDutyCycle(0);          // PWMデューティサイクルレジスタ=0, パルス幅=0ms
    PR2 = 99;                     // PWM周期レジスタ = 99, 周期 = 100us (10kHz)
    T2CONbits.T2CKPS=0b01;        // PWMタイマ2プリスケーラT2PR (00:1, 01:4, 10:16, 11:64)
    T2CONbits.TMR2ON=1;           // PWMタイマ2動作開始
    PORTA  = 0xFF;                // ポートAの初期値はすべて1にする
    PORTB  = 0x00;                // ポートBの初期値はすべて0にする
    PORTC  = 0x00;                // ポートCの初期値はすべて0にする
    TRISA  = 0xFF;                // ポートAはすべて入力端子に設定
    TRISB  = 0x00;                // ポートBはすべて出力端子に設定
    TRISC  = 0x00;                // ポートCはすべて出力端子に設定
    ANSELA = 0x00;                // ポートAはすべてディジタルI/Oに設定
    ANSELB = 0x00;                // ポートBはすべてディジタルI/Oに設定
    while(1){                                 // 無限ループ
        for(dcr = 400; dcr > 0; dcr--){
            set_PwmDutyCycle(dcr);            // PWM デューティサイクルレジスタ400～0まで変化
            __delay_ms(5);                    // 5ms待ち処理
        }
        __delay_ms(1000);                     // 1000ms待ち処理
    }
}
//------------ PWM デューティサイクルレジスタ設定 --------------------------//
void set_PwmDutyCycle(unsigned int DutyCycle){
    CCPR1L = (unsigned char)(DutyCycle >> 2);               // デューティサイクル 上位 8bit
    CCP1CONbits.DC1B = (unsigned char)(DutyCycle&0x0003); // デューティサイクル 下位 2bit
}
```

2 可変抵抗器を用いたLEDの明るさ調整とモータの回転速度制御

PWM制御により，LED_1の明るさとモータの回転速度を可変抵抗器によって制御するプログラムを作成する。デューティ比の設定は，可変抵抗器の電圧をA-D変換し，*DCR*の値（0～400）に換算した値を使用すること。ただし，PWMの周期*T*は100 μsとする。なお，RA0をアナログ入力にする場合，図5のように，RA0の短絡ソケットの位置を変更すること。

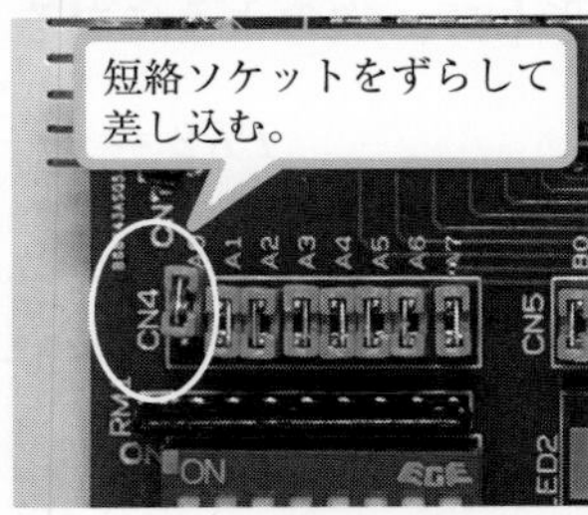
短絡ソケットをずらして
差し込む。
CN4
CN5

▲図5　短絡ソケットの設定

●プログラム＿2

```
//------------ PICマイコンに関する各種設定 --------------------------------//
#include <xc.h>                          // ヘッダファイル
#pragma config FOSC=INTOSC,PLLEN = OFF, MCLRE=OFF,WDTE=OFF // コンフィグレーションの設定
#define _XTAL_FREQ 16000000              // クロック周波数設定 (delay関数用)
//------------ プロトタイプ宣言とグローバル変数 ---------------------------//
void set_PwmDutyCycle(unsigned int DutyCycle);
unsigned int get_AN0(void);
unsigned int dcr;
unsigned int ad0;
//------------------------------ メイン関数 ------------------------------//
void main(void){
    OSCCON = 0b01111000;          // 発振器設定 クロック周波数 Fosc = 16MHz
    CCP1CON = 0b00001100;         // PWMモード設定, Active-High, PWM出力 RC2/CCP1/P1A端子のみ
    set_PwmDutyCycle(0);          // PWMデューティサイクルレジスタ = 0
    PR2 = 99;                     // PWM周期レジスタ = 99
    T2CONbits.T2CKPS = 0b01;      // PWMタイマ2プリスケーラT2PR (00:1, 01:4, 10:16, 11:64)
    T2CONbits.TMR2ON = 1;         // PWMタイマ2動作開始
    PORTA  = 0xFF;                // ポートAの初期値はすべて1にする
    PORTB  = 0x00;                // ポートBの初期値はすべて0にする
    PORTC  = 0x00;                // ポートCの初期値はすべて0にする
```

```
    TRISA  = 0xFF;                // ポートAはすべて入力端子に設定
    TRISB  = 0x00;                // ポートBはすべて出力端子に設定
    TRISC  = 0x00;                // ポートCはすべて出力端子に設定
    ANSELA = 0x01;                // ポートA RA0はアナログ，その他はディジタルI/Oに設定
    ANSELB = 0x00;                // ポートBはすべてディジタルI/Oに設定
    ADCON1 = 0b11010000;          // A-D 変換結果:右詰め，クロック:Fosc/16，参照電圧:Vss-VDD
    ADCON0 = 0b00000001;          // A-D チャンネル:AN0，ADCモジュール:ON
    while(1){                                  // 無限ループ
        ad0 = get_AN0();                       // AN0 A-D変換値の読み込み(0～1023)
        dcr = (unsigned int)(((unsigned long)ad0*400)/1023); // A-D値をデューティサイクルレジスタ値へ換算
        set_PwmDutyCycle(dcr);                 // PWMデューティサイクルレジスタ(0～400)
        __delay_ms(200);                       // 200ms待ち処理
    }
}
//------------------------------ PWM デューティサイクルレジスタ設定 -----------//
void set_PwmDutyCycle(unsigned int DutyCycle){
    CCPR1L = (unsigned char)(DutyCycle >> 2);                 // デューティサイクル 上位 8bit
    CCP1CONbits.DC1B = (unsigned char)(DutyCycle&0x0003);     // デューティサイクル 下位 2bit
}
//------------------------------ A-D 変換結果 読み取り(AN0) ----------------//
unsigned int get_AN0(void){
    unsigned int Value;
    ADCON0bits.GO_nDONE = 1;                            // A-D変換開始
    while(ADCON0bits.GO_nDONE);                         // A-D変換完了待ち
    Value = (unsigned int)((ADRESH<<8) | ADRESL);       // A-D変換結果の格納
    __delay_us(20);                                     // アクイジション時間
    return Value;                                       // 戻り値
}
```

6 プログラムの実行と波形の観測

●プログラム＿1

① プログラム1を実行し，動作を確認しなさい。

●プログラム＿2

① プログラム2を実行し，可変抵抗器を操作してパルス幅を変化させたとき，LED_1 の明るさとモータの回転速度がどのように変化したか確認し，記入しなさい。

② ポートCのRC2端子をディジタルオシロスコープでPWM波形を観測する。PWM波形をみながらパルス幅を調整し，デューティ比 $D = 25\%$ と 75% に設定したとき，それぞれの波形を記録しなさい。

7 結果の検討

[1] 960 Hzと770 Hzの周波数の音を650 msごとに発生させて，救急車のサイレンを圧電スピーカから鳴動させたい。それぞれの音の周期 T と $PR2$ の値を計算してみよう。ただし，プリスケーラの設定値（$T2PR$）は64，動作クロック周波数 F_{OSC} は16 MHzとする。また，圧電スピーカを鳴動させるためにはデューティ比を50%に設定する必要がある。パルス幅に相当する DCR の設定値も計算してみよう。

[2] PWM波形のパルス幅とモータの回転速度の関係について考察してみよう。

23 PIC マイコンによるモータドライバ IC を活用した回転速度制御

1 目的

モータドライバ IC と PIC マイコンを組み合わせ，モータの回転方向や回転速度を制御する方法を理解し，DC モータをマイコンで制御する技術を習得する。

2 使用機器

機器の名称	記号	定格など	数量
DC モータ	M	タミヤ　FA-130 タイプ	1
モータドライバ IC	U_1	BD6211F (SOP-DIP 化変換基板実装済)	1
炭素皮膜抵抗	R_1	10 kΩ，± 5%，1/4 W	2
炭素皮膜抵抗	R_2	4.7 kΩ，± 5%，1/4 W	1
炭素皮膜抵抗	R_3	100 Ω，± 5%，1/4 W	1
積層セラミックコンデンサ	C_1	1 µF，50 V	1
電解コンデンサ	C_2	100 µF，25 V	1
積層セラミックコンデンサ	C_3	0.1 µF，50 V	1
積層セラミックコンデンサ	C_4	0.01 µF，50 V	1
実習 22 で製作する実験回路			
使用機器や部品など	パソコン (MPLAB X IDE ver6.0 以上，XC8 C-Compiler ver2.0 以上)，PIC ライタ，AC アダプタ (DC9V-2A)，PIC マイコンボード (実習 20 で製作したもの)，ブレッドボード，ジャンプワイヤ，リボンケーブル (10 芯，コネクタ付き)		

3 関係知識

1 H ブリッジ回路とモータドライバ IC

DC モータの回転方向は，モータに流れる電流の向きによって決まる。このため，電源と DC モータを単純に接続しただけの回路では，DC モータの回転の向きは一方向だけである。一方，トランジスタまたは FET と DC モータを図 1 のように構成した H ブリッジ回路を使うと，DC モータ (または電源) の接続の向きを逆にすることなく，DC モータに

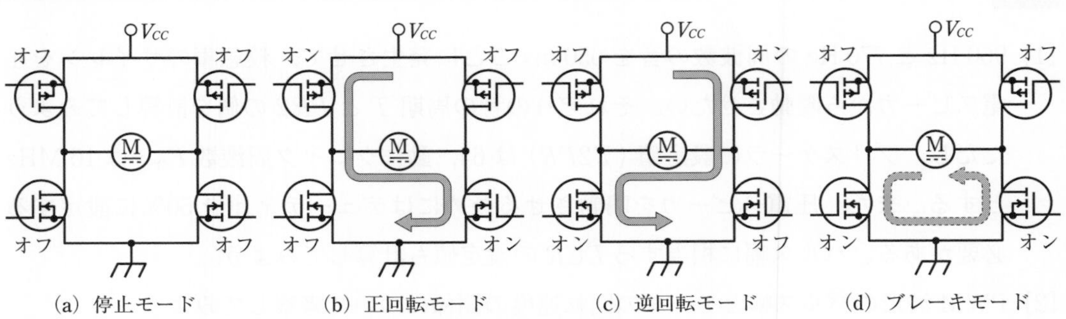

(a) 停止モード　(b) 正回転モード　(c) 逆回転モード　(d) ブレーキモード

▲図 1　H ブリッジ回路

流れる電流の向きを切り換えることができ，正回転，逆回転，ブレーキなどの動作を行うことができる。

本実習では，PIC マイコンボードと，H ブリッジ回路などが集積化されたモータドライバ IC (BD6211F) を組み合わせ，DC モータの制御を行う。図 2 に，モータドライバ IC (BD6211F) の外観および端子名と機能を示す。表 1 は，制御入力端子 (FIN，RIN) と出力端子 (OUT1，OUT2) の真理値表である。

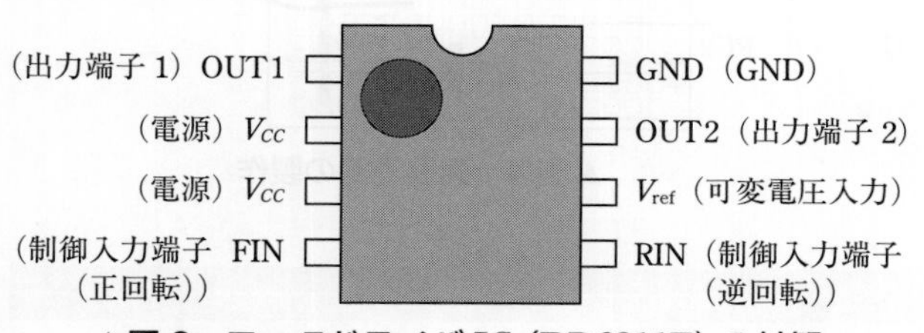

▲図 2　モータドライバ IC (BD6211F) の外観および端子名と機能

▼表 1　制御入力端子と出力端子の真理値表

入力端子		出力端子		出力状態
FIN	RIN	OUT1	OUT2	
L	L	OPEN	OPEN	停止
H	L	H	L	正回転
L	H	L	H	逆回転
H	H	L	L	ブレーキ

2 可変電圧入力端子 (V_{ref}) による DC モータの速度制御

モータドライバ IC (BD6211F) には，可変電圧入力端子 (V_{ref}) によって，PWM のデューティ比を変えて DC モータの電圧を調整する機能がある。▶p.122 V_{ref} 端子の電圧を 0 V ～ V_{CC} (＋5 V) の範囲で変化させると，BD6211F の出力端子の PWM のデューティ比を約 20 ～ 100％まで調整することができる。このとき，PWM 周期 (周波数) は，40 μs (25 kHz) に固定される。

図 3 は，V_{ref} 端子を使って DC モータの回転速度制御を行う回路である。PIC マイコンボードの RC2 端子 (ポート C) から 10 kHz (周期 100 μs) の PWM 信号を出力し，プログラムによってデューティ比を 0 ～ 100％の範囲で変化させることにより，V_{ref} 端子の平均電圧を 0 V ～ V_{CC} (＋5 V) に調整している。つまり，RC2 端子の PWM 信号のデューティ比を調整することにより，DC モータの回転速度制御を行うことができる。なお，ローパスフィルタ (LPF) は，RC2 端子から出力される PWM 信号を，ほぼ完全な直流電圧に変換するための平滑回路である。

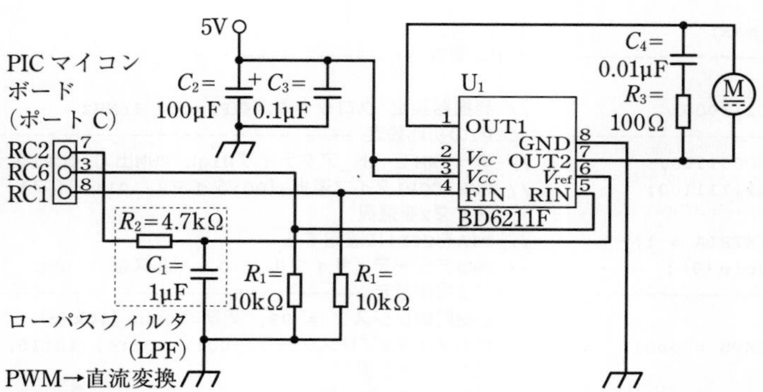

▲図 3　V_{ref} 入力端子による DC モータの速度制御の実験回路

4 実験回路の製作

① ブレッドボード上に，図3の実験回路を図4のように製作する。

② ①で製作した実験回路とPICマイコンボード（＋5V，GND，RC1，RC2，RC6）を，ジャンプワイヤとリボンケーブルを用いて接続する。

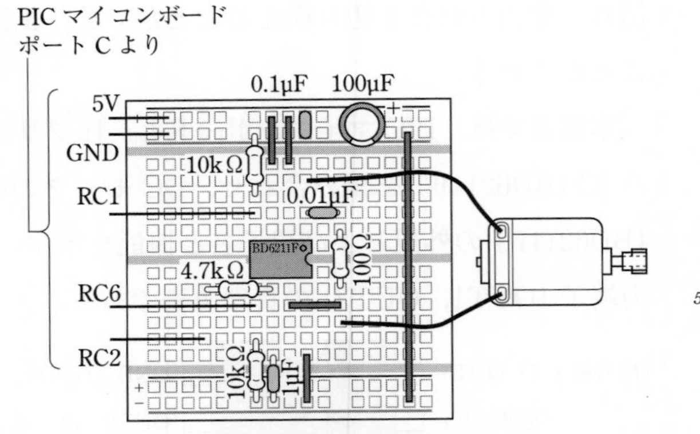

▲図4 実験回路の製作

5 プログラミング

1 DIP スイッチを使ったDC モータの回転方向の切換と V_{ref} 端子による速度制御

① CCP1とタイマ2の設定を行う。▶ p.125

② DIP スイッチの状態（オンとオフ）によって，DC モータの回転方向（正回転と逆回転）と回転速度を，表2のように制御する。ただしPWMの周期は100 μsとする（p.125 式(5)，式(6)参照）。

③ DIP スイッチ（RA1 ～ RA4）がすべてオフのときは，DC モータを停止状態にする。

▼表2 DC モータの回転方向と回転速度（デューティ比）の制御

入力状態	RA1のみオン	RA2のみオン	RA3のみオン	RA4のみオン
出力状態（デューティ比）	正回転（100%）	正回転（50%）	逆回転（100%）	逆回転（50%）

●プログラム＿1

```
//------------------------ PICマイコンに関する各種設定 --------------------------//
#include <xc.h>                    // ヘッダファイル
#pragma config FOSC = INTOSC, WDTE = OFF, MCLRE = OFF, PLLEN = OFF // コンフィグレーションの設定
#define _XTAL_FREQ 16000000       // クロック周波数設定（delay関数用）
//---------------------- プロトタイプ宣言とグローバル変数 -------------------------//
void set_PwmDutyCycle(unsigned int DutyCycle);
unsigned int dcr;
unsigned int dcr_max;
//-------------------------------- メイン関数 ---------------------------------//
void main(void){
    OSCCON = 0b01111000;           // 発振器設定 クロック周波数Fosc = 16MHz
    //----------------------------- CCP1の初期設定 ----------------------------//
    CCP1CON = 0b00001100;          // 単一PWMモード_アクティブHigh PWM出力 CCP1端子(RC2)のみ
    CCPTMRS0 = 0b11111100;         // PWM CCP1タイマ選択 (00:タイマ2, 01:タイマ4, 10:タイマ6),
                                      タイマ2を選択
    PSTR1CONbits.STR1A = 1;        // P1AをCCP1に設定する
    set_PwmDutyCycle(0);           // PWMデューティサイクル = 0, パルス幅 = 0ms
    //---------------------------- タイマ2初期設定 ----------------------------//
    PR2 = 99;                      // PWM周期レジスタ = 99, 周期=100us(10kHz)
    T2CONbits.T2CKPS = 0b01;       // PWMタイマ2プリスケーラ (00:1, 01:4, 10:16, 11:64),プリ
                                      スケーラ4を選択
    T2CONbits.TMR2ON = 1;          // PWMタイマ2動作開始
    //---------------------------- 入出力関連の設定 ---------------------------//
```

```
    PORTA  = 0xFF;                     // ポートAの初期値はすべて1にする
    PORTB  = 0xFF;                     // ポートBの初期値はすべて1にする
    PORTC  = 0x00;                     // ポートCの初期値はすべて0にする
    TRISA  = 0xFF;                     // ポートAはすべて入力端子に設定する
    TRISB  = 0xFF;                     // ポートBはすべて入力端子に設定する
    TRISC  = 0x00;                     // ポートCはすべて出力端子に設定する
    ANSELA = 0x00;                     // ポートAはすべてディジタルI/Oに設定する
    ANSELB = 0x00;                     // ポートBはすべてディジタルI/Oに設定する
    //------------------------------ メインループ ----------------------------//
    while (1) {
        PORTB = 0x00;                  // ポートBを0クリアする
        PORTC = 0x00;                  // ポートCを0クリアする
        CCPR1L = 0x00;                 // DutyCycle上位8ビットを0クリアする
        CCP1CONbits.DC1B = 0b00;       // DutyCycle下位2ビットを0クリアする
        dcr_max = 400;                 // パルス幅のデューティ比が100%の値「400」を代入する
        while (RA1 == 0) {             // RA1がオンの場合
            PORTC = 0b00000010;        // RC1がオン, RC6がオフ (正回転)
            dcr = dcr_max * 1;         // デューティ比100%に設定する
            set_PwmDutyCycle (dcr) ;   // PWMデューティサイクル出力 (0 ~ 399)
        }
        while (RA2 == 0) {             // RA2がオンの場合
            PORTC = 0b00000010;        // RC1がオン, RC6がオフ (正回転)
            dcr = dcr_max * 0.5;       // デューティ比50%に設定する
            set_PwmDutyCycle (dcr) ;   // PWMデューティサイクル出力 (0 ~ 399)
        }
        while (RA3 == 0) {             // RA3がオンの場合
            PORTC = 0b01000000;        // RC1がオフ, RC6がオン (逆回転)
            dcr = dcr_max * 1;         // デューティ比100%に設定する
            set_PwmDutyCycle (dcr) ;   // PWMデューティサイクル出力 (0 ~ 399)
        }
        while (RA4 == 0) {             // RA4がオンの場合
            PORTC = 0b01000000;        // RC1がオフ, RC6がオン (逆回転)
            dcr = dcr_max * 0.5;       // デューティ比50%に設定する
            set_PwmDutyCycle (dcr) ;   // PWMデューティサイクル出力 (0 ~ 399)
        }
    }
}
//------------------------ PWMデューティサイクル関数 --------------------------//
void set_PwmDutyCycle (unsigned int DutyCycle) {
    CCPR1L = (unsigned char) (DutyCycle >> 2) ;                      // DutyCycleの上位8ビット抽出する
    CCP1CONbits.DC1B = (unsigned char) (DutyCycle & 0x0003) ; // DutyCycleの下位2ビット抽出する
}
```

2 A-D 変換機能を使った V_{ref} 端子による DC モータの可変速度制御

実験のまえに，p.125 図 4 (a)のアナログ入力回路と，p.130 図 4 の実験回路を用意する。VR の可変部から RA0 に接続して，入力電圧 (アナログ値) を読み取れるようにする。

プログラムの作成は，以下に示すような手順で行う。

① ANSELA レジスタの RA0 をアナログに設定し，A-D 変換の初期設定を行う。

② DIP スイッチの RA1 をオンにすると，DC モータは正回転する。さらに，半固定抵抗器 VR によるアナログ電圧を A-D 変換し，RC2 の PWM 出力信号のデューティ比が電圧に比例して 0 ～ 100 %に変化できるようにする。この結果，V_{ref} 端子の電圧が 0 V ～ V_{CC} の範囲で変化し，DC モータの速度制御ができることを確認する。また，DIP スイッチの RA2 をオンにすると，回転方向が逆回転になり，速度制御ができるようにする。ただし，RC2 の PWM 出力信号は，CCP1 モジュールを利用し，PWM の周期を 100 μs とすること (p.125 式 (5)，式 (6) 参照)。

③ DIP スイッチ (RA1, RA2) がすべてオフのとき, DC モータを停止状態にする。

●プログラム＿2

```
//------------------------ PICマイコンに関する各種設定 -------------------------//
#include <xc.h>                    // ヘッダファイル
#pragma config FOSC=INTOSC,WDTE=OFF,MCLRE=OFF,PLLEN=OFF // コンフィグレーションの設定
#define _XTAL_FREQ 16000000        // クロック周波数設定(delay関数用)
//---------------------- プロトタイプ宣言とグローバル変数 ------------------------//
void set_PwmDutyCycle(unsigned int DutyCycle);
unsigned int get_AN0(void);
unsigned int ad0;
unsigned int dcr;
unsigned int dcr_max;
//------------------------------ メイン関数 ---------------------------------//
void main(void){
    OSCCON = 0b01111000;      // 発振器設定 クロック周波数Fosc = 16MHz
    //--------------------------- CCP1の初期設定 ---------------------------//
    CCP1CON = 0b00001100;     // 単一PWMモード_アクティブHigh PWM出力に設定する
    CCPTMRS0 = 0b11111100;    // PWM CCP1タイマ選択 (00:タイマ2, 01:タイマ4, 10:タイマ
                                 6),タイマ2を選択
    PSTR1CONbits.STR1A = 1;   // P1AピンをCCP1の出力ピンに設定する
    set_PwmDutyCycle(0);      // PWMデューティサイクル = 0, パルス幅 = 0ms
    //--------------------------- タイマ2初期設定 ---------------------------//
    PR2 = 99;                 // PWM周期レジスタ=99, 周期=100us (10kHz)
    T2CONbits.T2CKPS = 0b01;  // PWMタイマ2プリスケーラ (00:1, 01:4, 10:16, 11:64),
                                 プリスケーラ4を選択
    T2CONbits.TMR2ON = 1;     // PWMタイマ2動作開始
    //--------------------------- 入出力関連の設定 ---------------------------//
    PORTA  = 0xFF;            // ポートAの初期値はすべて1にする
    PORTB  = 0x00;            // ポートBの初期値はすべて0にする
    PORTC  = 0x00;            // ポートCの初期値はすべて0にする
    TRISA  = 0xFF;            // ポートAはすべて入力端子に設定する
    TRISB  = 0x00;            // ポートBはすべて出力端子に設定する
    TRISC  = 0x00;            // ポートCはすべて出力端子に設定する
    ANSELA = 0x01;            // ポートAはRA0のみアナログ, 他はすべてディジタルI/Oに設定する
    ANSELB = 0x00;            // ポートBはすべてディジタルI/Oに設定する
    //-------------------------- A-D変換の初期設定 --------------------------//
    ADCON1 = 0b11010000;      // A-D変換結果:右詰め, 16MHz, A-D変換クロック1ns,
                                 参照電圧:VCC-GND
    ADCON0 = 0b00000001;      // A-Dチャンネル:AN0, ADCモジュール:オン
    //---------------------------- メインループ ----------------------------//
    while(1){
        PORTB = 0x00;                // ポートBを0クリアする
        PORTC = 0x00;                // ポートCを0クリアする
        CCPR1L = 0x00;               // DutyCycle上位8ビットを0クリアする
        CCP1CONbits.DC1B = 0b00;     // DutyCycle下位2ビットを0クリアする
        dcr_max = 400;               // パルス幅のデューティ比が100%の値「400」を代入する
        while(RA1 == 0){             // RA1がオンの場合
            PORTC = 0b00000010;      // RC1がオン, RC6がオフ(正回転)
            ad0 = get_AN0();         // A-D変換値の読込み(0～1023)
            dcr = (unsigned int)(((unsigned long)ad0 * dcr_max) / 1024); // A-D値を
                                        DutyCycleに変換
            set_PwmDutyCycle(dcr);   // PWMデューティサイクル出力(0～399)
            __delay_ms(20);          // 変換処理時間20ms
        }
        while(RA2 == 0){             // RA2がオンの場合
            PORTC = 0b01000000;      // RC1がオフ, RC6がオン(逆回転)
```

```
            ad0 = get_AN0();            // A-D変換値の読込み(0～1023)
            dcr = (unsigned int)(((unsigned long)ad0 * dcr_max) / 1024); // A-D値を
                                     DutyCycleに変換
            set_PwmDutyCycle(dcr);  // PWMデューティサイクル出力(0～399)
            __delay_ms(20);         // 変換処理時間20ms
        }
    }
}
//---------------------- PWMデューティサイクル関数 ----------------------------//
void set_PwmDutyCycle(unsigned int DutyCycle){
    CCPR1L = (unsigned char)(DutyCycle >> 2);              // DutyCycleの上位8ビット抽出する
    CCP1CONbits.DC1B = (unsigned char)(DutyCycle & 0x0003); // DutyCycleの下位2ビット抽出する
}
//---------------------------- A-D変換用関数 ---------------------------------//
unsigned int get_AN0(void){
    unsigned int Value;                                 // アナログ計測データの宣言
    ADCON0bits.GO_nDONE = 1;                            // A-D変換開始
    while(ADCON0bits.GO_nDONE);                         // A-D変換完了待ち
    Value = (unsigned int)((ADRESH << 8) | ADRESL);    // A-D変換結果の格納
    __delay_us(20);                                     // アクイジョンタイム
    return Value;                                       // 戻り値
}
```

6 プログラムの実行と変更

●プログラム＿1

① プログラム1を実行し，動作を確認しなさい。

② PWM のデューティ比が100%を表す変数 dcr_max を，以下の式を用いたプログラムに変更して，動作を確認しなさい。

$$dcr\_max = (PR2 + 1) \times 4 \qquad (1)$$

●プログラム＿2

① プログラム2を実行し，動作を確認しなさい。

② RA3をオンにすると，約1秒間隔でDCモータが正回転，停止，逆回転，停止を繰り返すプログラムを追加して，動作を確認しなさい。ただし，正回転と逆回転の動作は，PWM 信号のデューティ比が電圧に比例して変更できることとする。

7 結果の整理

[1] プログラム1の変更した行を記入し，変更部分に下線を引きなさい。

[2] プログラム2の追加したプログラムを記入しなさい。

[3] プログラム2に追加した部分の流れ図を記入しなさい。

8 結果の検討

[1] 式(1)をプログラムに代入する意義を考えてみよう。

24 PICマイコンによるステッピングモータ制御

1 目的

ステッピングモータの動作原理を理解するとともに，PICマイコンを利用してステッピングモータの駆動方法を習得する。

2 使用機器

機器の名称		記号	定格など	数量
ステッピングモータ		M	SPG27-1101（1ステップ3度） SPG27-1702（1ステップ1.25度）	各1
炭素皮膜抵抗		R_1	100 Ω，± 5%，1/4 W	4
炭素皮膜抵抗		R_2	100 kΩ，± 5%，1/4 W	4
整流用ショットキー接合ダイオード		D_1	1S4	4
nチャネルパワーMOS FET		Q_1 ～ Q_4	2SK2796L	4
使用機器や部品など	パソコン（MPLAB X IDE ver6.0以上，XC8 C-Compiler ver2.0以上），PICライタ，ACアダプタ（DC9V-2A），PICマイコンボード（実習20で製作したもの），ブレッドボード，ジャンプワイヤ，リボンケーブル（10芯，コネクタ付き）			

3 関係知識

1 ステッピングモータの原理と動作

ステッピングモータはパルスモータともよばれ，電気パルス信号を機械的なステップ動作に変換するモータである。連続回転するDCモータとは異なり，パルス信号を適切な順序で与えると，モータの出力軸は一定の角度だけ回転する。パルス信号の順序は回転方向，周波数は回転速度，パルス数は回転角度にそれぞれ対応している。図1に，2相ステッピングモータの原理図を示す。

ロータ（回転子）はS極とN極が対になった2極の永久磁石でできており，ステータ（固定子）は4個の突起がある。図1では，原理を説明するために2組のC形鉄心で構成されているが，実際には一つの鉄心で構成されている。

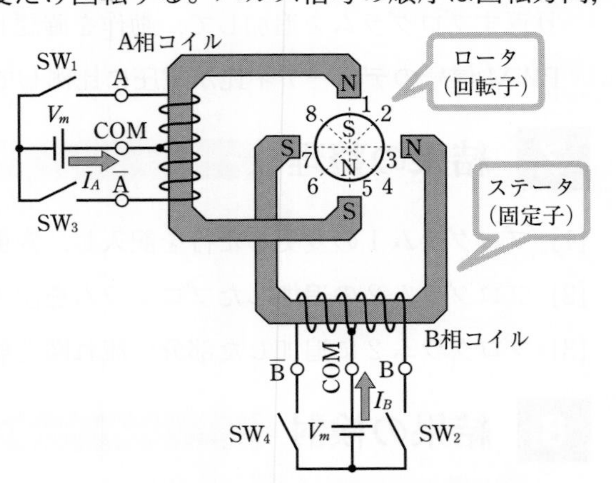

▲図1　2相ステッピングモータの原理図

ステッピングモータの代表的な駆動方法には，表1に示す励磁方式がある。

▼表1　2相ステッピングモータの励磁方式

励磁方式	駆動波形	原理	特徴
1相励磁	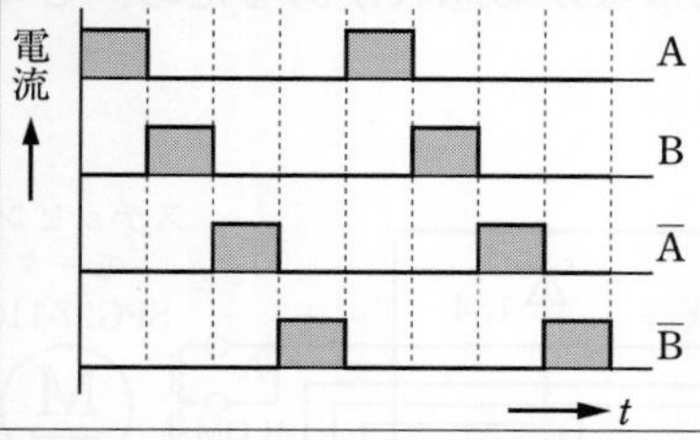 電流↑ A B $\overline{A}$ $\overline{B}$ →t	ある時間内でコイルを一つだけ順に通電し，励磁する。スイッチ SW_1 から SW_4 を順番に切り換え，A→B→$\overline{A}$→$\overline{B}$の順で励磁すると，ロータ（回転子）はステータ（固定子）の突起の位置で静止し，1→3→5→7と移動する。	・駆動用の電源を小容量にできる。 ・温度上昇が少ない。
2相励磁	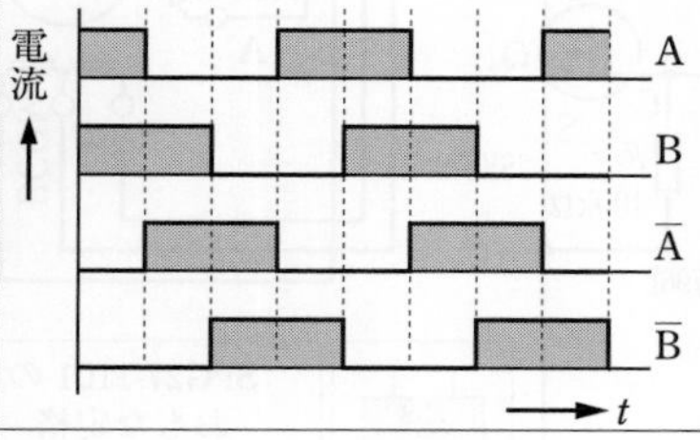 電流↑ A B $\overline{A}$ $\overline{B}$ →t	ある時間内で二つのコイルを順に通電し，励磁する。コイルをA・B→$\overline{A}$・B→$\overline{A}$・$\overline{B}$→A・$\overline{B}$の順で励磁すると，ロータはステータの突起の中間位置で静止し，2→4→6→8と移動する。	・1相励磁に比べて大きな電源が必要である。 ・1相励磁よりも温度が上昇する。 ・脱調が起きにくい。
1-2相励磁	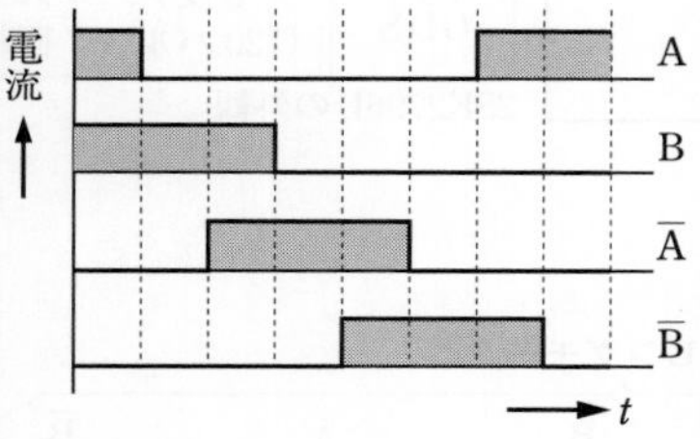 電流↑ A B $\overline{A}$ $\overline{B}$ →t	コイルの通電が1個，2個を繰り返すように，A・B→B→$\overline{A}$・B→$\overline{A}$→$\overline{A}$・$\overline{B}$→$\overline{B}$→A・$\overline{B}$→Aの順で励磁すると，ロータの位置は1→2→3→4→5→6→7→8と移動する。ロータの移動量は，1相励磁方式や2相励磁方式の半分になることから，**ハーフステップ駆動方式**ともよばれる。	・1回の励磁で回転子が回転する角度（ステップ角）が，ほかの励磁に比べて半分になる。 ・1相励磁と2相励磁の中間の性質をもつ。

2 配列を利用した駆動プログラム

励磁方式に従った駆動データを配列に格納し，for 文を使って各ステップごとに駆動データを配列から読み出して出力することで，FET を駆動し，コイルに通電している。図2は，1ステップ3度のステッピングモータを，1相励磁方式で1回転するプログラム例である。__delay_ms 関数を活用し，50 ms ごとに駆動データを変更することにより，ステッピングモータの回転速度を調整している。

```
unsigned char step1[4] = {0x01,0x02,0x04,0x08};

for (cnt = 0; cnt < 30; cnt++) {
    for (rei = 0; rei < 4; rei++) {
        PORTC = step1 [rei] ;
        __delay_ms (50) ;
    }
}
```

4ステップ分の駆動データを格納

ループして30回カウント

ループして4ステップ分の駆動データを出力

待機時間が短すぎると，回転しないことがある。

▲図2　配列を利用したプログラムの例

4 実験回路の製作

① 図 3 (a)に示す回路図をもとに，ブレッドボード上に，図 3 (b)に示す製作例のように，実験回路を製作する。なお，誤配線は素子の破損につながる恐れがあるため，じゅうぶんに注意する。

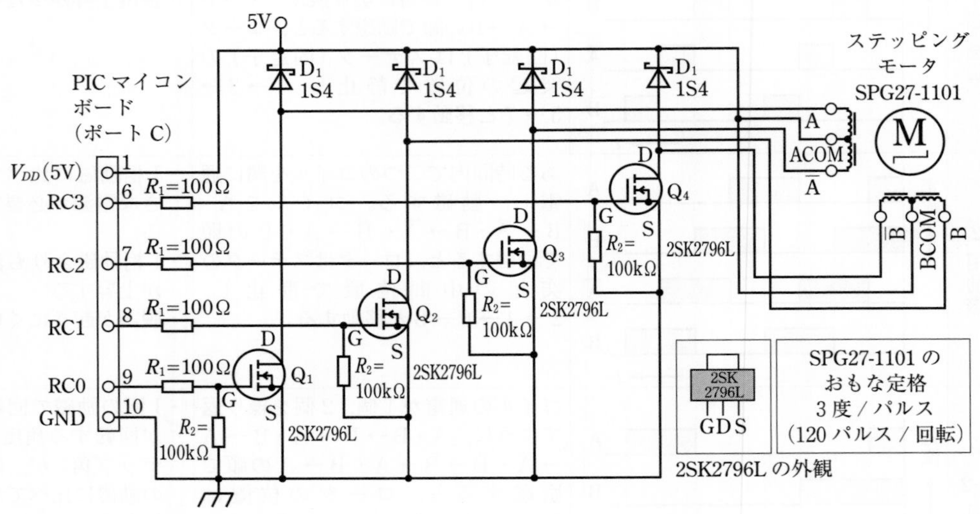

(a) 回路図

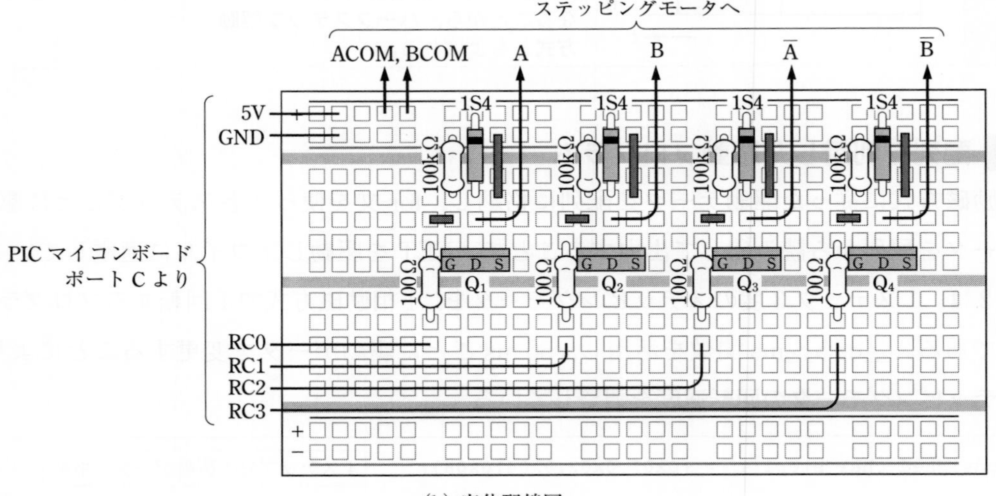

(b) 実体配線図

▲図 3 ステッピングモータの実験回路

② ①で製作した実験回路と PIC マイコンボード (＋5 V，GND，RC0，RC1，RC2，RC3) を，ジャンプワイヤとリボンケーブルを用いて接続する。

③ ①で製作した実験回路とステッピングモータ (ACOM，A，B，BCOM，$\bar{A}$，$\bar{B}$,) を，ジャンプワイヤで接続する。

5 プログラミングの作成

1 ステッピングモータ制御 1

DIP スイッチの RA0 をオンにすると，1 相励磁方式で正回転，逆回転を 1 回転ごとに繰り返すプログラムを作成する。

●プログラム＿1

```
//------------------------ PICマイコンに関する各種設定 -------------------------//
#include <xc.h>                      // ヘッダファイル
#pragma config FOSC=INTOSC,WDTE=OFF,MCLRE=OFF,PLLEN=OFF // コンフィグレーションの設定
#define _XTAL_FREQ 16000000         // クロック周波数設定（delay関数用）
#define time 50                     // 待機時間の値
//---------------------- ステッピングモータ回転制御データ -------------------------//
unsigned char step1[4] = {0x01,0x02,0x04,0x08};  // 1相励磁用駆動データ
//-------------------------------- メイン関数 ---------------------------------//
void main(void){
    OSCCON = 0b01111000;             // 発振器設定 クロック周波数Fosc = 16MHz
    //---------------------------- 入出力関連の設定 ----------------------------//
    PORTA  = 0xFF;                   // ポートAの初期値はすべて1にする
    PORTB  = 0xFF;                   // ポートBの初期値はすべて1にする
    PORTC  = 0x00;                   // ポートCの初期値はすべて0にする
    TRISA  = 0xFF;                   // ポートAはすべて入力端子に設定する
    TRISB  = 0xFF;                   // ポートBはすべて入力端子に設定する
    TRISC  = 0x00;                   // ポートCはすべて出力端子に設定する
    ANSELA = 0x00;                   // ポートAはすべてディジタルI/Oに設定する
    ANSELB = 0x00;                   // ポートBはすべてディジタルI/Oに設定する
    //---------------------------- ローカル変数宣言 ----------------------------//
    char cnt;
    signed char rei;
    //-------------------------------- メインループ ----------------------------//
    while(1){
        //------------------------ 正回転_1相励磁方式 -------------------------//
        while(RA0 == 0){                          // RA0がオンの場合
            for(cnt = 0; cnt < 30; cnt++){        // 3度×4ステップ×30回 = 360度（1回転）
                for(rei = 0; rei < 4; rei++){     // 配列内の4ステップをループする（正回転）
                    PORTC = step1[rei] ;          // 配列step1のデータをポートCに代入する
                    __delay_ms(time) ;            // 待機時間
                }
            }
        //----------------------- 逆回転_1相励磁方式 --------------------------//
            for(cnt = 0; cnt < 30; cnt++){        // 3度×4ステップ×30回 = 360度（1回転）
               for(rei = 3; rei >= 0; rei--){     // 配列内の4ステップをループする（逆回転）
                    PORTC = step1[rei] ;          // 配列step1のデータをポートCに代入する
                    __delay_ms(time) ;            // 待機時間
                }
            }
        }
    }
}
```

2 ステッピングモータ制御 2

DIP スイッチの RA1 をオンにすると 1 相励磁方式，DIP スイッチの RA2 をオンにすると 2 相励磁方式，DIP スイッチの RA3 をオンにすると 1-2 相励磁方式の動作をするプログラムを作成する。いずれの方式でも，1 回転だけ回転し，終了後は DIP スイッチをすべ

てオフにして励磁信号を停止させ，PICマイコンボードのLED（ポートC）を消灯する。

●プログラム＿2

```
//-------------------------- PICマイコンに関する各種設定 --------------------------//
#include <xc.h>                        // ヘッダファイル
#pragma config FOSC=INTOSC,WDTE=OFF,MCLRE=OFF,PLLEN=OFF // コンフィグレーションの設定
#define _XTAL_FREQ 16000000           // クロック周波数設定（delay関数用）
#define time 50                       // 待機時間の値
//---------------------- ステッピングモータ回転制御データ -------------------------//
unsigned char step1[4] = {0x01,0x02,0x04,0x08};  // 1相励磁用駆動データ
unsigned char step2[4] = {0x03,0x06,0x0c,0x09};  // 2相励磁用駆動データ
//------------------------------- メイン関数 --------------------------------//
void main(void){
    OSCCON = 0b01111000;              // 発振器設定 クロック周波数Fosc = 16MHz
    //----------------------------- 入出力関連の設定 ---------------------------//
    PORTA  = 0xFF;                    // ポートAの初期値はすべて1にする
    PORTB  = 0xFF;                    // ポートBの初期値はすべて1にする
    PORTC  = 0x00;                    // ポートCの初期値はすべて0にする
    TRISA  = 0xFF;                    // ポートAはすべて入力端子に設定する
    TRISB  = 0xFF;                    // ポートBはすべて入力端子に設定する
    TRISC  = 0x00;                    // ポートCはすべて出力端子に設定する
    ANSELA = 0x00;                    // ポートAはすべてディジタルI/Oに設定する
    ANSELB = 0x00;                    // ポートBはすべてディジタルI/Oに設定する
    //----------------------------- ローカル変数宣言 ---------------------------//
    char cnt, rei;
    //--------------------------------- メインループ -------------------------//
    while(1){
        cnt = 0;                          // ローカル変数cutを0クリアする
        PORTC = 0x00;                     // ポートCを0クリアする
        //------------------------ 正回転 1相励磁方式 --------------------------//
        while(RA1 == 0){                          // RA1がオンの場合
            for(cnt = 0; cnt < 30; cnt++){        // 3度×4ステップ×30回 = 360度（1回転）
                for(rei = 0; rei < 4; rei++){     // 配列内の4ステップをループする
                    PORTC = step1[rei];           // 配列step1のデータをポートCに代入する
                    __delay_ms(time);             // 待機時間
                }
            }
        }
        //----------------------- 正回転 2相励磁方式 ---------------------------//
        while(RA2 == 0){                          // RA2がオンの場合
            for(cnt = 0; cnt < 30; cnt++){        // 3度×4ステップ×30回 = 360度（1回転）
                for(rei = 0; rei < 4; rei++){     // 配列内の4ステップをループする
                    PORTC = step2[rei];           // 配列step2のデータをポートCに代入する
                    __delay_ms(time);             // 待機時間
                }
            }
        }
        //----------------------- 正回転 1-2相励磁方式 -------------------------//
        while(RA3 == 0){                          // RA3がオンの場合
            for(cnt = 0; cnt < 30; cnt++){        // 3度×4ステップ×30回 = 360度（1回転）
                for(rei = 0; rei < 4; rei++){     // 配列内の4ステップをループする
                    PORTC = step1[rei];           // 配列step1のデータをポートCに代入する
                    __delay_ms(time);             // 待機時間
                    PORTC = step2[rei];           // 配列step2のデータをポートCに代入する
                    __delay_ms(time);             // 待機時間
                }
            }
        }
    }
}
```

6 プログラムの実行と変更

●プログラム＿1

① プログラム1を実行し，動作を確認しなさい。

② ステッピングモータを1ステップ1.25度（SPG27-1702）のものに取り換え，プログラム1と同じ動作になるようにプログラムを変更して，動作を確認しなさい。

●プログラム＿2

① プログラム2を実行し，動作を確認しなさい。

② PICマイコンボード上のタクトスイッチ（RA7）がオンのとき，ステッピングモータを1-2相励磁方式で動作させ，かつ，回転速度はプログラム2のRA3がオンのときに動作する回転速度よりも速く回転するようにプログラムを修正し，動作を確認しなさい。

7 結果の整理

[1] プログラム1の変更した行を記入し，変更部分がわかるように下線を引きなさい。

[2] プログラム2の修正した行を記入しなさい。

[3] 変更したプログラム1と，修正したプログラム2の流れ図を記入しなさい。

8 結果の検討

[1] ステッピングモータの1ステップに対する動作角度が大きい場合と，小さい場合の利点について考えてみよう。

[2] 待機時間を短くしていくと，ステッピングモータの動作はどのように変化するか考えてみよう。

25 Arduinoを使ったシリアルデータによる7セグメントLED表示

1 目的

7セグメントLEDとシフトレジスタによるシリアル‐パラレルデータ変換のしくみを理解し，Arduinoを利用してシリアルデータによる二桁の7セグメントLEDの制御方法を習得する。

2 使用機器

機器の名称		定格など	数量
7セグメントLEDシリアルドライバ基板（カソードコモン）		74HC595実装済，LED（青）	2
使用機器や部品など	パソコン（Arduino IDE ver2.0以上），Arduino nano，ブレッドボード，ジャンプワイヤ		

3 関係知識

1 7セグメントLEDのしくみ

7セグメントLEDは，図1のように，数字の「8」の字を七つに分割し，それぞれを独立して発光できるようにしたものである。分割された部分をセグメント（要素）といい，aからgまでの名前がついている。点灯するセグメントの組み合わせにより，表示文字が決まる。また，数字を構成する7個のセグメントのほかに，小数点表示（DP：decimal point）のLEDがあり，一桁あたり合計8個のLEDで構成された部品が7セグメントLEDである。7セグメントLEDには，LEDのカソード（マイナス）側を共通（COM）端子にしたカソードコモンと，アノード（プラス）側を共通にしたアノードコモンがある。

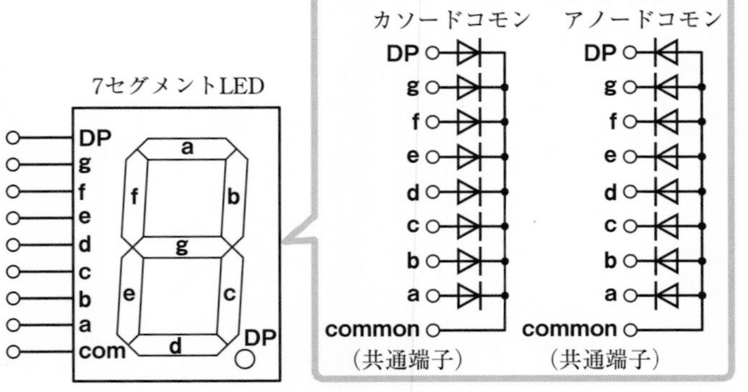

▲図1 7セグメントLEDの構造

2 シフトレジスタ

シフトレジスタは，複数のDフリップフロップ（D-FF）によって構成され，入力端子（D端子）に与えた「1」，「0」の状態を，クロックパルスに同期して順送り（シフト）して

Q端子から出力する素子である。

図2(a)は，4ビットのシフトレジスタの例である。図2(a)のシリアルデータ入力端子(SDI)に，図2(b)のようなシリアルデータを与えた場合，次のような動作になる。

① SDIに「1」を与えた状態で，クロックパルス入力端子(SCK)にクロックパルスを与えると，立下りで1段目のD-FFの出力Qが「1」になり，次のクロックパルスの立下りで，SDIは「0」であり，出力Qは「0」になる。

② 2段目のD-FFのD端子には，1段目のD-FFの出力Qが入力され，2段目のD-FFのQ端子からは，1段目のD-FFの出力Qと同じ波形がクロックパルスに同期して出力される。

③ 3段目および4段目のD-FFのD端子にも，前段のD-FFの出力Qがそれぞれ入力され，3段目および4段目のD-FFのQ端子からは，前段のD-FFの出力Qと同じ波形がクロックパルスに同期して出力される。

以上より，各D-FFの出力Qを，それぞれQ_A，Q_B，Q_C，Q_D端子から取り出し，タイムチャートとして表すと，図2(b)のようになる。つまり，シリアルデータを与えることで，クロックパルスのタイミングに合わせて，時間的にずれた4個のパルスが出力される。

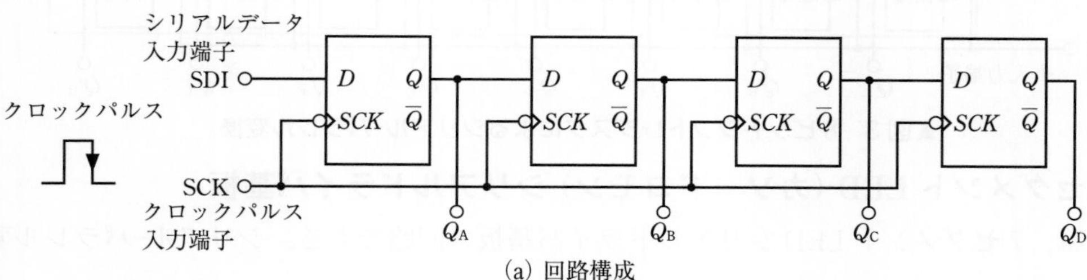

(a) 回路構成

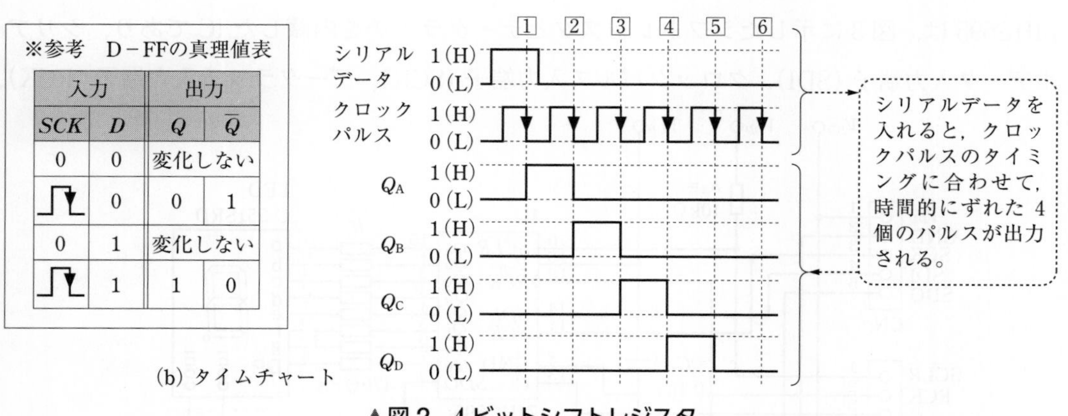

※参考　D－FFの真理値表

入力		出力	
SCK	*D*	*Q*	$\overline{Q}$
0	0	変化しない	
⏋(立下り)	0	0	1
0	1	変化しない	
⏋(立下り)	1	1	0

(b) タイムチャート

▲図2　4ビットシフトレジスタ

3 8ビットシフトレジスタによるシリアル-パラレル変換

8ビットシフトレジスタによるシリアル-パラレル変換は，図3に示すように，8個のD-FFによって構成されるシフトレジスタと，出力データを記憶保持(ラッチ)する8個のD-FF（データラッチ）によって構成されている。

8ビットのデータを，最上位または最下位ビットから順にシリアルデータ入力端子（SDI）に与え，クロックパルスによって，シフトレジスタのD-FFに設定する動作を8回（8ビット分）行うと，Q_A から Q_H まで8個のD-FFに8ビット分のデータを設定することができる。ここで，データラッチ入力端子（RCK）に「0」→「1」→「0」のパルス信号を与えると，パルス信号の立下りのタイミングで，Q_A ～ Q_H 端子の各値がデータラッチのD-FFに設定され，同時に Q'_A から Q'_H の出力端子に8ビットのデータとして出力される。この値は，データラッチ入力端子（RCK）に，次のパルス信号がはいるまで記憶保持される。

シリアル-パラレル変換は，シリアル伝送されてきたデータをパラレルデータに変換する目的で使用され，データ伝送に必要な信号線の数を減らすことができる。

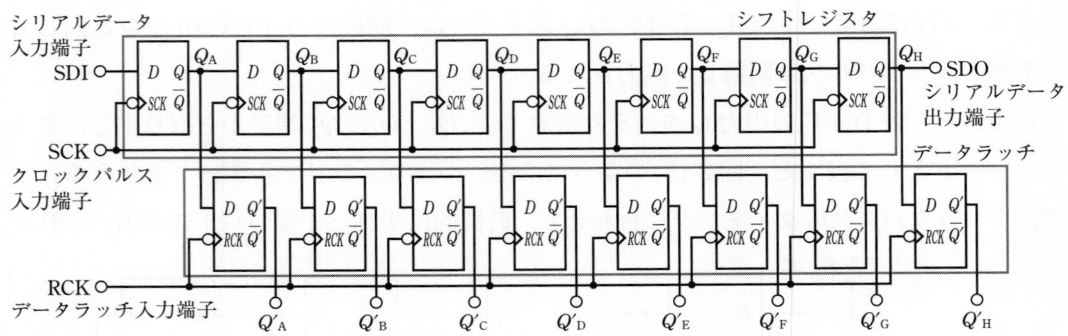

▲図3　8ビットシフトレジスタによるシリアル-パラレル変換

4 7セグメントLED（カソードコモン）シリアルドライバ基板

図4は，7セグメントLEDシリアルドライバ基板の回路である。シリアル-パラレル変換するシフトレジスタには，標準ロジックICの一つである74HC595を使用している。74HC595は，図3に示したシフトレジスタとデータラッチを内蔵したICであり，シリアルデータ入力端子（SDI），クロックパルス入力端子（SCK），データラッチ入力端子（RCK），

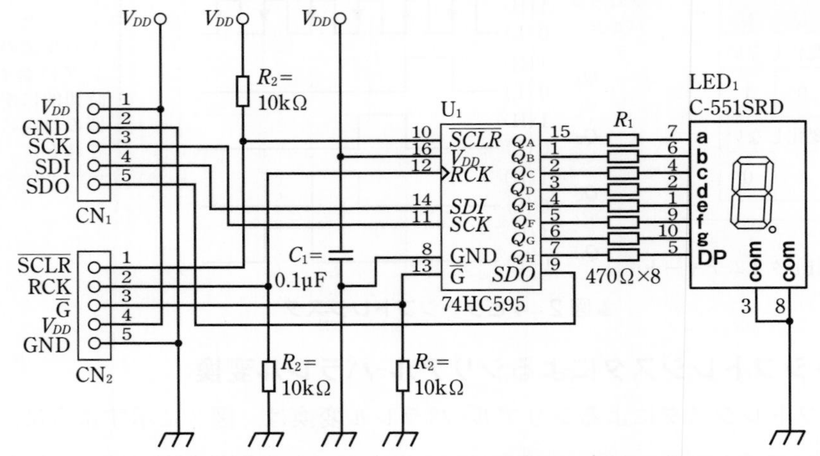

▲図4　7セグメントLEDシリアルドライバ基板の回路

シフトレジスタのデータを上位のシフトレジスタに送り出すシリアルデータ出力端子(SDO) などの端子がある。また，この基板は，データラッチの出力 Q'_A ～ Q'_H によって，7セグメント LED (7個のセグメントと小数点) を点灯できるように構成されている。

図5に，7セグメント LED シリアルドライバ基板の概要を示す。

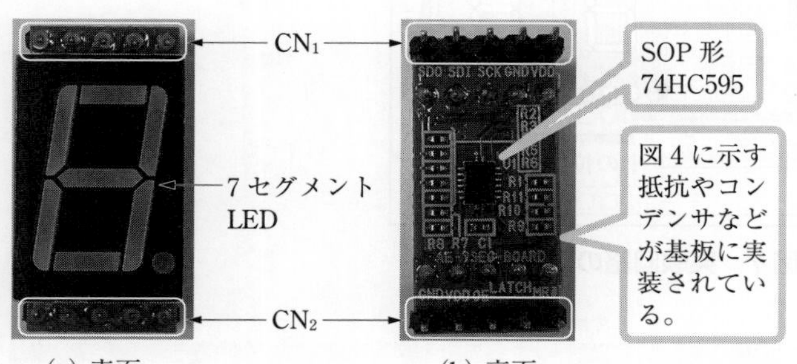

(a) 表面　(b) 裏面

CN₁		CN₂	
端子番号	端子名	端子番号	端子名
1	V_{DD}	1	$\overline{\mathrm{SCLR}}$
2	GND	2	RCK
3	SCK	3	$\overline{\mathrm{G}}$
4	SDI	4	V_{DD}
5	SDO	5	GND

(c) 端子番号と端子名

▲図5　7セグメント LED シリアルドライバ基板の概要

4　実験回路の製作

図6に，実験回路を示す。図4に示した7セグメント LED シリアルドライバ基板を二つ連結して，二桁の表示器を構成している。

Arduino のディジタル端子 D5 から，7セグメント LED の点灯データ (8ビット) をシリアルデータとして二桁分を送出する。シリアルデータは，右側 (一の位) の7セグメント LED シリアルドライバ (シフトレジスタ) のシリアルデータ入力端子 (SDI) にはいる。また，シフトレジスタのデータは，シリアルデータ出力端子 (SDO) から上位桁となる左側 (十の位) の7セグメント LED シリアルドライバのシリアルデータ入力端子 (SDI) にデータが送られる。つまり，最初に送る8ビット分のデータは左7セグメント LED の表示データとなり，次に送る8ビット分のデータは右7セグメント LED の表示データとなる。

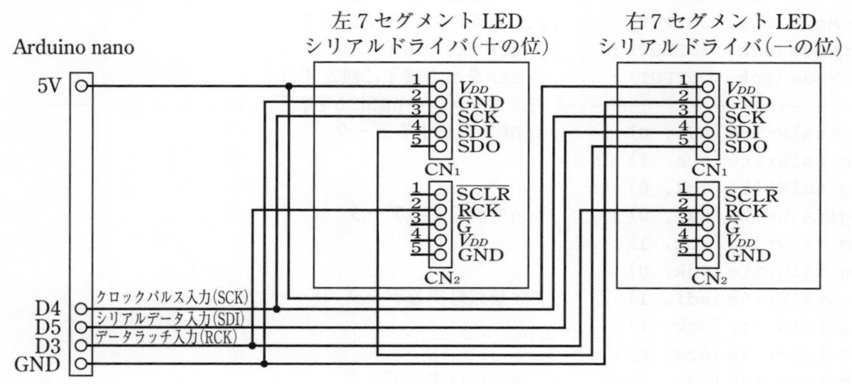

▲図6　実験回路

① 図6の回路図をもとに，ブレッドボード上に図7のように実験回路を製作する。SDI, SDO，SCK，RCK のジャンプワイヤは同じ色にまとめるとわかりやすくなる。

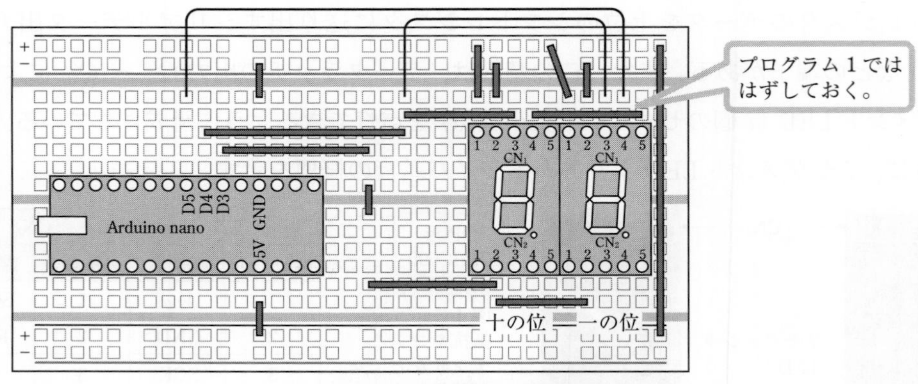

▲図7　実験回路の製作

5　プログラミング

1　一桁数字の表示

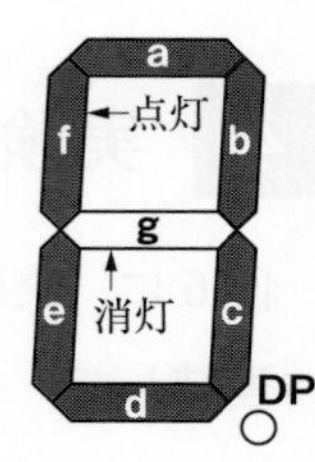

▲図8　0表示

図8に示す0表示を，右の7セグメントLEDに点灯するプログラムを作成する。そのさい，DP，g，f，…，b，aの順に，8ビットの点灯データを扱うこととする。ただし，図7に示す製作例において，左右の7セグメントLEDシリアルドライバ基板のCN_1の4番ピン（SDI）と5番ピン（SDO）を接続しているジャンプワイヤをはずして実習を行う。

●プログラム＿1

```
//---------------------------------- 端子番号の定義 ----------------------------------//
#define sdi 5                   // ディジタル端子（D5）はシリアルデータを与えるsdiに設定する
#define sck 4                   // ディジタル端子（D4）はクロックパルスを与えるsckに設定する
#define rck 3                   // ディジタル端子（D3）はデータラッチを与えるrckに設定する
//---------------- Arduinoが起動時に1度だけ実行されるsetup関数 --------------------//
void setup () {
    //----------------------------- 入出力端子の設定 --------------------------------//
    pinMode (sdi, OUTPUT) ;     // sdiを出力端子に設定する
    pinMode (sck, OUTPUT) ;     // sckを出力端子に設定する
    pinMode (rck, OUTPUT) ;     // rckを出力端子に設定する
    //----------------------- 右7セグメントLEDに0を表示 -------------------------//
    digitalWrite (sdi, 0) ;     // DPを消灯するデータ
    digitalWrite (sck, 1) ;
    digitalWrite (sck, 0) ;
    digitalWrite (sdi, 0) ;     // gを消灯するデータ
    digitalWrite (sck, 1) ;
    digitalWrite (sck, 0) ;
    digitalWrite (sdi, 1) ;     // fを点灯するデータ
    digitalWrite (sck, 1) ;
    digitalWrite (sck, 0) ;
    digitalWrite (sdi, 1) ;     // eを点灯するデータ
    digitalWrite (sck, 1) ;
    digitalWrite (sck, 0) ;
    digitalWrite (sdi, 1) ;     // dを点灯するデータ
    digitalWrite (sck, 1) ;
    digitalWrite (sck, 0) ;
```

```
    digitalWrite(sdi, 1);      // cを点灯するデータ
    digitalWrite(sck, 1);
    digitalWrite(sck, 0);
    digitalWrite(sdi, 1);      // bを点灯するデータ
    digitalWrite(sck, 1);
    digitalWrite(sck, 0);
    digitalWrite(sdi, 1);      // aを点灯するデータ
    digitalWrite(sck, 1);
    digitalWrite(sck, 0);
    //-------------- 8ビットの点灯データを右7セグメントLEDに出力 --------------------//
    digitalWrite(rck, 1);      // rckをオンにする
    digitalWrite(rck, 0);      // rckをオフにする
}
//--------------------------- 繰り返し実行するloop関数 ---------------------------//
void loop() {
}
```

loop 関数の中にプログラムを記載していない場合でも，loop 関数自体を記載しないと Arduino が動作しないので注意する。

プログラム 1 では，7 セグメント LED の各セグメントに対応するビットごとにデータを書いているため，プログラムの行数が多い。Arduino の入出力ライブラリ関数には，8 ビットのデータを最上位ビットまたは最下位ビットから順番に送出する shiftOut 関数がある。表 1 に，shiftOut 関数の引数(ひきすう)を示す。プログラム 2 以降では shiftOut 関数を扱う。

```
shiftOut(dataPin, clockPin, bitOrder, value);
```

▼表 1　shiftOut 関数の引数

引　数	内　　容
dataPin	ビットデータ（シリアルデータ）を出力するディジタル端子番号
clockPin	クロックパルスを出力するディジタル端子番号
bitOrder	最上位ビットから送出するとき：MSBFIRST 最下位ビットから送出するとき：LSBFIRST
value	送出する 1 バイトのデータ

2 二桁数字のカウントアップ

左 7 セグメント LED を十の位，右 7 セグメント LED を一の位とし，00 から 99 まで約 300 ms ごとにカウントアップするプログラムを作成する。ただし，99 になったら 00 に戻り，カウントアップを続けることとする。

●プログラム＿2

```
//---------------------------------- 端子番号の定義 ---------------------------------//
#define sdi 5                    // ディジタル端子（D5）はシリアルデータを与えるsdiに設定する
#define sck 4                    // ディジタル端子（D4）はクロックパルスを与えるsckに設定する
#define rck 3                    // ディジタル端子（D3）はデータラッチを与えるrckに設定する
//---------------------- 0～9の7セグメントLED表示文字データ ----------------------//
unsigned char seg[] = {0xfc, 0x60, 0xda, 0xf2, 0x66, 0xb6, 0xbe, 0xe4, 0xfe, 0xf6};
                    //   0,    1,    2,    3,    4,    5,    6,    7,    8,    9
//------------------ Arduinoが起動時に1度だけ実行されるsetup関数 ------------------//
void setup() {
    //---------------------------- 入出力端子の設定 ----------------------------//
```

```
    pinMode(sdi, OUTPUT);     // sdiを出力端子に設定する
    pinMode(sck, OUTPUT);     // sckを出力端子に設定する
    pinMode(rck, OUTPUT);     // rckを出力端子に設定する
}
//---------------------------- 繰り返し実行するloop関数 ----------------------------//
void loop() {
    char i;
    for (i = 0; i < 100; i++) {                  // 0～99までループする
        shiftOut(sdi, sck, LSBFIRST, seg[i/10]);  // 配列segのi番目を10で割った整数値(左LED)
        shiftOut(sdi, sck, LSBFIRST, seg[i%10]);  // 配列segのi番目を10で割った余り(右LED)
        //----------- 16ビットの点灯データを左右の7セグメントLEDに出力 --------------//
        digitalWrite(rck, 1);                    // rckをオンにする
        digitalWrite(rck, 0);                    // rckをオフにする(立下りで出力)
        delay(300);                              // 300ms待機する
    }
}
```

3 左右の7セグメントLEDのセグメント点灯制御

図9のように，7セグメントLEDを構成する各セグメントが，約300 ms間隔で時計回りに点灯して移動するプログラムを作成する。

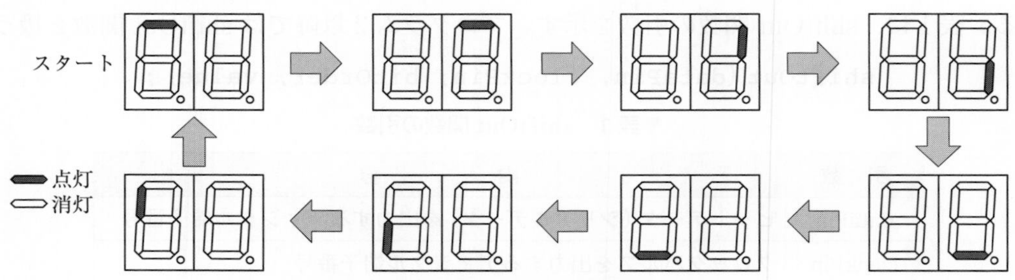

▲図9　各セグメントの点灯順序

●プログラム＿3

```
//---------------------------------- 端子番号の定義 ----------------------------------//
#define sdi 5                    // ディジタル端子(D5)はシリアルデータを与えるsdiに設定する
#define sck 4                    // ディジタル端子(D4)はクロックパルスを与えるsckに設定する
#define rck 3                    // ディジタル端子(D3)はデータラッチを与えるrckに設定する
//-------------------------- 左右の7セグメントLED表示データ -------------------------//
unsigned char seg1[] = {0x80, 0x00, 0x00, 0x00, 0x00, 0x10, 0x08, 0x04};  // 左LEDの表示データ
unsigned char seg2[] = {0x00, 0x80, 0x40, 0x20, 0x10, 0x00, 0x00, 0x00};  // 右LEDの表示データ
//----------------- Arduinoが起動時に1度だけ実行されるsetup関数 -------------------//
void setup() {
    //---------------------------- 入出力端子の設定 ------------------------------//
    pinMode(sdi, OUTPUT);     // sdiを出力端子に設定する
    pinMode(sck, OUTPUT);     // sckを出力端子に設定する
    pinMode(rck, OUTPUT);     // rckを出力端子に設定する
}
//----------------------------- 繰り返し実行するloop関数 ----------------------------//
void loop() {
    char i;
    for (i = 0; i < 8; i++) {                   // 0～7までループする
        shiftOut(sdi, sck, LSBFIRST, seg1[i]); // 配列seg1[i]のi番目のデータをシフト(左LED)
        shiftOut(sdi, sck, LSBFIRST, seg2[i]); // 配列seg2[i]のi番目のデータをシフト(右LED)
        //--------- 16ビットの点灯データを左右の7セグメントLEDに出力 ----------------//
        digitalWrite(rck, 1);                   // rckをオンにする
```

```
        digitalWrite(rck, 0);                // rckをオフにする（立下りで出力）
        delay(300);                          // 300ms待機する
    }
}
```

6 プログラムの実行と変更

●プログラム＿1

① プログラム 1 を実行し，動作を確認しなさい。

●プログラム＿2

① プログラム 2 を実行し，動作を確認しなさい。

② 変数 i を int 型として宣言したうえで，図 1 を参考にして，図 10 に示す 16 進数「A」～「F」の表示データをプログラム 2 の配列 seg に追加しなさい。そして，左右の 7 セグメント LED に，16 進数で「00」から「FF」まで約 300 ms ごとにカウントアップするプログラムに変更し，動作を確認しなさい。ただし，「FF」になったら「00」に戻り，カウントアップを続けることとする。

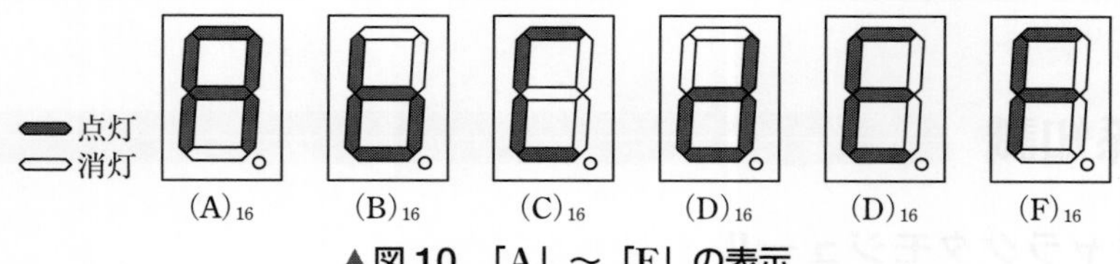

▲図 10 「A」～「F」の表示

●プログラム＿3

① プログラム 3 を実行し，動作を確認しなさい。

② ①のプログラムが反時計回りに点灯するプログラムに変更し，動作を確認しなさい。

7 結果の整理

[1] プログラム 2 の追加や変更した行を記入し，追加や変更部分がわかるように下線を引きなさい。

[2] プログラム 3 の変更した行を記入し，変更部分がわかるように下線を引きなさい。

[3] 変更したプログラム 2 とプログラム 3 の流れ図を記入しなさい。

8 結果の検討

[1] 7 セグメント LED シリアルドライバの各端子（SDI，SDO，SCK，RCK）について，特徴をまとめてみよう。

[2] プログラム 2 の②において，変数 i を int 型で宣言する理由について考えてみよう。

26 Arduinoを使ったLCDキャラクタモジュールの表示

1 目 的

LCD（液晶ディスプレイ）キャラクタモジュールの活用方法を理解し，Arduinoを利用して文字や数字を表示するプログラムについて学ぶ。

2 使用機器

機器の名称	定格など	数量
LCDキャラクタモジュールキット	16文字×2行（SC1602BBWB-XA-GB-G），付属品（16ピンソケット，炭素皮膜抵抗100 Ω，1/6 W）	1
半固定抵抗器	10 kΩ	1
使用機器や部品など	パソコン（Arduino IDE ver2.0以上），Arduino nano，ブレッドボード，ジャンプワイヤ	

3 関係知識

1 LCDキャラクタモジュール

図1に示すLCDキャラクタモジュールは，マイコンからのコマンド（命令）とデータによって，文字や数字などを表示する装置である。本実習では，図1に示すようなLCDキャラクタモジュール（16文字×2行）を使用する。

▲図1　LCDキャラクタモジュールの外観

LCDキャラクタモジュールには，R/W（Read/Write），RS（RegisterSelect），E（Enable），DB（DataBit）と電源を供給するV_{DD}とGNDなどの端子があり，表1に示す機能がある。

▼表1　LCDキャラクタモジュールの端子の機能

端子	機能
R/W端子	LCDに対して読出し（Read）とコマンドやデータの書込み（Write）
DB端子	8ビットまたは4ビットでコマンドや文字データを扱う（データバス）
RS端子	DB端子のデータが，コマンドかデータかにより，書き込むレジスタ（格納場所）の選択
E端子	それぞれの端子で設定されたデータを有効にして液晶ディスプレイに表示

LCD キャラクタモジュールをマイコンで制御するには，I^2C とよばれるシリアル通信と，複数の端子からデータを送るパラレル通信の 2 種類の通信方法がある。パラレル通信では，8 ビットのデータバス方式と，8 ビットのデータを二つに分けて扱う 4 ビットのデータバス方式があるが，本実習では 4 ビットのデータバス方式を扱う。

2 表示文字と文字データ

本実習で扱う LCD キャラクタモジュールに表示できる文字や数字は，図 2 のようになっている。一つの表示文字は JIS コードに対応し，1 バイトで構成される。図 2 では，上位 4 ビットと下位 4 ビットの数値で示されている。たとえば，数字「4」を表示するデータは，「0011 0100」になる。

上位4ビット / 下位4ビット	0000	0001	0010	0011	0100	0101	0110	0111	1000	1001	1010	1011	1100	1101	1110	1111
xxxx0000	CG RAM (1)			0	@	P	`	p				ー	タ	ミ	α	p
xxxx0001	(2)		!	1	A	Q	a	q			。	ア	チ	ム	ä	q
xxxx0010	(3)		"	2	B	R	b	r			「	イ	ツ	メ	β	θ
xxxx0011	(4)		#	3	C	S	c	s			」	ウ	テ	モ	ε	∞
xxxx0100	(5)		$	4	D	T	d	t			、	エ	ト	ヤ	μ	Ω
xxxx0101	(6)		%	5	E	U	e	u			・	オ	ナ	ユ	σ	ü
xxxx0110	(7)		&	6	F	V	f	v			ヲ	カ	ニ	ヨ	ρ	Σ
xxxx0111	(8)		'	7	G	W	g	w			ァ	キ	ヌ	ラ	g	π
xxxx1000	(1)		(	8	H	X	h	x			ィ	ク	ネ	リ	√	x̄
xxxx1001	(2)		)	9	I	Y	i	y			ゥ	ケ	ノ	ル	⁻¹	y
xxxx1010	(3)		*	:	J	Z	j	z			ェ	コ	ハ	レ	j	千
xxxx1011	(4)		+	;	K	[	k	{			ォ	サ	ヒ	ロ	ˣ	万
xxxx1100	(5)		,	<	L	¥	l	|			ャ	シ	フ	ワ	¢	円
xxxx1101	(6)		-	=	M	]	m	}			ュ	ス	ヘ	ン	£	÷
xxxx1110	(7)		.	>	N	^	n	→			ョ	セ	ホ	゛	ñ	
xxxx1111	(8)		/	?	O	_	o	←			ッ	ソ	マ	゜	ö	█

※表示できる文字は LCD キャラクタモジュールによって異なることがある。

▲図 2　LCD の表示文字（コード表）

4 実験回路の製作

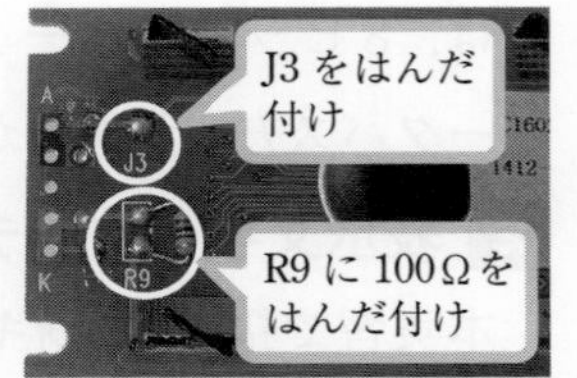

▲図3 裏面の接続

① LCDキャラクタモジュールに付属されている16ピンソケットを，図1のように取りつけ，はんだ付けする。また，LEDバックライトを点灯させるため，図3のように，LCD基板裏面のランドJ3をはんだ付けにより短絡し，付属の炭素皮膜抵抗100 Ω (1/6 W) をR9と記された場所にはんだ付けする。

② 図4に示す実験回路を，ブレッドボード上に図5(a)のように製作する。ブレッドボードからLCD基板の16ピンソケットまでは，端子番号に合わせてジャンプワイヤで接続する。

③ LCDキャラクタモジュールのR/W端子は，書込みしか使用しないため，GNDに接続する。V_O端子は，液晶表示のコントラストを調整する端子であり，半固定抵抗 (10 kΩ) によって文字の濃さを調整する。

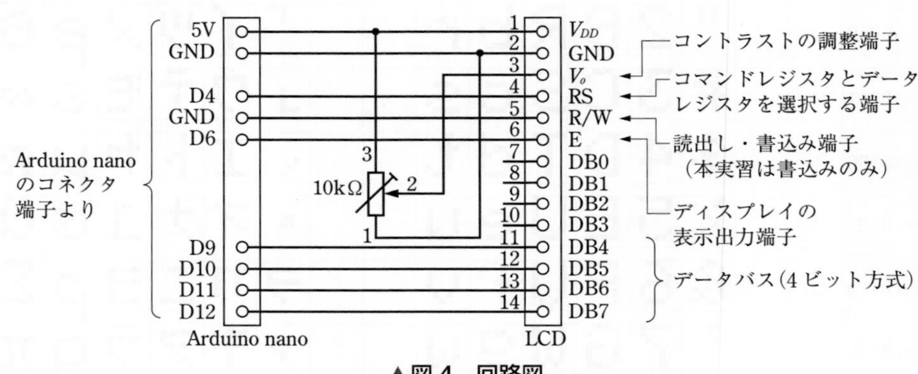

▲図4 回路図

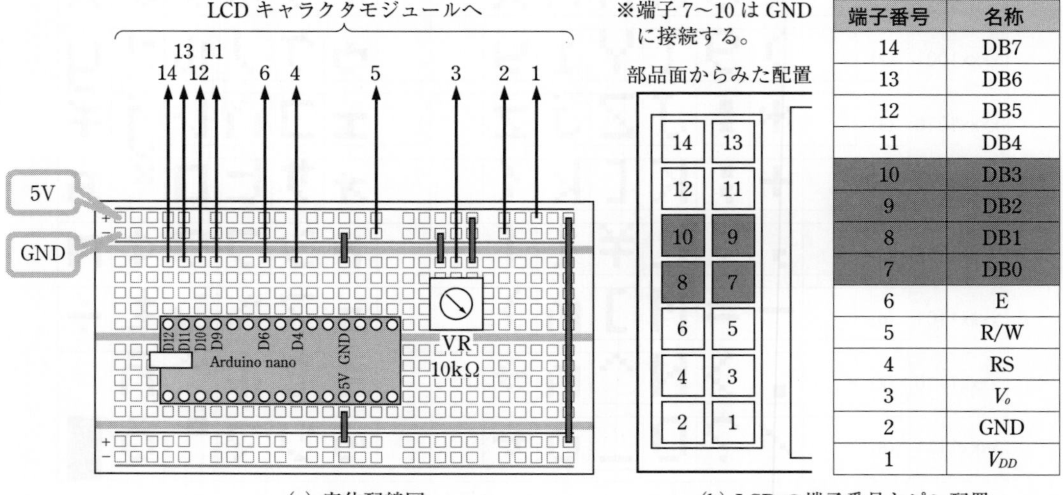

端子番号	名称
14	DB7
13	DB6
12	DB5
11	DB4
10	DB3
9	DB2
8	DB1
7	DB0
6	E
5	R/W
4	RS
3	V_o
2	GND
1	V_{DD}

(a) 実体配線図　(b) LCDの端子番号とピン配置

▲図5 実験回路の実体配線図とLCDキャラクタモジュールの端子番号配置

5 プログラミング

本実習では，以下の Arduino 開発環境がもつライブラリ関数を使って，プログラミングする。

① LiquidCrystal クラス　Arduino には，**クラス**とよばれる変数と関数の集合体がある。LCD キャラクタモジュールを制御するためには，標準ライブラリの LiquidCrystal クラスを使う。そのためには，プログラムの先頭に，ヘッダ LiquidCrystal.h を取り込む宣言を記述するとともに，LiquidCrystal クラスの型の変数を宣言する必要がある。LiquidCrystal クラスの書式は，以下のようである。また，表 2 に引数を示す。

```
LiquidCrystal lcd (rs, enable, db4, db5, db6, db7)
```

※「lcd」は LiquidCrystal クラスの型の変数

▼表 2　LiquidCrystal クラスの引数

引　数	内　　　容
rs	LCD の RS 端子に接続する Arduino のディジタル端子番号
enable	LCD の E 端子に接続する Arduino のディジタル端子番号
db4 ~ db7	LCD の DB 端子に接続する Arduino のディジタル端子番号

② LCD ライブラリ　Arduino 開発環境がもつ LCD ライブラリにある関数を用いると，LCD キャラクタモジュールに表示される文字を制御できる。その関数と使いかたを表 3 に示す。

▼表 3　LCD ライブラリの関数

関　数 (lcd：変数)	内　　　容
lcd.begin (列数，行数)	LCD の列数 (文字数) と行数の指定
lcd.setCursor (列番号，行番号)	LCD のカーソル位置 (座標) の指定　※列，行番号は図 6 参照
lcd.display ()	LCD のディスプレイを表示
lcd.noDisplay ()	LCD のディスプレイを非表示
lcd.clear ()	LCD の表示をクリアしてカーソルを左上のすみに移動
lcd.print (data)	データの型に応じて表示 lcd.print (”data”)　※文字データは ” ” で囲む lcd.print (data,DEC) ※ DEC (10 進数)，HEX (16 進数)，BIN (2 進数)
lcd.scrollDisplayLeft ()	LCD の表示文字を左にスクロールさせる
lcd.scrollDisplayRight ()	LCD の表示文字を右にスクロールさせる

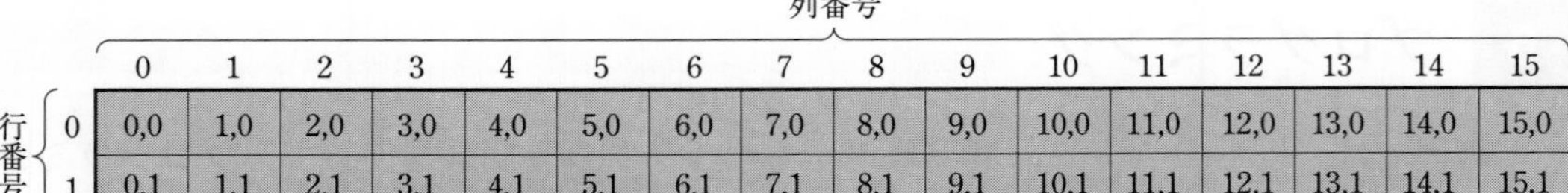

		列番号															
		0	1	2	3	4	5	6	7	8	9	10	11	12	13	14	15
行番号	0	0,0	1,0	2,0	3,0	4,0	5,0	6,0	7,0	8,0	9,0	10,0	11,0	12,0	13,0	14,0	15,0
	1	0,1	1,1	2,1	3,1	4,1	5,1	6,1	7,1	8,1	9,1	10,1	11,1	12,1	13,1	14,1	15,1

▲図6　LCDキャラクタモジュールの文字表示座標

1 二桁文字の表示

LCDの1行目に「/- electronic -/」，2行目に「 practice2024」（先頭は半角2字分空白）を，約500 msごとに表示と非表示を繰り返して，点滅表示をさせる。

●プログラム＿1

```
//------------------- ヘッダファイルの取り込みと端子番号の定義 ----------------------//
#include <LiquidCrystal.h>    // LiquidCrystal.hの取り込み
#define RS  4           // ディジタル端子（D4）はレジスタを選択するRSに設定する
#define E   6           // ディジタル端子（D6）はラッチ（保持）されたデータを出力するEに設定する
#define DB4 9           // ディジタル端子（D9）はデータを出力するDB4に設定する
#define DB5 10          // ディジタル端子（D10）はデータを出力するDB5に設定する
#define DB6 11          // ディジタル端子（D11）はデータを出力するDB6に設定する
#define DB7 12          // ディジタル端子（D12）はデータを出力するDB7に設定する
//-------------------------------- クラスの設定 ---------------------------------//
LiquidCrystal lcd(RS, E, DB4, DB5, DB6, DB7);    // LiquidCrystalクラスの設定
//---------------- Arduinoが起動時に1度だけ実行されるsetup関数 ---------------------//
void setup() {
    lcd.begin(16, 2);                   // LCDの表示範囲設定をする（列16, 行2）
    lcd.setCursor(0, 0);                // LCDの文字表示開始位置の指定をする（列0, 行0）
    lcd.print("/- electronic -/");      // LCDの1行目に文字を出力する
    lcd.setCursor(0, 1);                // LCDの文字表示開始位置の指定をする（列0, 行1）
    lcd.print("  practice2024");        // LCDの2行目に文字を出力する
}
//-------------------------- 繰り返し実行するloop関数 ---------------------------//
void loop() {
    lcd.display();             // LCDの文字を表示する
    delay(500);                // 待機時間
    lcd.noDisplay();           // LCDの文字を非表示にする
    delay(500);                // 待機時間
}
```

2 二桁文字のスクロール表示

LCDの1行目の右端に「Hello Arduino!」と表示させ，右にスクロールして画面からすべての文字が消えたら，2行目の左端に「[Programming]」と表示させ，左にスクロールして画面からすべての文字が消える動作を繰り返し行う。ただし，スクロールする待機時間は約1000 msとする。

●プログラム＿2

```
//------------------- ヘッダファイルの取り込みと端子番号の定義 ---------------------//
#include <LiquidCrystal.h>    // LiquidCrystal.hの取り込み
#define RS  4           // ディジタル端子（D4）はレジスタを選択するRSに設定する
#define E   6           // ディジタル端子（D6）はラッチ（保持）されたデータを出力するEに設定する
#define DB4 9           // ディジタル端子（D9）はデータを出力するDB4に設定する
#define DB5 10          // ディジタル端子（D10）はデータを出力するDB5に設定する
#define DB6 11          // ディジタル端子（D11）はデータを出力するDB6に設定する
```

```
#define DB7 12          // ディジタル端子(D12)はデータを出力するDB7に設定する
//--------------------------------- クラスの設定 ---------------------------------//
LiquidCrystal lcd(RS, E, DB4, DB5, DB6, DB7);   // LiquidCrystalクラスの設定
//---------------- Arduinoが起動時に1度だけ実行されるsetup関数 --------------------//
char i, m;
void setup(){
    lcd.begin(16, 2);     // LCDの表示範囲設定をする(列16, 行2)
}
//--------------------------- 繰り返し実行するloop関数 ---------------------------//
void loop(){
    lcd.clear();                        // LCDに表示された文字をクリアしてカーソルを左上に移動する
    lcd.setCursor(1, 0);                // LCDの文字表示開始位置の指定をする(列1, 行0)
    lcd.print("Hello Arduino!");        // LCDの1行目に文字を出力する(14文字)
    for(i = 0; i <= 14; i++){           // 0〜14までカウントするループ文
        lcd.scrollDisplayRight();       // LCDに表示された文字を右にスクロールする
        delay(1000);                    // 待機時間
    }
    lcd.clear();                        // LCDに表示された文字をクリアしてカーソルを左上に移動する
    lcd.setCursor(1, 1);                // LCDの文字表示開始位置の指定をする(列1, 行1)
    lcd.print("[Programming]");         // LCDの2行目に文字を出力する(13文字)
    for(m = 0; m <= 13; m++){           // 0 〜 13までカウントするループ文
        lcd.scrollDisplayLeft();        // LCDに表示された文字を左にスクロールする
        delay(1000);                    // 待機時間
    }
}
```

6 プログラムの実行と変更

●プログラム＿1

① プログラム1を実行し，動作を確認しなさい。

② 「　practice2024」の先頭の空白部分を削除した文字列「practice2024」に変更して，動作を確認しなさい。

●プログラム＿2

① プログラム2を実行し，動作を確認しなさい。

② 「Hello Arduino!」を左端に表示させたあと，左にスクロールする。また，「[Programming]」を右端に表示させたあと，右にスクロールするようにプログラム2を変更し，動作を確認しなさい。

7 結果の整理

[1] プログラム2の変更した行を記入し，変更部分に下線を引きなさい。

[2] 変更したプログラム1とプログラム2の流れ図を記入しなさい。

8 結果の検討

[1] プログラム2で使われているfor文の意味を考えてみよう。

27 ユニバーサル基板を使った自動点灯回路の製作

1 目的

トランジスタ（MOS FET）によるスイッチング動作の例として，周囲の明るさを光センサで検出し，暗くなると自動的に点灯する自動点灯回路の動作原理について理解する。また，ユニバーサル基板を使った電子回路の製作方法について技能と技術を習得する。

2 使用機器

機器の名称	記号	定格など	数量
炭素皮膜抵抗	R_1	10 kΩ，± 5%，1/4 W	1
炭素皮膜抵抗	R_2	100 kΩ，± 5%，1/4 W	1
炭素皮膜抵抗	R_3	330 Ω，± 5%，1/4 W	1
半固定抵抗器	VR	100 kΩ	1
光導電セル（CdS）	CdS	GL5528，暗抵抗 1 MΩ	1
小信号用トランジスタ	Tr_1	2SC1815	1
p チャネルパワー MOS FET	MOS FET	2SJ681，$V_{DSS} = 60$ V，$I_D = 5$ A，$P_D = 20$ W	1
発光ダイオード	LED	ϕ5，赤色，OS5RKA5111A	5
ピンヘッダ		1 列× 4 ピン，電源端子として使用	1
ユニバーサル基板		片面基板，72 × 47 mm	1
スペーサ		M3 × 10 mm	4
なべ小ねじ		M3 × 5 mm	4
すずめっき線		線径 ϕ0.3 または ϕ0.5	
使用工具	はんだごて，ニッパ，ラジオペンチ，ピンセット，精密ドライバ		

3 関係知識

図 1 に，本実習で製作する自動点灯回路の外観，図 2 に，ブロック図を示す。周囲の明るさを光センサ（光導電セル）によって検出し，p チャネル MOS FET のゲート駆動回路を制御している。p チャネル MOS FET がオンすると，ソース・ドレーン間が導通状態になり，負荷に電源が供給される。

負荷への電源供給は，p チャネル MOS FET の定格電流の範囲であれば，どのような負荷電流でも供給することができる。

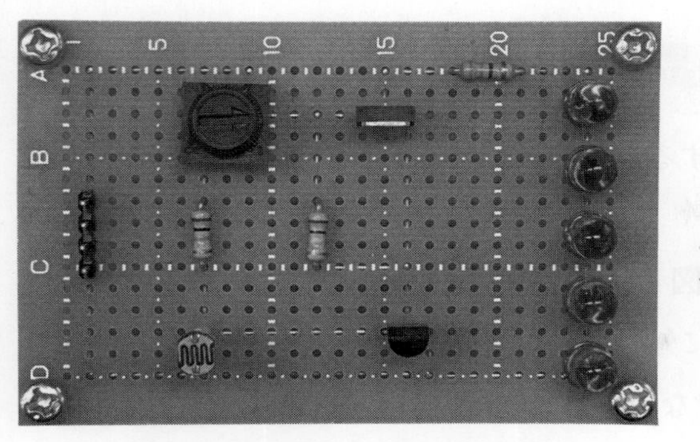

▲図 1　製作する自動点灯回路の外観

半導体スイッチ
(pチャネルMOS FET)
S　D
G
電源
電圧
V_{DD}
光センサ
回路
ゲート
駆動回路
負
荷

▲図 2　自動点灯回路のブロック図

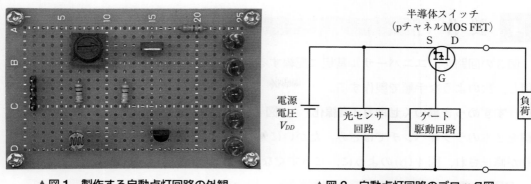

動作のしくみ　図 3 は，製作する自動点灯回路である。明るいときは CdS の抵抗値が低く，V_B は約 0 V になるためベース電流が流れず，Tr_1 はオフ状態になる。Tr_1 がオフのときは，R_2 の電圧降下が 0 になるため，MOS FET のソース端子とゲート端子は同電位となり，MOS FET はオフ状態になる。

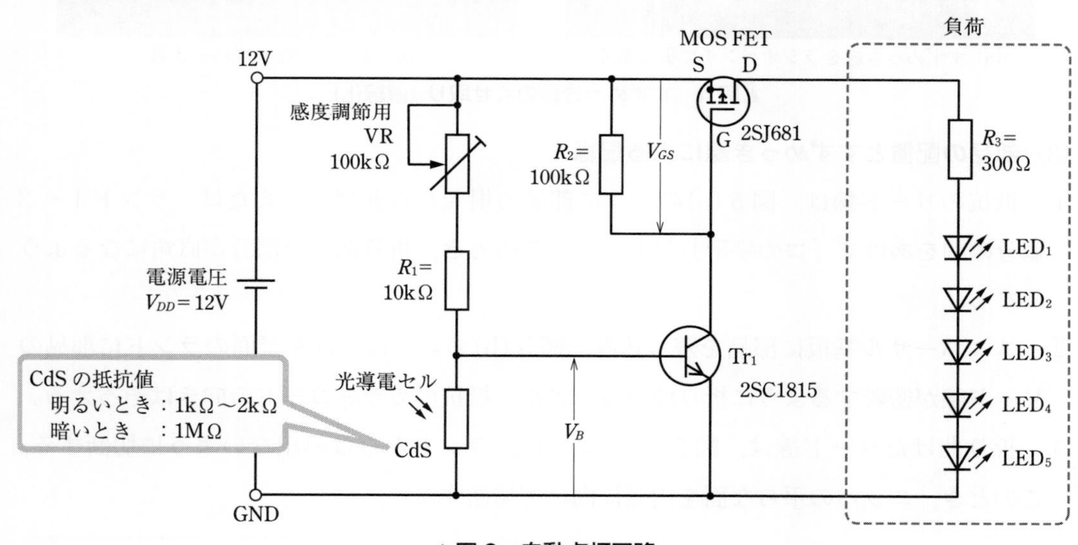

▲図 3　自動点灯回路

暗くなると CdS の抵抗値が増加し，V_B が上昇する。V_B が約 0.6 V になるとベース電流が流れて Tr_1 がオンし，R_2 を経由してコレクタ電流が流れる。R_2 による電圧降下は MOS FET の V_{GS} となるため，V_{GS} が MOS FET のしきい値電圧よりも大きな値になると，ソース・ドレーン間は導通（オン）状態になる。MOS FET がオンになると，ドレーン・ソース間の電圧降下はひじょうに小さく，$V_{DS} \fallingdotseq 0$ V であるため，ドレーン端子の電位は，ほぼ電源電圧 V_{DD} と等しくなり，負荷に電源を供給することができる。

抵抗 R_1 は，感度調節用の半固定抵抗器 VR が 0 になったとき，CdS に過電流が流れないようにする保護用であるが，半固定抵抗器で感度の調整ができない場合，100 kΩ 程度の値に変更するとよい。

製作編

4 製作

図3の回路を，ユニバーサル基板に配線する。配線は線径0.5 mmのすずめっき線を使用し，次のような手順で製作する。

(1) すずめっき線のくせ取り（直線化） 図4(a)のように，長さ約20 cmのすずめっき線を2本のラジオペンチではさみ，たがいに外側に向かって強く引っ張ると，電線の曲がりが修正され，図4(b)のように，まっすぐなすずめっき線が得られる。

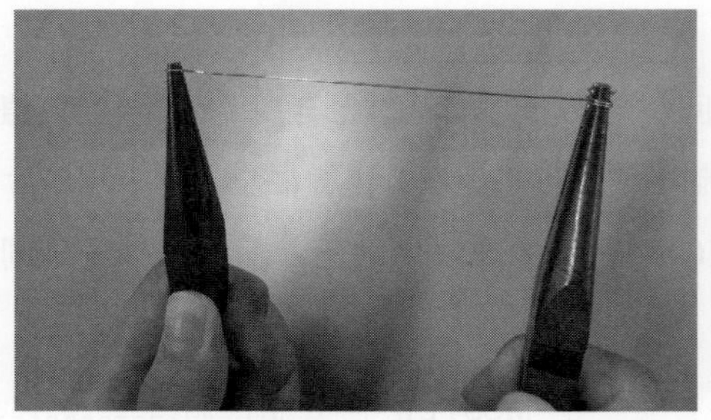

(a) すずめっき線をラジオペンチで引っ張る

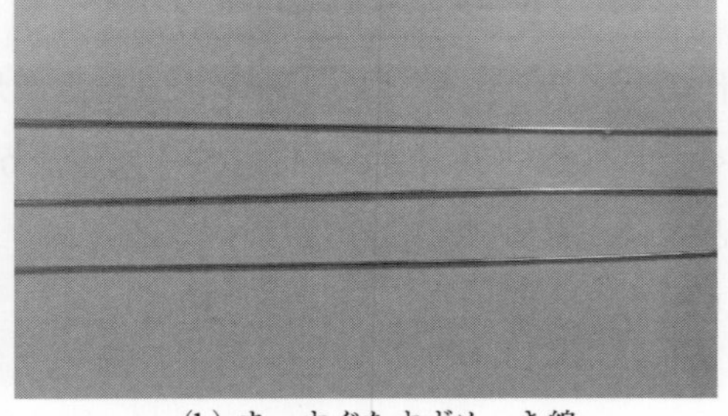

(b) まっすぐなすずめっき線

▲図4 すずめっき線のくせ取り（直線化）

(2) 部品の配置とすずめっき線による配線

① 抵抗のリード線は，図5(a)のように部品の根元から曲げる。または，ランド1～3個分の間をあけて「コの字形」に曲げる。このとき，折り曲げた部分が直角になるようにする。

② ユニバーサル基板に部品を差し込み，図5(b)のように，はんだ面のランドに部品のリード線が密着するように折り曲げる。また，抵抗のカラーコードの向きはそろえる。

③ 折り曲げたリード線は，図5(c)のように，ランドからはみ出ないように切断する。このとき，ニッパの平らな面を内側に向けて切断する。

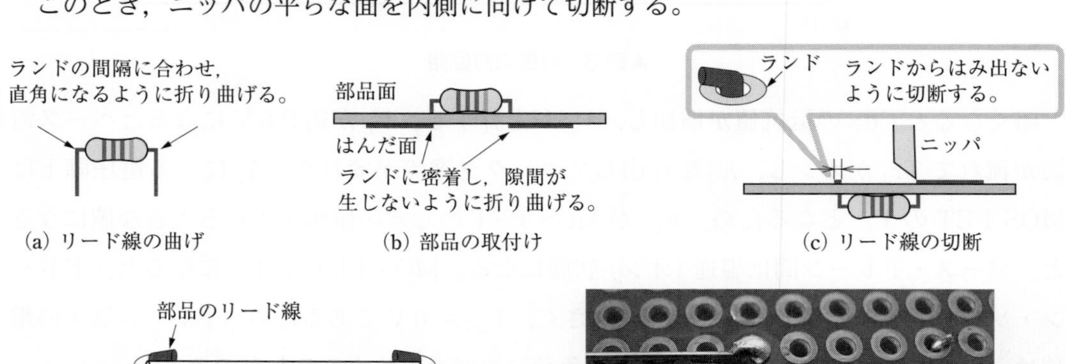

(a) リード線の曲げ　(b) 部品の取付け　(c) リード線の切断

(d) すずめっき線による配線　(e) 接合部分のはんだ付け

▲図5 ユニバーサル基板への部品の取付けと配線

④　切断した部品のリード線どうしを，すずめっき線で図5(d)のように配線し，部品のリード線とすずめっき線の接合部分（突き合わせ部分）は，図5(e)のようにはんだ付けする。

⑤　すずめっき線がはんだ面上で直角に曲がる場所では，図6(a)のように，2本のすずめっき線をランドの上で突き合わせるか，図6(b)のように，ラジオペンチの先端ですずめっき線を直角に曲げ，接合・屈曲部分をはんだ付けする。また，分岐する場所では，図6(c)のように，すずめっき線の接合部をはんだ付けする。

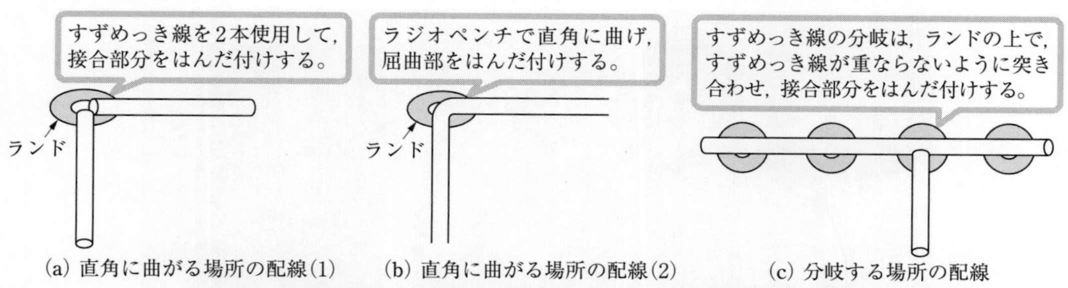

(a) 直角に曲がる場所の配線(1)　(b) 直角に曲がる場所の配線(2)　(c) 分岐する場所の配線

▲図6　はんだ面におけるすずめっき線による直角と分岐の配線

⑥　図7のように配線が終了したら，配線に誤りがないか，図3の回路図と照らし合わせて確認する。確認が完了したら，極性に注意しながら，電源端子（ピンヘッダの＋端子と－端子）に12Vの電源を供給する。

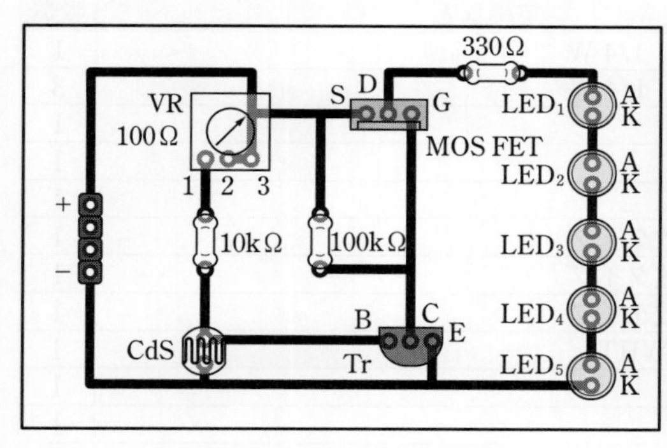

(a) 部品面からみた実体配線図

(b) はんだ面の外観

▲図7　ユニバーサル基板を使った配線例

⑦　光センサ(CdS)部分を手で覆うか暗くすると，LEDが点灯することを確認する。また，必要に応じて半固定抵抗器を使って感度の調整を行う。

5　結果の検討

[1] すずめっき線を使った配線を適切に行うには，どのようなくふうが必要か考えてみよう。

[2] MOS FETの許容電流内で，より大きな電流が流れる負荷で動作を確認してみよう。

28 PIC マイコンを使った測距センサによる簡易距離表示器の製作

1 目 的

PIC マイコンを使った測距センサによる簡易距離表示器の製作を通して，測距センサの特徴を理解し，プログラムの作成についても学ぶ。

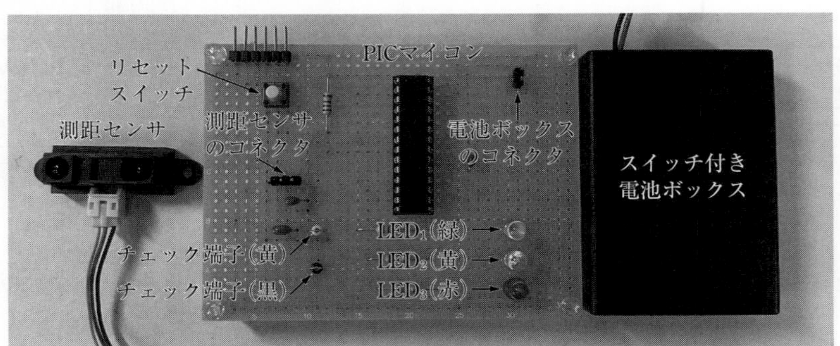

▲図 1　製作する測距センサによる簡易距離表示器

2 使用機器

機器の名称	記号	定格など	数量
炭素皮膜抵抗	R_1	10 kΩ，± 5%，1/4 W	1
炭素皮膜抵抗	R_2	180 Ω，± 5%，1/4 W	3
積層セラミックコンデンサ	C_1	10 μF (106)	1
積層セラミックコンデンサ	C_2	1 μF (105)	1
積層セラミックコンデンサ	C_3	0.1 μF (104)	1
発光ダイオード (緑)	LED_1	ϕ5，緑色，拡散タイプ	1
発光ダイオード (黄)	LED_2	ϕ5，黄色，拡散タイプ	1
発光ダイオード (赤)	LED_3	ϕ5，赤色，拡散タイプ	1
タクトスイッチ	SW_1	DTS-63-N-V-WHT	1
ピンヘッダ (測距センサ)	CN_1	1 列 3 ピン	1
ピンヘッダ (電池ボックス)	CN_2	1 列 2 ピン	1
ピンヘッダ (PIC ライタ)	CN_3	1 列 6 ピン L 型	1
電池ボックス	BTCASE	単三形乾電池 3 本用 (オン / オフスイッチ，ケーブル付き)	1
ワンチップマイコン	U_1	PIC16F1938-I/SP	1
IC ソケット		28 ピン IC ソケット	1
チェック端子 (黄)	TP_1	TEST-1 (Yellow)	1
チェック端子 (黒)	TP_2	TEST-1 (Black)	1
乾電池		単三形乾電池	3
測距センサ		GP2Y0A21YK (ケーブル付き)	1
プラスチックねじ		M3 × 7 mm	4
スペーサ		M3 ねじ用スペーサ (14 mm)	4
ユニバーサル基板		95 mm × 72 mm (2.54 ピッチ) 銅はく仕上げ	1
使用機器や工具，部品など	パソコン (MPLAB X IDE ver6.0 以上，XC8 C-Compiler ver2.0 以上)，PIC ライタ，はんだごて，ニッパ，ラジオペンチ，基板支持台，テスタ，手袋，ゴーグル，すずめっき線 (ϕ0.5)，はんだ，作業台下敷，定規 (15 cm 以上)，厚紙		

3 関係知識

1 測距センサによる簡易距離表示器の動作

測距センサによる簡易距離表示器は，測距センサと物体との距離に応じて，測距センサの出力電圧が変化することを利用し，出力電圧に応じて緑，黄，赤の三つのLEDを点灯させるものである。物体との距離に応じてLEDの点灯パターンをプログラムによって設定する。

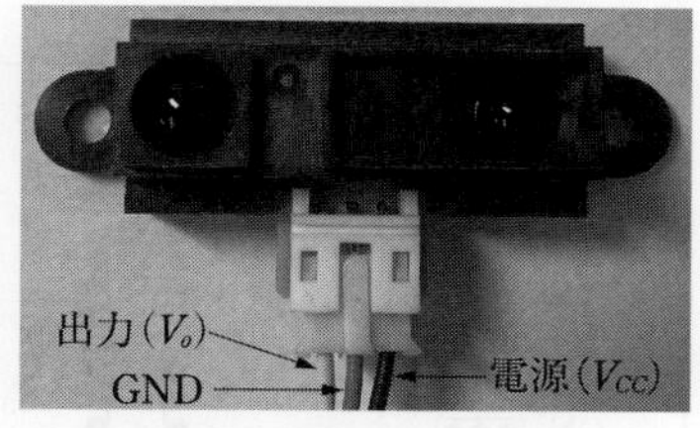

▲図2　測距センサの外観

2 測距センサ

測距センサは，対象物までの距離を測定するセンサである。図2に示すような外観をもち，赤外線LEDと検出物体からの反射光を受光する位置検出素子で構成され，＋4.5～＋5.5 Vの電源電圧で動作する。この測距センサは，検出物体との距離に応じたアナログ電圧をV_o端子から出力し，図3のような特性がある。測距センサは，アクリル板やガラスなど光を透過・吸収する材質には反応しにくいため，実験においては厚紙などを用いる。

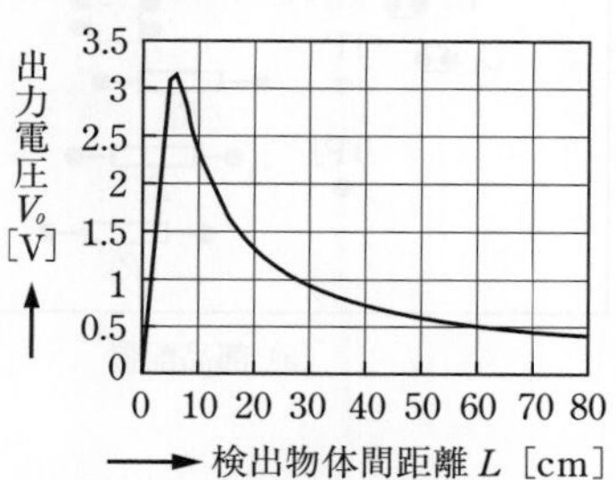

▲図3　出力電圧－距離の特性

3 製作する回路

図4に，製作する測距センサによる簡易距離表示器の回路を示す。測距センサ内部からのノイズを除去するために，V_{CC}とGNDの間に10 μF，V_oとGNDの間に1 μFを接続する。測距センサの出力電圧V_oは，PICマイコンのRA0に接続する。測距センサからの出力電圧をテスタで測定できるように，チェック端子を測距センサの出力V_o(黄色)とGND(黒)に設ける。

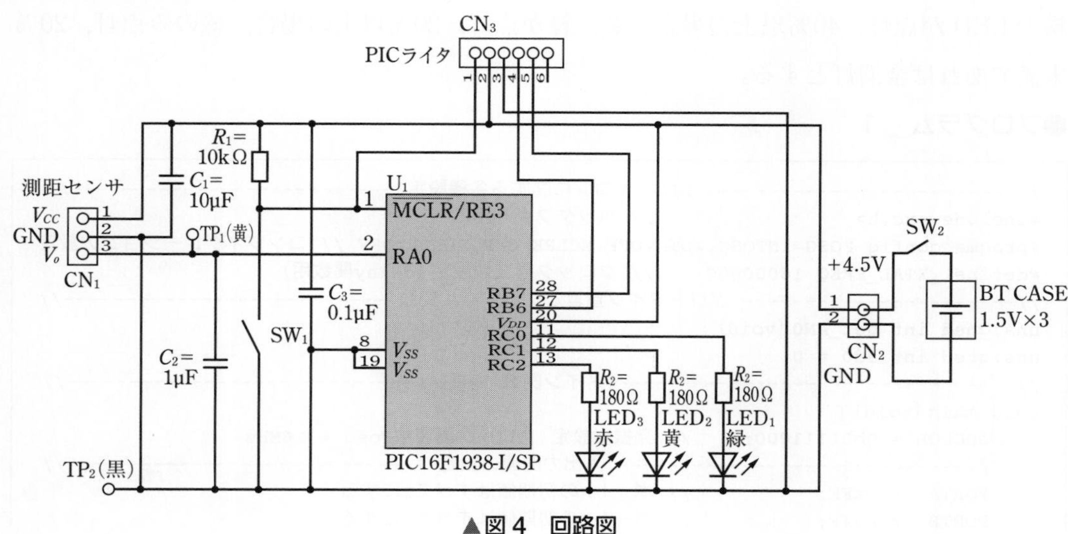

▲図4　回路図

4 ユニバーサル基板による製作

図5(a)に示すように，ユニバーサル基板に部品を取りつける(p.156参照)。配置する場所がまちがっていないか確認したうえで，部品が落ちないように1～2か所にはんだ付け(仮はんだ)する。その後，図5(b)に示すように，すずめっき線を使って配線を行う。

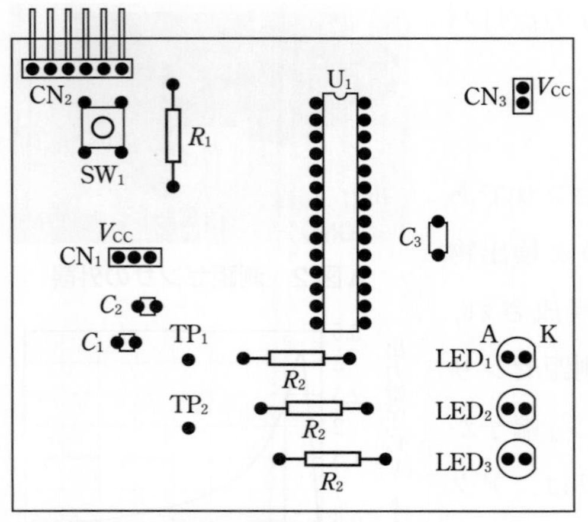

(a) 部品配置

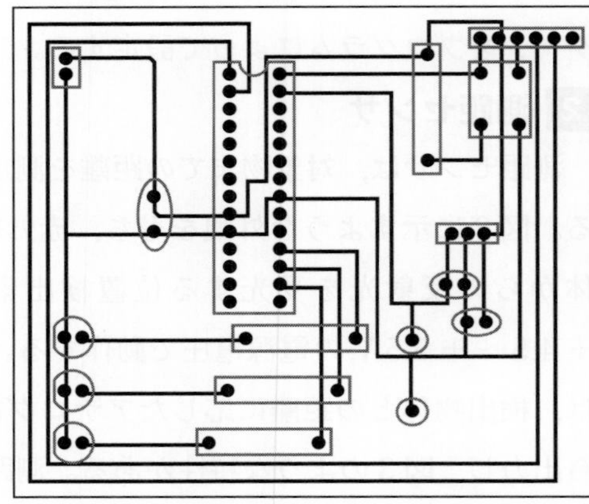
(b) 配線パターン

▲図5 部品配置と配線パターン

5 プログラミング

1 測距センサによる簡易距離表示器

以下に示すプログラム1は，検出物体(厚紙)までの距離に応じた測距センサの出力電圧V_oによって，3色のLEDの点灯パターンが変化するものである。LEDの点灯パターンは，測距センサの出力電圧V_oが，電源電圧＋4.5Vに対して60%以上の場合，赤，黄，緑のLEDが点灯，40%以上の場合，黄，緑が点灯，20%以上の場合，緑のみ点灯，20%未満であれば全消灯とする。

●プログラム＿1

```
//-------------------------- PICマイコンに関する各種設定 ----------------------------//
#include <xc.h>                      // ヘッダファイル
#pragma config FOSC=INTOSC,WDTE=OFF,MCLRE=OFF,PLLEN=OFF // コンフィグレーションの設定
#define _XTAL_FREQ 16000000      // クロック周波数設定(delay関数用)
//---------------------- プロトタイプ宣言とグローバル変数 ---------------------------//
unsigned int get_AN0(void);
unsigned int ad0 = 0;
//--------------------------------- メイン関数 ------------------------------------//
void main(void){
    OSCCON = 0b01111000;       // 発振器設定 クロック周波数Fosc = 16MHz
    //------------------------------- 入出力関連の設定 ------------------------------//
    PORTA  = 0xFF;             // ポートAの初期値はすべて1にする
    PORTB  = 0xFF;             // ポートBの初期値はすべて1にする
```

```
    PORTC  = 0x00;            // ポートCの初期値はすべて0にする
    TRISA  = 0xFF;            // ポートAはすべて入力端子に設定する
    TRISB  = 0xFF;            // ポートBはすべて入力端子に設定する
    TRISC  = 0x00;            // ポートCはすべて出力端子に設定する
    ANSELA = 0x01;            // ポートAはRA0のみアナログ, 他はすべてディジタルI/Oに設定する
    ANSELB = 0x00;            // ポートBはすべてディジタルI/Oに設定する
    //------------------------- A-D変換の初期設定 -----------------------------//
    ADCON1 = 0b11010000;      // A-D変換結果:右詰め,16MHz,A-D変換クロック1ns,参照電圧:VCC-GND
    ADCON0 = 0b00000001;      // A-Dチャンネル:AN0, ADCモジュール:ON
    //----------------------------- メインループ --------------------------------//
    while (1) {
        ad0 = get_AN0 () ;               // A-D変換値の読込み (0～1023)
        if (ad0 >= 1024 * 0.60)          // 測定値60%以上の場合
            PORTC = 0b00000111;          // LED3赤 (RC2) ,LED2黄 (RC1) ,LED1緑 (RC0) が点灯する
        else if (ad0 >= 1024 * 0.40)     // 測定値40%以上の場合
            PORTC = 0b00000011;          // LED2黄 (RC1) ,LED1緑 (RC0) が点灯する
        else if (ad0 >= 1024 * 0.20)     // 測定値20%以上の場合
            PORTC = 0b00000001;          // LED1緑 (RC0) が点灯する
        else                             // 測定値が20%未満の場合
            PORTC = 0b00000000;          // LEDはすべて消灯する
    }
}
//----------------------------- A-D変換用関数 --------------------------------//
unsigned int get_AN0 (void) {
    unsigned int Value;                                  // アナログ計測データの宣言
    ADCON0bits.GO_nDONE = 1;                             // A-D変換開始
    while (ADCON0bits.GO_nDONE) ;                        // A-D変換完了待ち
    Value = (unsigned int) ((ADRESH << 8) | ADRESL) ;    // A-D変換結果の格納
    __delay_us (20) ;                                    // アクイジョンタイム
    return Value;                                        // 戻り値
}
```

6 プログラムの実行と変更

① 測距センサと厚紙との距離を変えながら，プログラム1の動作を確認しなさい。

② 測距センサと厚紙の距離が 6 cm の場合，赤，黄，緑の LED が点灯，9 cm の場合，黄，緑が点灯，14 cm の場合，緑が点灯，14 cm より遠い場合はすべて消灯するプログラムに変更しなさい。ただし，距離は定規で測ること。

製作編

7 結果の整理

[1] 直流電圧 (DC.V) レンジに設定したテスタの赤色テストリード (＋端子) を，簡易距離表示器のチェック端子 (黄色)，黒色テストリード (－端子) をチェック端子 (黒色) に接続し，検出物体 (厚紙) までの距離を，5 cm から 20 cm まで 1 cm ずつ変化させたときの測距センサの出力電圧 V_o を測定し，図3と比較してみよう。

8 結果の検討

[1] 50 cm 以上離れた物体を，1 cm 単位で測定することができるか考えてみよう。

29 PIC マイコンを使った ラジコン型 6 足歩行ロボットの製作

1 目 的

図 1 に示すラジコン型 6 足歩行ロボットの製作を通して，無線モジュールと PIC マイコンの知識を理解するとともに，プログラミング技術を習得する。

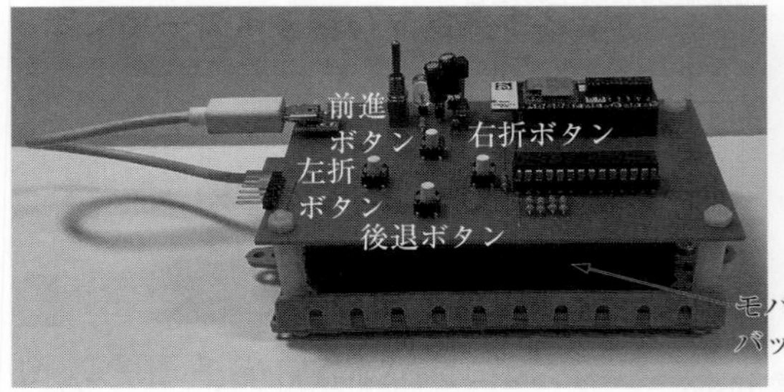

(a) 無線コントローラ

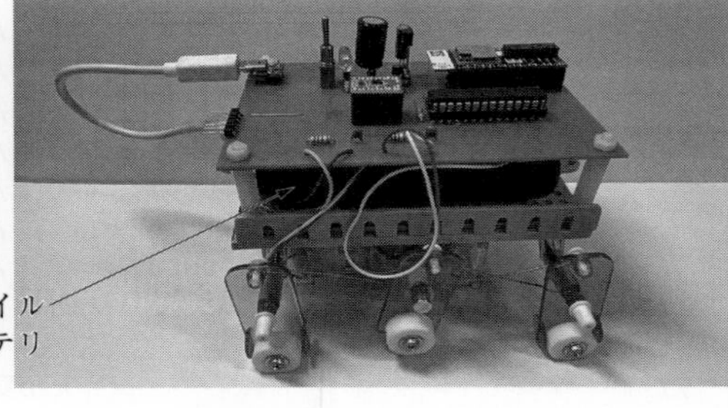

(b) 6 足歩行ロボット本体

▲図 1　製作する 6 足歩行ロボット

2 使用機器

機器の名称	記号	定格など	数量
炭素皮膜抵抗	R_1	100 Ω，± 5%，1/4 W	2
炭素皮膜抵抗	R_2	330 Ω，± 5%，1/4 W	2
炭素皮膜抵抗	R_3	10 kΩ，± 5%，1/4 W	7
炭素皮膜抵抗	R_4	15 kΩ，± 5%，1/4 W	1
積層セラミックコンデンサ	C_1	0.1 μF (104)	5
積層セラミックコンデンサ	C_2	0.01 μF (103)	2
電解コンデンサ	C_3	47 μF，16 V	3
電解コンデンサ	C_4	470 μF，16 V	1
発光ダイオード (白)	LED_1	ϕ5，白色，拡散タイプ	2
ワンチップマイコン	U_1	PIC16F1938-I/SP	2
無線モジュール	U_2	TWELITE DIP「GOLD」	2
3 端子レギュレータ	U_3	S-812C33AY-B-G	2
モータドライバ IC DIP 化キット	U_4	AE-DRV8835-S (秋月電子通商) DRV8835 使用 (表面実装済)	1
スライドスイッチ	SW_1	SS-12SDP2	2
タクトスイッチ	SW_2	DTS-63-N-V-WHT	4
IC ソケット		28 ピン IC ソケット	2
1 列×シングルピンロングソケット		6 ピン (2.54 mm ピッチ) ※モータドライバ IC 用ソケット	2
1 列×シングルピンロングソケット		14 ピン (2.54 mm ピッチ) ※ TWELITE DIP 用ソケット	4
マイクロ USB コネクタ DIP 化キット		AE-MRUSB-DIP (秋月電子通商)	2
ピンヘッダ	CN_1	1 列 6 ピン L 型	2
モバイルバッテリ		10 000 mAh	2
6 足歩行ロボット		2 チャネルリモコン・インセクト (6 足歩行タイプ) (タミヤ ITEM71107)	1
ユニバーサルプレート L		210 mm × 160 mm (タミヤ ITEM70172)	1
スペーサ類 (基板固定用)		M3 プラスチックねじ，六角ナット，六角スペーサ (長さ 25 mm)	8
スペーサ類 (シャーシ固定用)		M3 ねじ (長さ 15 mm)，六角ナット，スペーサ (長さ 5 mm)	2
スペーサ類 (L 型フレーム固定用)		M3 ねじ (長さ 7 mm)，六角ナット	4
プリント基板		95 mm × 72 mm (2.54 ピッチ) 銅はく仕上げ	2
使用機器や工具，部品など		パソコン (MPLAB X IDE ver6.0 以上，XC8 C-Compiler ver2.0 以上)，PIC ライタ，TWELITE R3，USB ケーブル (電源供給用)，はんだごて，ニッパ，ラジオペンチ，ゴーグル，手袋，基板支持台，作業台下敷，はんだ，すずめっき線 (ϕ0.5)，ドリル (ϕ0.9, ϕ3.2)，テスタ，卓上丸鋸盤，卓上ドリルスタンド，プラスドライバ No1，ボックスドライバ H5.5，潤滑油	

3 関係知識

1 PIC マイコンを使ったラジコン型 6 足歩行ロボットの動作

ラジコン型 6 足歩行ロボットは，送信側の無線コントローラと受信側の 6 足歩行ロボットで構成されたラジコン型ロボットである。無線コントローラには前進，後退，右折，左折のボタンがあり，ボタン操作に応じた信号が無線コントローラから送信され，6 足歩行ロボットを操縦できる。

2 無線モジュール「TWELITE（トワイライト）」

▲図 2　TWELITE DIP「GOLD」

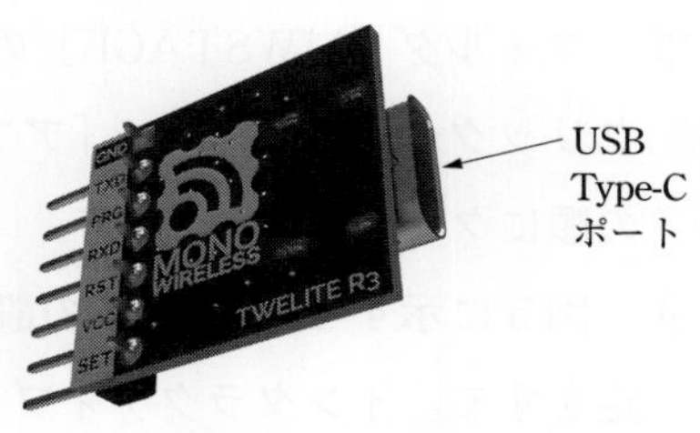

▲図 3　TWELITE R3

本実習で使用するマイコンを内蔵した無線モジュール「TWELITE」は，電源電圧 2.3 ～ 3.6 V で動作し，2.4 GHz 帯の短距離無線規格の IEEE802.15.4 を使って通信する。TWELITE には，機能の高い順に「GOLD」，「RED」，「BLUE」があるが，それぞれ互換性があり，混在した環境でも無線通信が可能である。また，TWELITE には使用目的や用途などに応じて複数の種類があるが，本実習では，アンテナが内蔵されている TWELITE DIP（ディップ）「GOLD」を使用する（図 2）。なお，TWELITE の通信設定などを書き込む機器として，図 3 に示す TWELITE R3 が必要である。

TWELITE は，図 4 に示すように，ネットワークを設定するアプリケーション ID や周波数チャネル，通信速度などを設定することで，グループをつくることができる。これにより，同一グループ内であれば，ほかのグループが近くで無線通信をしても，混信することがない。グループ内では，親機と子機を 1 台ずつ設定すると双方向通信ができるが，親機と親機，子機と子機では双方向通信ができない。

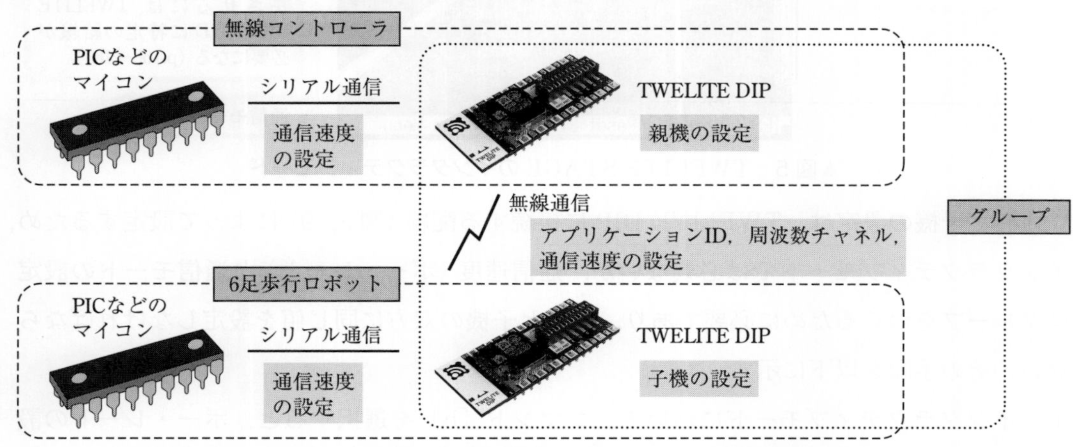

▲図 4　TWELITE のグループとマイコンとの通信

TWELITEには，マイコンと接続してシリアル通信を行う機能もある。シリアル通信の通信速度は，1秒間に伝送するビット数（ボー・レート（単位：bps））として，TWELITEとマイコンに設定する必要がある。

3 TWELITE DIPの通信設定

TWELITE DIPの通信設定は，TWELITEの開発・販売企業であるモノワイヤレス(株)のWebサイトからダウンロードできるTWELITE STAGE SDKとよばれる開発環境を使用する。

① ダウンロードしたファイルを展開（解凍）し，フォルダ「MWSTAGE」を作成する。フォルダ名には，空白文字や全角文字が使えないので注意する。

② TWELITE R3をTWELITE DIPのピンソケットに差し込み，USBケーブルを使ってパソコンと接続する。

③ フォルダ「MWSTAGE」の中から実行ファイル「TWELITE Stage.exe」をダブルクリックして起動させ，「アプリ書換」→「BINから選択」→「App_UART_GOLD」の順にクリックする。

④ 図5に示すTWELITEの設定画面「インタラクティブモード」を開き，送受信の設定をする。インタラクティブモードでは，行の先頭のアルファベット（コマンド）を入力するとメッセージが表示され，指示に従って値や文字などを入力したあと，Enterキーで確定することができる。

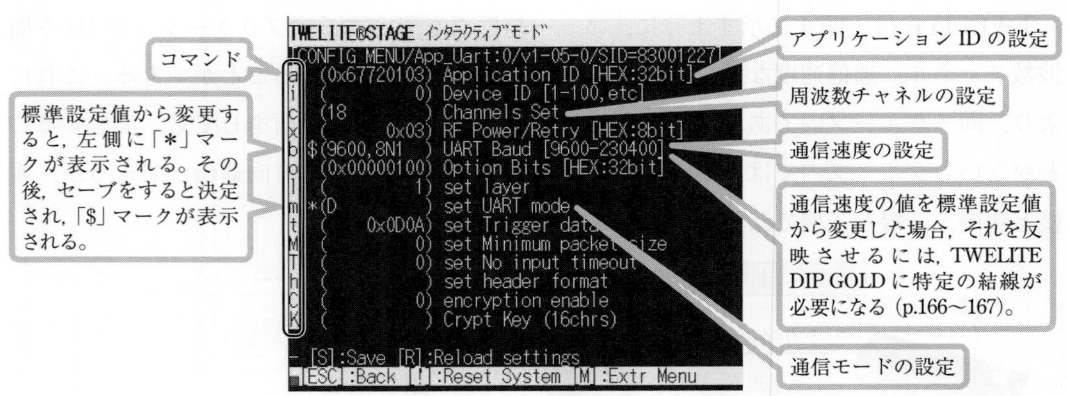

▲図5 TWELITE STAGEのインタラクティブモード

親機と子機の設定は，TWELITE DIPに接続する配線（図8，9）によって設定するため，インタラクティブモードでは必要ないが，通信速度（ボー・レート）と通信モードの設定はグループをつくるために必要であり，親機と子機の双方に同じ値を設定しなければならない。その手順を以下に示す。

① インタラクティブモードにおいて，コマンド「b」を選択すると，ボー・レートの設定になり，メッセージのあとに「9600」を入力し，確定する（Enterキーを押す）。

② コマンド「m」を選択すると，親機と子機の通信モードの設定になり，メッセージのあとに「d」(透過モード) を入力し，確定する。

③ 設定した内容をセーブするには，大文字でコマンド「S」を入力する。アプリケーション ID や周波数チャネルの設定は標準設定値 (DEFAULT) のままでよい。

※複数のグループをつくる場合は，アプリケーション ID を 0x00010001 ~ 0x7FFFFFFE の間で設定できる。また，周波数チャネルは 11 ~ 26 まで合計 16 チャネルの間で設定が行える。

4 PIC マイコンのシリアルデータの構成と通信設定

図 6 に，本実習で扱う PIC マイコンと TWELITE のシリアル通信におけるデータ伝送波形の構成を示す。

シリアル通信の送信は，1 バイト単位で行われ，データ送信開始を示すスタートビット (1 ビット)，データビット (8 ビット)，データ送信終了を示すストップビット (1 ビット) の合計 10 ビットで構成される。

一方，受信は，スタートビットの立下りエッジを検出したタイミングから，データのサンプリングが行われる。サンプリングは，1 ビットのパルス幅の中央付近で複数回行われ，サンプリングしたデータを多数決によって，信号 0 か 1 に判別する。

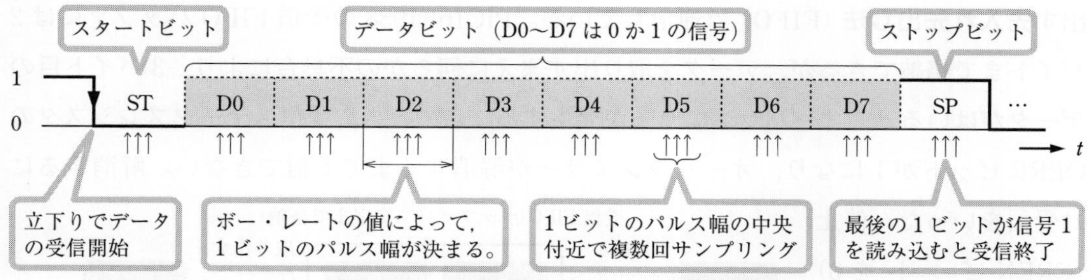

▲図 6　シリアル通信における伝送波形の構成

PIC マイコンのシリアル通信を行うためのレジスタの設定を以下に示す。

① TXSTAbits.BRGH (送信ステータスレジスタの BRGH ビット)　データのサンプリング回数を設定する。0 は，サンプリング回数が多く信頼できる通信となるが，通信速度が遅くなる。1 は，サンプリング回数が少ないため，通信速度が速くなる。

本実習では，TXSTAbits.BRGH = 1 (高速) に設定。

② RCSTAbits.SPEN (受信ステータスレジスタの SPEN ビット)　PIC マイコンのシリアルポートをシリアル端子 (TX，RX) として扱う設定。0 は無効，1 は有効。

本実習では，RCSTAbits.SPEN = 1 (シリアルポートを有効) に設定。

③ BAUDCONbits.BRG16 (ボー・レートレジスタの BRG16 ビット)　シリアル通信のデータビット数を設定する。0 は 8 ビット，1 は 16 ビットとなる。

本実習では，BAUDCONbits.BRG16 = 0 (8 ビット) に設定。

④ SPBRG（サンプリングレジスタ）　サンプリングレジスタ SPBRG の設定値は，サンプリング回数，データビット数，マイコンの動作クロック周波数，通信速度から，式 (1) を使って計算する。ただし，BRGH = 1 かつ BRG = 0 または，BRGH = 0 かつ BRG = 1 とする。

$$\mathrm{SPBRG} = \frac{\text{クロック周波数}}{16 \times (\text{通信速度（ボー・レート）})} - 1 \qquad (1)$$

本実習では BRGH = 1 かつ BRG16 = 0，動作クロック周波数 16 MHz，通信速度 9600 bps で設定するので，式 (1) より，SPBRG レジスタの設定値は次のようになる。

$$\mathrm{SPBRG} = \frac{16 \times 10^6}{16 \times 9600} - 1 \fallingdotseq \mathbf{103}$$

⑤ TXSTAbits.TXEN（送信ステータスレジスタの TXEN ビット）　送信の有効・無効を設定する。0 は送信停止，1 は送信許可となる。

⑥ RCSTAbits.CREN（受信ステータスレジスタの CREN ビット）　連続受信の有効・無効を設定する。0 は受信停止，1 は受信許可となる。

5 シリアル通信のオーバランエラー

本実習で扱うシリアル通信は，図 7 のように，最初に入れたシリアルデータを先に取り出す**先入れ先出し法**（**FIFO**）で通信している。PIC16F1938 の受信 FIFO バッファには 2 バイトまで格納できるが，データを取り出すまえに何らかの不具合により，3 バイト目のデータがはいると，オーバランエラーが発生する。このとき，受信ステータスレジスタの OERR ビットが 1 になり，オーバランエラーが解消するまで受信できない。解消するには受信をいったん停止（CREN ビットを 0）し，OERR ビットを 0 に設定してから，再度受信を許可する。

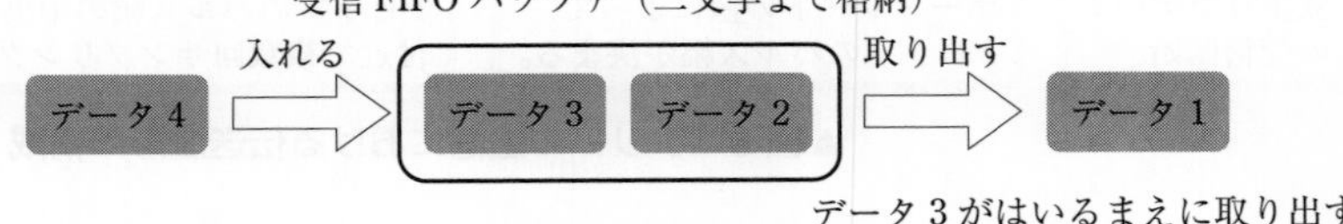

▲図 7　受信 FIFO バッファの構造

6 無線コントローラの回路（親機・送信側）

図 8 に，無線コントローラ（送信側）の回路を示す。電源電圧は，モバイルバッテリから 5 V を供給する。無線コントローラを親機として設定するため，TWELITE DIP の MODE 1 端子を GND に接続する。また，PIC マイコンから TWELITE DIP にシリアル通信で送信するため，PIC マイコンの TX 端子（データ送信）を TWELITE DIP の RX 端子（データ受信）に接続する。さらに，通信速度（ボー・レート）の値を標準設定値から変更するため，TWELITE DIP の BPS 端子を GND に接続する。

7 6 足歩行ロボットの回路（子機・受信側）

図 9 に，6 足歩行ロボット（受信側）の回路を示す。電源電圧は，モバイルバッテリから

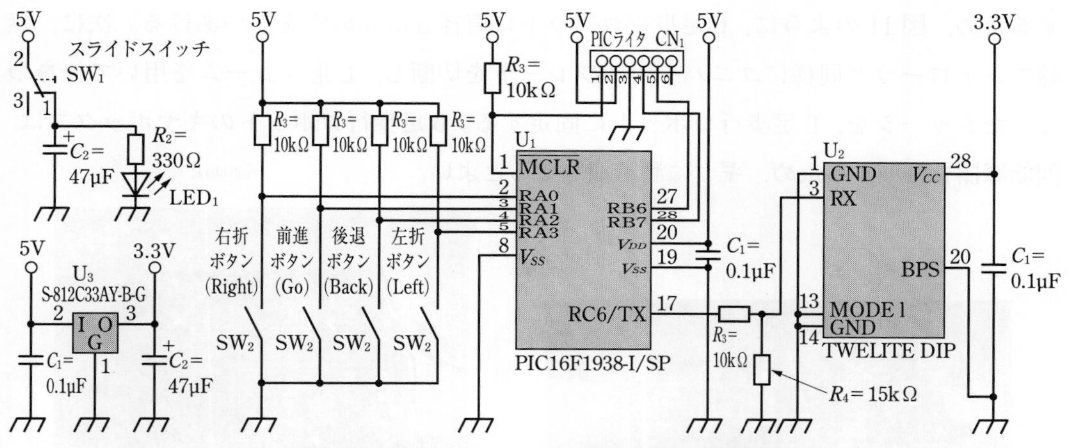

▲図8　無線コントローラの回路（親機・送信側）

5 V を供給する（消費電力が大きな DC モータを使うため，10000 mAh 以上のモバイルバッテリを推奨する）。6 足歩行ロボットは子機として設定するため，TWELITE DIP の MODE 1 端子はどこにも接続しない。また，TWELITE DIP から PIC マイコンにシリアル通信で送信するため，TWELITE DIP の TX 端子（データ送信）から PIC マイコンの RX 端子（データ受信）に接続する。さらに，無線コントローラと同じく，通信速度（ボー・レート）の値を標準設定値から変更するため，TWELITE DIP の BPS 端子を GND に接続する。

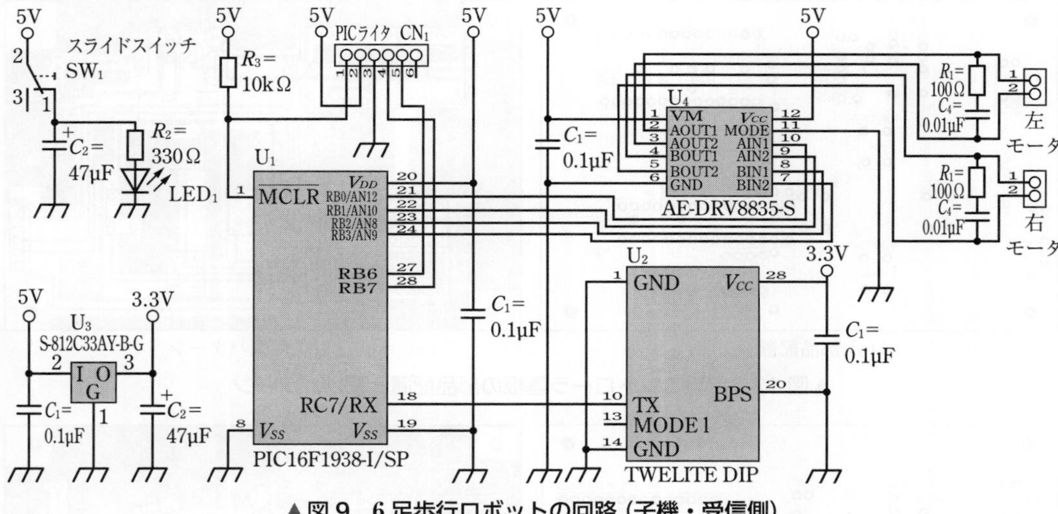

▲図9　6 足歩行ロボットの回路（子機・受信側）

4 製作

1 シャーシ製作

無線コントローラのシャーシは，モバイルバッテリとプリント基板の外形に合わせてユニバーサルプレートを切断し，付属の L 形フレームを用いて，図 10 のように製作する。

6 足歩行ロボットのシャーシは，市販のものを利用する。ここに，受信側の基板を搭載するため，図 11 のように，6 足歩行ロボットに直径 3 mm の穴を二つあける。次に，無線コントローラと同様にユニバーサルプレートを切断し，L 形フレームを用いて枠をつくったシャーシを，6 足歩行ロボットに固定する。6 足歩行ロボットのギヤボックスは，回転摩擦を軽減するため，ギヤに潤滑油を塗るとよい。

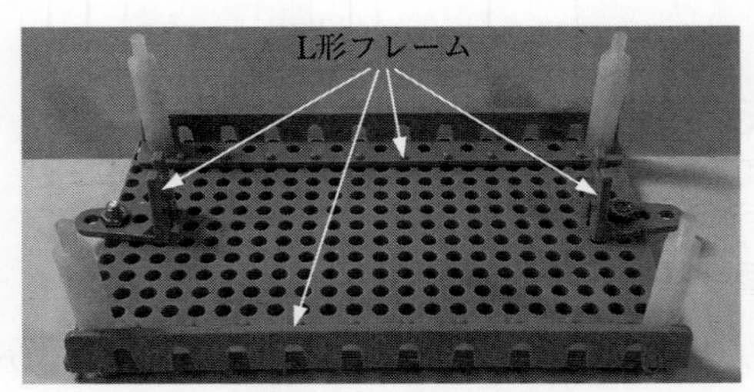

▲図 10　無線コントローラのシャーシ

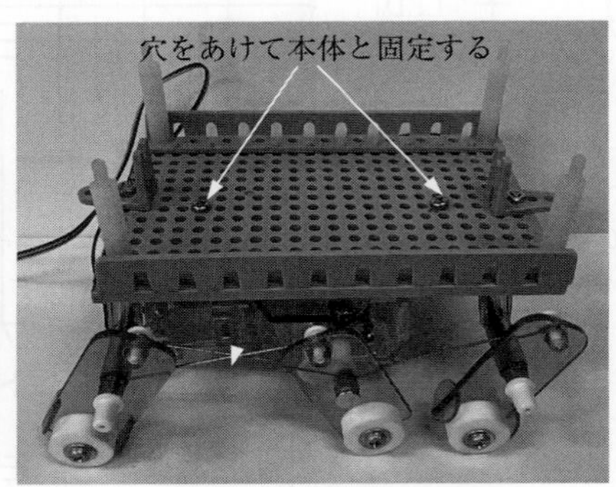

▲図 11　6 足歩行ロボットのシャーシ

2 プリント基板の製作（縦 74 mm，横 112 mm）

部品の穴は直径 0.9 mm，シャーシの固定穴は直径 3.2 mm にする。TWELITE DIP やモータドライバ IC を接続するロングピンソケットをはんだ付けするさいは，傾斜や浮きが出ないよう，まっすぐに立ててはんだ付けする。

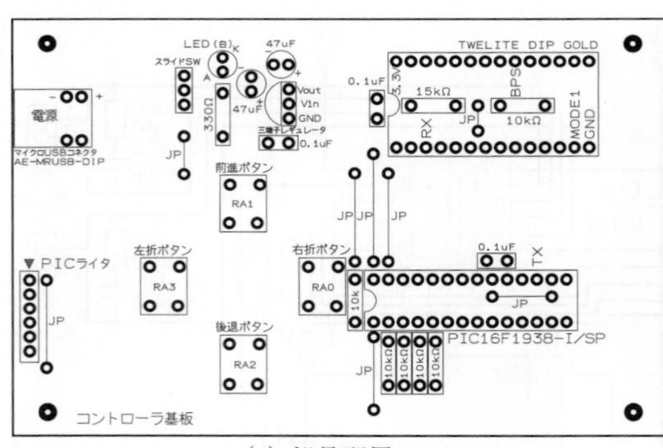

(a) 部品配置

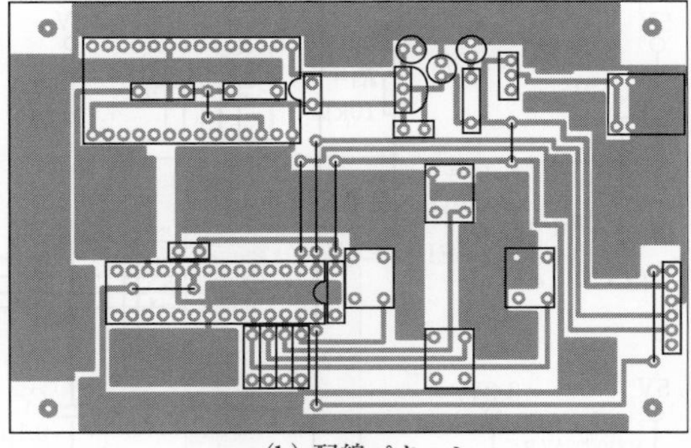

(b) 配線パターン

▲図 12　無線コントローラ基板の部品配置と配線パターン

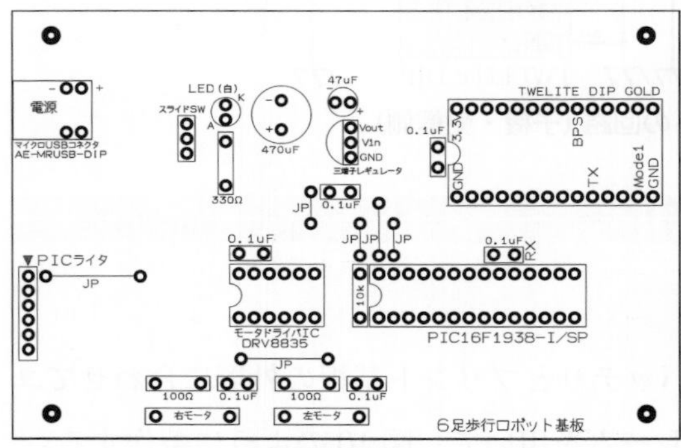

(a) 部品配置

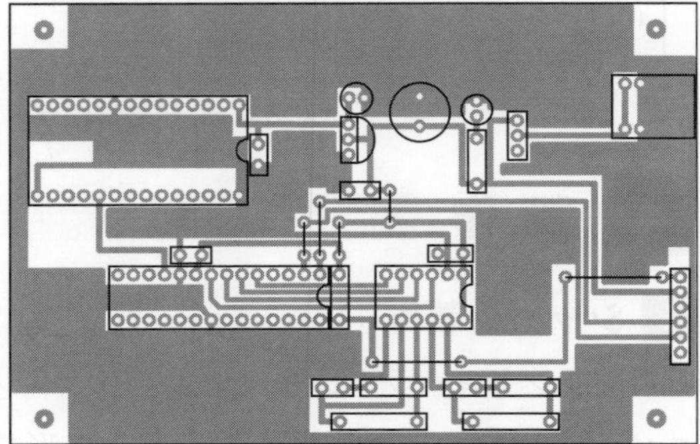

(b) 配線パターン

▲図 13　6 足歩行ロボット搭載基板の部品配置と配線パターン

5 プログラミング

1 無線コントローラのプログラム

次の条件を満たす無線コントローラのプログラムを作成する。

条件 (1) 前進ボタンがオンのとき，ASCII コード 'G' を出力する。
(2) 後退ボタンがオンのとき，ASCII コード 'B' を出力する。
(3) 右折ボタンがオンのとき，ASCII コード 'R' を出力する。
(4) 左折ボタンがオンのとき，ASCII コード 'L' を出力する。
(5) すべてのボタンがオフのとき，ASCII コード 'N' を出力する。

入力の定義
前進ボタン ＝ go ＝ RA1
後退ボタン ＝ back ＝ RA2
右折ボタン ＝ right ＝ RA0
左折ボタン ＝ left ＝ RA3

出力の定義
前進 ＝ 'G'
後退 ＝ 'B'
右折 ＝ 'R'
左折 ＝ 'L'
停止 ＝ 'N'

無線通信の定義
送信用定数＝ US_write ＝ TXREG

●プログラム＿1

```
//-------------------------- PICマイコンに関する各種設定 --------------------------//
#include <xc.h>                         // ヘッダファイル
#pragma config FOSC=INTOSC,WDTE=OFF,MCLRE=OFF,PLLEN=OFF// コンフィグレーションの設定
#define _XTAL_FREQ 16000000             // クロック周波数設定 (delay関数用)
#define go RA1                          // 前進ボタンの定義
#define back RA2                        // 後退ボタンの定義
#define right RA0                       // 右折ボタンの定義
#define left RA3                        // 左折ボタンの定義
#define US_write TXREG                  // 送信用定数
//---------------------------------- メイン関数 ----------------------------------//
void main (void) {
    OSCCON = 0b01111000;          // 発振器設定 クロック周波数Fosc = 16MHz
    //---------------------------- 入出力関連の設定 ----------------------------//
    PORTA  = 0xFF;                // ポートAの初期値はすべて1にする
    PORTB  = 0xFF;                // ポートBの初期値はすべて1にする
    PORTC  = 0xBF;                // ポートCの初期値はTXピン (RC6) のみ0, 他はすべて1に設定する
    TRISA  = 0xFF;                // ポートAはすべて入力端子に設定する ※RA0 ～ RA3まで使用
    TRISB  = 0xFF;                // ポートBはすべて入力端子に設定する
    TRISC  = 0xBF;                // ポートCはTXピン (RC6) のみ出力端子, 他はすべて入力端子に設定する
    ANSELA = 0x00;                // ポートAはすべてディジタルI/Oに設定する
    ANSELB = 0x00;                // ポートBはすべてディジタルI/Oに設定する
    //-------------------------- 無線通信の設定 (送信) ------------------------------//
    TXSTAbits.BRGH = 1;           // 高速通信に設定する
    RCSTAbits.SPEN = 1;           // シリアル通信に設定する
    BAUDCONbits.BRG16 = 0;        // シリアル通信のデータビットを8ビットに設定する
    SPBRG = 103;                  // サンプリングの設定を「103」に設定する
    TXSTAbits.TXEN = 1;           // 送信指定を「送信許可」にする
    //---------------- メインループ (コントローラ_親機・送信) -----------------------//
    while (1) {                         // スイッチを押すと0になる (負論理)
        if (go == 0) {                  // goがオンのとき, 前進する
            US_write = 'G';             // ASCIIコード'G' (0x47) が送信される
        }else if (back == 0) {          // backがオンのとき, 後退する
            US_write = 'B';             // ASCIIコード'B' (0x42) が送信される
```

製作編

```
        }else if(right == 0){      // rightがオンのとき，右折する
            US_write = 'R';        // ASCIIコード'R'(0x52)が送信される
        }else if(left == 0){       // leftがオンのとき，左折する
            US_write = 'L';        // ASCIIコード'L'(0x4C)が送信される
        }else{                     // すべてのボタンがオフのとき，停止する
            US_write = 'N';        // ASCIIコード'N'(0x4E)が送信される
        }
        __delay_ms(2);
    }
}
```

2 6足歩行ロボットのプログラム

次の条件を満たす6足歩行ロボットのプログラムを作成する。

条件
(1) ASCIIコード'G'(前進)のとき，左モータ前進回転，右モータ前進回転する。
(2) ASCIIコード'B'(後退)のとき，左モータ後退回転，右モータ後退回転する。
(3) ASCIIコード'R'(右折)のとき，左モータ前進回転，右モータ無回転する。
(4) ASCIIコード'L'(左折)のとき，左モータ無回転，右モータ前進回転する。
(5) ASCIIコード'N'のとき，すべてのモータは停止する。
(6) (1)～(4)の動作はデューティ比が50%で動作すること。

出力の定義
左モータ後退回転 = LM_Back = RB0
左モータ前進回転 = LM_Go = RB1
右モータ後退回転 = RM_Back = RB2
右モータ前進回転 = RM_Go = RB3

無線通信の定義
受信用定数 = US_read = RCREG

●プログラム__2

```
//------------------------ PICマイコンに関する各種設定 ------------------------//
#include <xc.h>                       // ヘッダファイル
#pragma config FOSC=INTOSC,WDTE=OFF,MCLRE=OFF,PLLEN=OFF // コンフィグレーションの設定
#define _XTAL_FREQ 16000000           // クロック周波数設定(delay関数用)
#define RM_Back RB0                   //「右モータが後退回転」の定義
#define RM_Go RB1                     //「右モータが前進回転」の定義
#define LM_Back RB2                   //「左モータが後退回転」の定義
#define LM_Go RB3                     //「左モータが前進回転」の定義
#define US_read RCREG                 // 受信用定数
//----------------------------- プロトタイプ宣言 ------------------------------//
void US_error (void);
//------------------------------- メイン関数 ---------------------------------//
void main (void){
    OSCCON = 0b01111000;     // 発振器設定 クロック周波数Fosc = 16MHz
    //-------------------------- 入出力関連の設定 ---------------------------//
    PORTA  = 0xFF;           // ポートAの初期値はすべて1にする
    PORTB  = 0xF0;           // ポートBの初期値はRB0,RB1,RB2,RB3が0，他は1に設定する
    PORTC  = 0xFF;           // ポートCの初期値はすべて1に設定する ※RXピン(RC7)のみ使用
    TRISA  = 0xFF;           // ポートAはすべて入力端子に設定する
    TRISB  = 0xF0;           // ポートBはRB0,RB1,RB2,RB3が出力端子，他は入力端子に設定する
    TRISC  = 0xFF;           // ポートCはすべて入力端子に設定する ※RXピン(RC7)のみ使用
    ANSELA = 0x00;           // ポートAはすべてディジタルI/Oに設定する
    ANSELB = 0x00;           // ポートBはすべてディジタルI/Oに設定する
    //----------------------- 無線通信の設定(受信) ---------------------------//
    TXSTAbits.BRGH = 1;      // 高速通信に設定する
```

```
    RCSTAbits.SPEN = 1;      // シリアル通信に設定する
    BAUDCONbits.BRG16 = 0;  // シリアル通信のデータビットを8ビットに設定する
    SPBRG = 103;            // サンプリングの設定を「103」に設定する
    RCSTAbits.CREN = 1;      // 受信指定を「受信許可」にする
    //--------------- メインループ(6足歩行ロボット_子機・受信) -----------------//
    char data = 1;
    while(1){                               // 'G'→ 前進, 'B'→ 後退, 'L'→ 左折, 'R'→ 右折
        if(US_read == 'G'){                 // ASCIIコード'G'(0x47)が受信された場合
            LM_Go = data;                   // 左右のモータを前進回転させて, 前進する
            LM_Back = 0;
            RM_Go = data;
            RM_Back = 0;
        }else if(US_read == 'B'){           // ASCIIコード'B'(0x42)が受信された場合
            LM_Go = 0;                      // 左右のモータを後退回転させて, 後退する
            LM_Back = data;
            RM_Go = 0;
            RM_Back = data;
        }else if(US_read == 'R'){           // ASCIIコード'R'(0x52)が受信された場合
            LM_Go = data;                   // 左モータを前進回転させて, 右折する
            LM_Back = 0;
            RM_Go = 0;
            RM_Back = 0;
        }else if(US_read == 'L'){           // ASCIIコード'L'(0x4C)が受信された場合
            LM_Go = 0;                      // 右モータを前進回転させて, 左折する
            LM_Back = 0;
            RM_Go = data;
            RM_Back = 0;
        }else{                              // 該当なしの場合, すべてのモータを停止する
            LM_Go = 0;
            LM_Back = 0;
            RM_Go = 0;
            RM_Back = 0;
        }
        __delay_ms(1);
        data = ~(data);                     // dataの1と0を反転させる(デューティ比を50%にする)
        US_error();                         // オーバランエラー対策関数
    }
}
//------------------------ オーバランエラー対策関数 -------------------------//
void US_error(void){
    if(RCSTAbits.OERR == 1){                // オーバランエラーが発生している場合
        RCSTAbits.CREN = 0;                 // 連続受信禁止
        RCSTAbits.OERR = 0;                 // オーバランエラーを正常にする
        RCSTAbits.CREN = 1;                 // 連続受信許可
    }
}
```

6 プログラムの実行

TWELITE STAGEを使って，TWELITE DIPの通信速度と通信モードの設定をしなさい。複数台つくる場合は，アプリケーションIDと周波数チャネルの設定をすること。そして，無線コントローラにプログラム1を，6足歩行ロボットにプログラム2を書き込み，無線コントローラを操作して6足歩行ロボットの動作を確認しなさい。

7 結果の検討

[1] オーバランエラー対策関数を使わないプログラムに変更した場合，6足歩行ロボットがどのような動作をするのか考えてみよう。

30 ESPマイコンを使った無線LANによるLED点灯制御

1 目 的

無線LANの機能を内蔵したESP32マイコンを利用して，図1のように，スマートフォンなどの無線端末から，ネットワークによる遠隔制御を行う方法を学ぶ。また，インターネット経由でいろいろなものを制御することのできる「IoT技術」の基礎について，学習する。

▲図1　スマートフォンを使ったLEDの点灯制御

2 使用機器

機器の名称	記号	定格など	数量
IC実験用ボード		ブレッドボード，ジャンプワイヤ	1
ESP32マイコンボード		ESP32-DevKitなど，ESP32マイコンが搭載されているもの	1
発光ダイオード	LED_1 ～ LED_3	ϕ3，赤色	3
炭素皮膜抵抗	R_1 ～ R_3	220 Ω	3
プログラム開発環境		Arduino IDE（ESP32用パッケージをインストールしたもの）	1
無線ルータ		2.4 GHz帯に対応したもの	1
パソコン		プログラム開発用	1
無線端末装置		Wi-Fiに対応したパソコン，スマートフォンなど（Webブラウザが使用できるもの）	1

3 関係知識

1 IoT技術について

「IoT」は，“Internet of Things”の略で「モノのインターネット」と訳される。いろいろな装置やモノについてインターネットを経由して通信することにより，情報を制御・活用する技術である。近年ではスマートフォンやタブレットなどの無線端末による遠隔制御やデータ収集の事例が増えてきている。

2 ESP32 マイコンについて

ESP32 マイコンは，Wi-Fi や Bluetooth などの無線機能を搭載したマイコンモジュールである。図2に，その外観を示す。ESP32 マイコンには，Arduino マイコン用のプログラム開発環境（Arduino IDE）に専用のソフトウェアパッケージを追加することで，開発することができるという大きな特徴をもっている。

▲図2　ESP32 マイコンボードの例

3 無線端末（スマートフォン）と ESP マイコンの制御信号の流れ

図3は，ESP マイコンと無線端末が直接通信する場合の制御信号の流れを示したものである。まず，スマートフォンなどの無線端末装置（クライアント）を用いて ESP32 マイコンに接続すると（図3①），マイコンに内蔵された Web サーバのプログラムが作動し，無線端末の画面に，その Web ページ画面が表示される（図3②）。表示されているボタンを操作すると，マイコン側にはボタンに対応した制御信号（「on」「off」などの文字列データ）が送信される（図3③）。マイコンは，この信号を受けて LED の点灯制御を行う（図3④）。

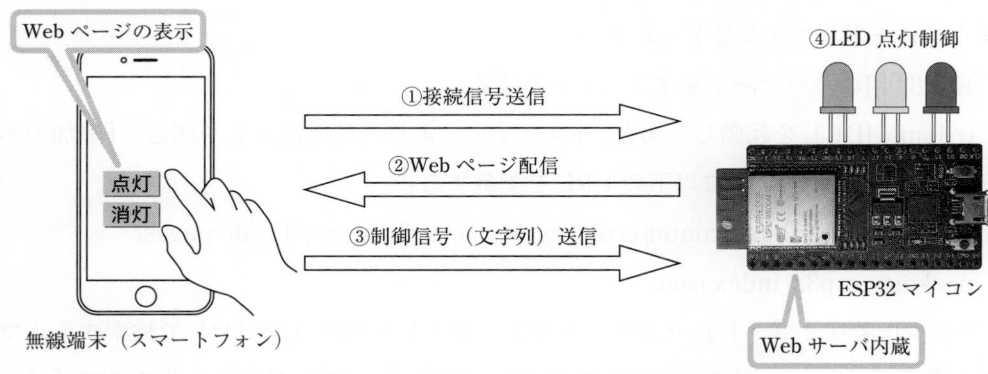

▲図3　無線端末とマイコン間の制御信号の流れ

4 実習で使用する 2 種類の無線 LAN 構成

実習では，次に示す二つの方法で，無線 LAN を構築し，LED の制御を行う。

① ESP32 マイコンをアクセスポイントとする方法　図4は，ESP32 マイコン自体をアクセスポイント（Wi-Fi の基地装置）として設定する方法である。無線端末を直接マイコンに接続することができるので，無線 LAN 用ルータのような中継装置を必要としない。

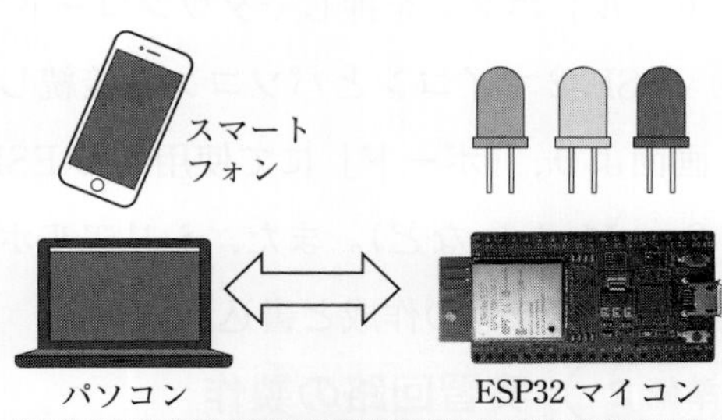

・ルータの代わりに ESP32 マイコンをアクセスポイント（基地装置）として設定する。
・端末とマイコンで直接通信することができる。

▲図4　ESP32 マイコンをアクセスポイントにする方法

製作編

②無線LAN用ルータを用いて中継する方法　図5は，無線LAN用のルータをアクセスポイントとして設定する方法である。ルータのDHCPサーバ機能（dynamic host configuration protocol）を利用して，IPアドレスなど各機器のネットワーク設定情報を自動的に割り当てることで，複数の無線端末機器とESP32マイコンを接続することができる。

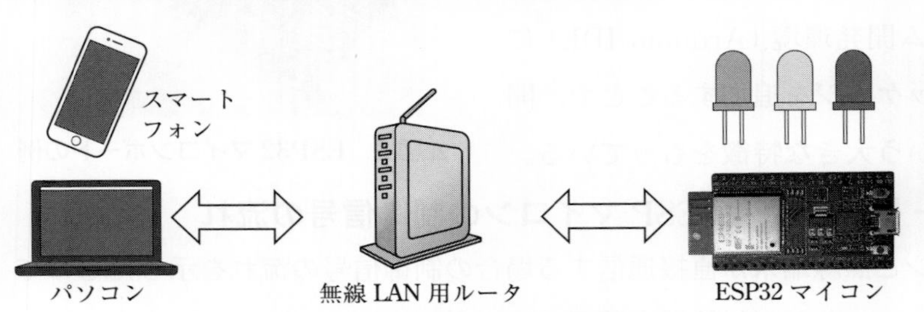
スマートフォン
パソコン
無線LAN用ルータ
ESP32マイコン
・ルータのホスト名とパスワードがわかれば，マイコンと端末は無線LANで接続できる。
・既存の無線LAN回線を利用することができる。

▲図5　ルータをアクセスポイントにする方法

4　製作とプログラミング

準備1　プログラム開発環境のインストールと環境設定

①　Arduino公式Webページより，プログラム開発環境「Arduino IDE」をパソコンにダウンロードしてインストールする。

②　ESP32用のパッケージをインストールする。

・「Arduino IDE」を起動したあと，「ファイル」より「環境設定」を開き，「追加のボードマネージャのURL」に以下のURLを記載する。

https://raw.githubusercontent.com/espressif/arduino-esp32/gh-pages/package_esp32_index.json

・「ツール」より「ボード」→「ボードマネージャ」を開き「ESP32」で検索する。マイコン開発元（Espressif Systems）のパッケージ名「esp32」が表示されるので「インストール」ボタンを押してダウンロードする。

③　ESP32マイコンとパソコンを接続し，使用マイコンをESP32に設定する。「ツール」画面より，「ボード」にて使用するESP32マイコンボードの名前を選択する（ESP32C3 Dev Moduleなど）。また，シリアルポートの番号の確認と設定を行う。

④　プログラムの作成と書込みを行う。

準備2　実習回路の製作

図6に，製作する実習回路を示す。ESP32マイコンボードと三つのLED点灯回路で構成されている。この回路をブレッドボード上に製作する。電源は，ESPマイコンボードに接続するUSBケーブルを介して供給することができる。

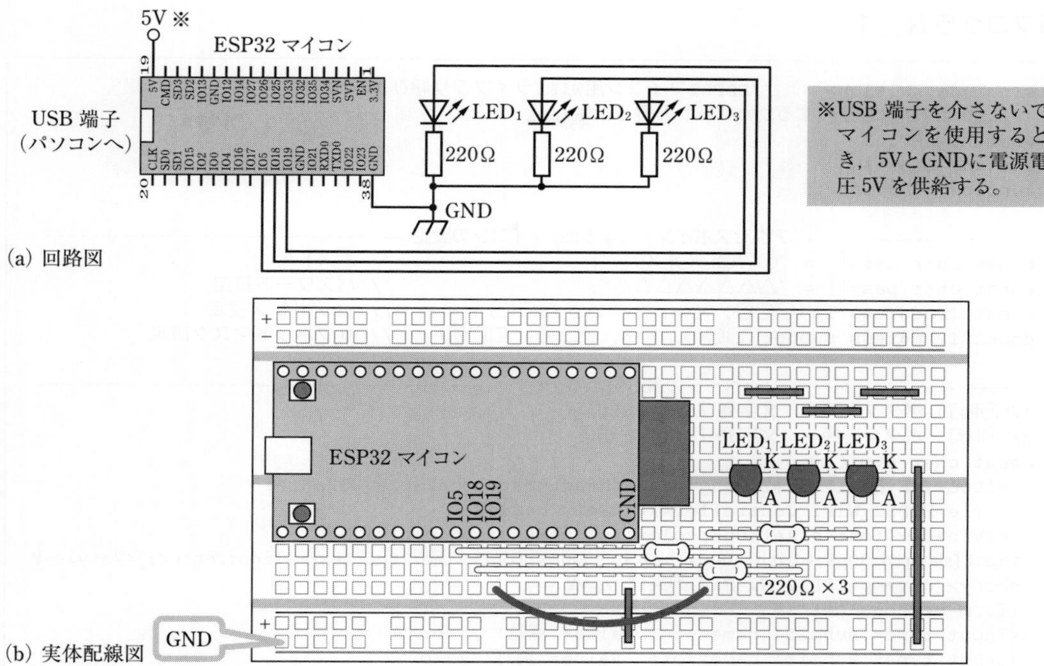

▲図 6　実習回路の製作

実習 1　LED の点灯・消灯制御 (ESP32 マイコンをアクセスポイント)

図 4 に示す構成で，スマートフォンから直接接続した ESP32 マイコンの LED を制御するプログラムを作成する。ESP32 マイコンがアクセスポイントとして機能するように，プログラムを設定する。プログラム 1 の中に，ESP32 マイコンのホスト名 (SSID)，パスワード，IP アドレス，サブネットマスクを記述する。実験は以下の手順で行う。

ESP32 Wi-Fi制御実習

点灯

消灯

▲図 7　スマートフォンに表示される ESP32 マイコンの Web ページ

① パソコンの USB 端子に実習回路を接続し，「Arduino IDE」でプログラム 1 を作成する。

② プログラムはマイコンボードに書込みが終了した直後に実行される。このとき，Arduino IDE の「ツール」画面の「シリアルモニタ」を開くと，ESP32 マイコンの IP アドレスを確認することができる。

③ ESP32 マイコンと無線接続できるように，スマートフォンの Wi-Fi 設定画面より，マイコンのホスト名 (SSID) とパスワードを設定する。さらに，スマートフォンでブラウザを開き，URL として，②で表示された ESP32 マイコンの IP アドレスを入力する。接続が確認されると，図 7 のような ESP32 マイコンの Web ページが表示される。

④ 表示画面の「点灯」ボタンを押すとマイコン側の LED がすべて点灯し，「消灯」ボタンを押すと LED がすべて消灯となる。

●プログラム＿1

```
#include <WiFi.h>     //ESP32マイコン用WiFiライブラリ呼び出し
 //LED点灯回路を接続するI/Oポートの番号設定
#define LED1 5
#define LED2 18
#define LED3 19

//------------------- アクセスポイントとなるESPマイコンの設定 ---------------------------------
const char ssid[] = "○○○○○○○○○";                    // ホスト名
const char pass[] = "△△△△△△△△△";                    // パスワード設定
const IPAddress ip(○○○, ×××, △△△, □□□);           // IPアドレス設定
const IPAddress subnet(○○○, ×××, △△△, □□□);  // サブネットマスク設定

//-------------------- Webページの表示設定（HTML） -----------------------------------------
// [点灯] ボタンを押す：文字列「on」が送信
// [消灯] ボタンを押す：文字列「off」が送信
const char html[] =
 "<!DOCTYPE html><html lang='ja'><head><meta charset='UTF-8'>¥
 <title>ESP32_WiFi Controller</title></head>¥
 <style>div{font-size:40pt;color:red;text-align:center;}¥
 input{margin:30px;width:400px;height:200px;font-size:70pt;text-align:center;}</style>¥
 <body><div><p>ESP32 Wi-Fi制御実習</p>¥
 <form method='get'>¥
 <input type='submit' name='on' value='点灯' /><br>¥
 <input type='submit' name='off' value='消灯' /><br>¥
  </form></div></body></html>";
WiFiServer server(80);

//------------------- 初期設定（I/Oポート設定，サーバ機能の開始） ------------------------------
void setup() {
    // 通信の様子を「シリアルモニタ」に表示。通信速度は115200 [bps]。
    Serial.begin(115200);
    // ESPマイコンのアクセスポイント化のための設定
    WiFi.softAP(ssid,pass);
    delay(100);
    WiFi.softAPConfig(ip,ip,subnet);
    IPAddress myIP = WiFi.softAPIP();

    //使用するI/Oポートの設定
    pinMode(LED1, OUTPUT);
    pinMode(LED2, OUTPUT);
    pinMode(LED3, OUTPUT);
    delay(10);
    //サーバ機能の開始
    server.begin();
    Serial.print("マイコン名: ");
    Serial.println(ssid);
    Serial.print("アクセスポイントIP");
    Serial.println(myIP);
    Serial.println("サーバスタート!");
}
//----- クライアント（無線端末コントローラ側）の接続確認・Webページの表示・LED点滅制御処理 -------
void loop() {
    WiFiClient client = server.available();
    if (client) {
        String currentLine = "";
        Serial.println("New Client.");
        while (client.connected()) {
            if (client.available()) {
                char c = client.read();
                Serial.write(c);
                if (c == '¥n') {
```

```
                if (currentLine.length() == 0) {
                    client.println("HTTP/1.1 200 OK");
                    client.println("Content-type:text/html");
                    client.println();
                    client.print(html);
                    client.println();
                    break;
                }
                else {
                    currentLine = "";
                }
            }
            else if (c != '¥r') {
                currentLine += c;
            }
            //クライアントより「on」の文字列を受信した場合は三つのLEDを同時点灯する
            if (currentLine.endsWith("GET /?on")) {
                digitalWrite(LED1, HIGH);
                digitalWrite(LED2, HIGH);
                digitalWrite(LED3, HIGH);
            }
            //「off」の文字列を受信した場合は三つのLEDを同時消灯する
            if (currentLine.endsWith("GET /?off")) {
                digitalWrite(LED1, LOW);
                digitalWrite(LED2, LOW);
                digitalWrite(LED3, LOW);
            }
        }
    }
    client.stop();
    Serial.println("Client Disconnected.");
  }
}
```

実習2 LEDの点灯・消灯制御（ルータをアクセスポイント）

図5に示す構成で，スマートフォンから無線LAN用ルータ経由でESP32マイコンに接続し，三つのLEDを制御するプログラムを作成する。ルータに接続できるように，スマートフォンのWi-Fi設定画面よりルータのホスト名(SSID)とパスワードを設定する。またESP32マイコンについても，プログラム2の中に，同じルータのホスト名とパスワードを記述する。

▲図8 スマートフォンに表示されるESP32マイコンのWebページ

① パソコンのUSB端子に実習回路を接続し，「Arduino IDE」でプログラム2を作成する。プログラムはマイコンボードに書込みが終了した直後に実行される。このとき，Arduino IDEの「ツール」画面の「シリアルモニタ」を開くと，ルータが自動割り当てしたESP32マイコンのIPアドレスを確認することができる。

② スマートフォンでブラウザを開き，URL として，①で表示された ESP32 マイコンの IP アドレスを入力する。接続が確認されると，図 8 のような ESP32 マイコンの Web ページが表示される。「LED1」～「LED3」のボタンを押すと，それぞれの番号に対応した LED のみが点灯する。「消灯」ボタンを押すと三つの LED がすべて消灯する。

●プログラム＿2

```
#include <WiFi.h>     // ESP32マイコン用WiFiライブラリ呼び出し
// LED点灯回路を接続するI/Oポートの番号設定
#define LED1 5
#define LED2 18
#define LED3 19
//----------------------- アクセスポイントとなる無線LAN用ルータの設定 ------------------------
const char* ssid= "××××××××";                // 経由するルータの名前
const char* password= "○○○○○○○○";  // ルータのパスワード
//-------------------- Webページの表示設定（HTML） -------------------------------------
const char html[] =
 "<!DOCTYPE html><html lang='ja'><head><meta charset='UTF-8'>¥
 <title>ESP32_WiFi Controller</title></head>¥
 <style>div{font-size:40pt;color:red;text-align:center;}¥
 input{margin:30px;width:400px;height:200px;font-size:70pt;text-align:center;}</style>¥
 <body><div><p>ESP32 Wi-Fi制御実習</p>¥
 <form method='get'>¥
 <input type='submit' name='led1' value='LED 1' /><br>¥
 <input type='submit' name='led2' value='LED 2' /><br>¥
 <input type='submit' name='led3' value='LED 3' /><br>¥
 <input type='submit' name='off' value='消灯' /><br>¥
 </form></div></body></html>";
WiFiServer server(80);  // Webサーバのポート番号設定

//------------------ 初期設定（I/Oポート設定，サーバ機能の開始） ----------------------------
void setup() {
    Serial.begin(115200);
    pinMode(LED1, OUTPUT);
    pinMode(LED2, OUTPUT);
    pinMode(LED3, OUTPUT);
    delay(10);

    Serial.println();
    Serial.print("接続中  ");
    Serial.println(ssid);// マイコンのID表示

    WiFi.begin(ssid, password);// サーバ機能開始

    while (WiFi.status() != WL_CONNECTED) {
        delay(500);
        Serial.print(".");
    }
    Serial.println("");
    Serial.println("WiFiに接続できました!");
    Serial.println("IPアドレスは: ");
    Serial.println(WiFi.localIP());
    server.begin();
    Serial.println("サーバスタート!");
}

//------- クライアント（無線端末コントローラ側）の接続確認・Webページの表示・LED点滅制御処理 ------
void loop() {
    WiFiClient client = server.available();
    if (client) {
        String currentLine = "";
        Serial.println("New Client.");
```

```
        while (client.connected()) {
            if (client.available()) {
                char c = client.read();
                Serial.write(c);
                if (c == '¥n') {
                    if (currentLine.length() == 0) {
                        client.println("HTTP/1.1 200 OK");
                        client.println("Content-type:text/html");
                        client.println();

                        client.print(html);  // Webページの表示
                        client.println();
                        break;
                    }
                    else {
                        currentLine = "";
                    }
                }
                else if (c != '¥r') {
                    currentLine += c;
                }
                // クライアントからの文字列信号を受けて任意のLEDのうち一つを点灯する
                if (currentLine.endsWith("GET /?led1")) {  // 文字列「led1」を受信した場合
                    digitalWrite(LED1, HIGH);              // LED1のみ点灯
                    digitalWrite(LED2, LOW);
                    digitalWrite(LED3, LOW);
                }
                if (currentLine.endsWith("GET /?led2")) {  // 文字列「led2」を受信した場合
                    digitalWrite(LED1, LOW);
                    digitalWrite(LED2, HIGH);              // LED2のみ点灯
                    digitalWrite(LED3, LOW);
                }
                if (currentLine.endsWith("GET /?led3")) {  // 文字列「led3」を受信した場合
                    digitalWrite(LED1, LOW);
                    digitalWrite(LED2, LOW);
                    digitalWrite(LED3, HIGH);              // LED3のみ点灯
                }
                if (currentLine.endsWith("GET /?off")) {   // 文字列「off」を受信した場合
                    digitalWrite(LED1, LOW);
                    digitalWrite(LED2, LOW);               // 三つのLEDをすべて消灯
                    digitalWrite(LED3, LOW);
                }
            }
        }
        client.stop();
        Serial.println("Client Disconnected.");
    }
}
```


5 結果の検討

[1] 実習で使用した二つの無線 LAN の接続方式について，それぞれの長所と短所をあげ，さらに実用的な無線制御システムにするためには，どのような機能が必要であるか考えてみよう。

[2] マイコンに各種センサを接続し，その状態をスマートフォン（無線端末装置）で確認するためにはどのような方法があるか調べてみよう。

[3] LED 点灯制御のほかに，どのようなものがスマートフォン（無線端末装置）から制御できるか考えてみよう。

31 プリント基板の製作

1 目的

電子機器の多くは，電子回路の配線にプリント基板が用いられている。プリント基板は，絶縁基板上に回路の配線パターンをつくり，電子部品をはんだ付けしたものである。ここでは，写真感光技術を使ったプリント基板製作の原理および実際の製作方法を学ぶ。

2 使用機器・工具

機器の名称	備考
ポジ感光基板	必要な大きさのもの（製作例は 8 cm × 5 cm 程度）
専用フィルム	インクジェットプリンタ用
現像液	廃液処理の用意も必要
エッチング液	塩化鉄（II）溶液，廃液処理の用意も必要
フラックス	
レジストペン	油性ペンは代用可能なものと不可能のものがある
露光機	ライトボックスなどでも代用可能
エッチング装置	ほうろう製やプラスチック製のバット（容器）でも代用可能
ボール盤	ドリル刃 ϕ0.8 ～ 1.0
パソコン	プリント基板作成 CAD
インクジェットプリンタ	染料系インクのもの。専用フィルムに合わせる
その他	必要に応じて，基板カッター，やすり，ナイロンたわし（スチールウール），クレンザー，竹ばさみ，けがき針（千枚通し），ゴム手袋など

3 関係知識

図 1 に，プリント基板の製作の原理を示す。プリント基板は，生基板（樹脂の上に銅箔を貼りつけたもの）の銅箔面にプリントパターンとよばれる電子回路の配線のパターンを描き，不要な銅箔をエッチング（化学薬品処理）によって取り除いてつくることができる。

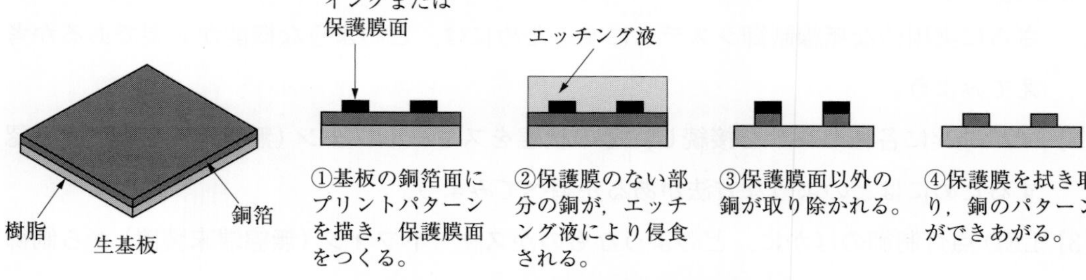

インクまたは
保護膜面
エッチング液
樹脂
生基板
銅箔
①基板の銅箔面にプリントパターンを描き，保護膜面をつくる。
②保護膜のない部分の銅が，エッチング液により侵食される。
③保護膜面以外の銅が取り除かれる。
④保護膜を拭き取り，銅のパターンができあがる。

▲図 1　プリント基板の製作の原理

プリントパターンを描くには，レジストペンやレタリングシールを使って生基板に直接描く方法や，ダイレクトプリンタとよばれる専用の印刷機で生基板に直接印刷する方法，および，フィルムに印刷したプリントパターンを感光基板（生基板上に感光体を塗布したもの）に転写する方法などがある。本実習では，フィルムに印刷したプリントパターンを感光基板に転写する方法で製作を行う。この方法は，比較的手間と時間がかかるが，複雑なプリントパターンであっても，量産する場合に有効である。図 2 に，製作の手順を示す。

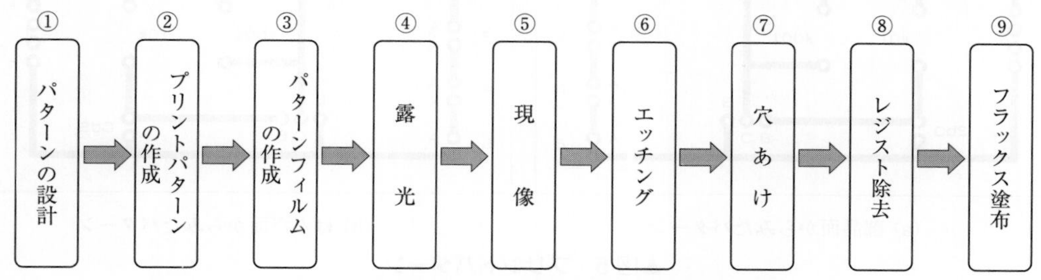

▲図 2　プリント基板の製作の手順

4 製作

①配線パターンの設計　最初に，配線パターンの設計を行う。方眼紙などを利用して，回路図を参考に，部品の大きさや形状を確認しながら，配線パターンを描く。ここでは，図 3 に示す実習 27 ▶ p.154 で製作した「自動点滅回路」をもとに設計する。図 4 に，設計した配線パターンの例を示す。設計を終えたら，回路図と照らし合わせ，誤配線がないかじゅうぶんに確認する。

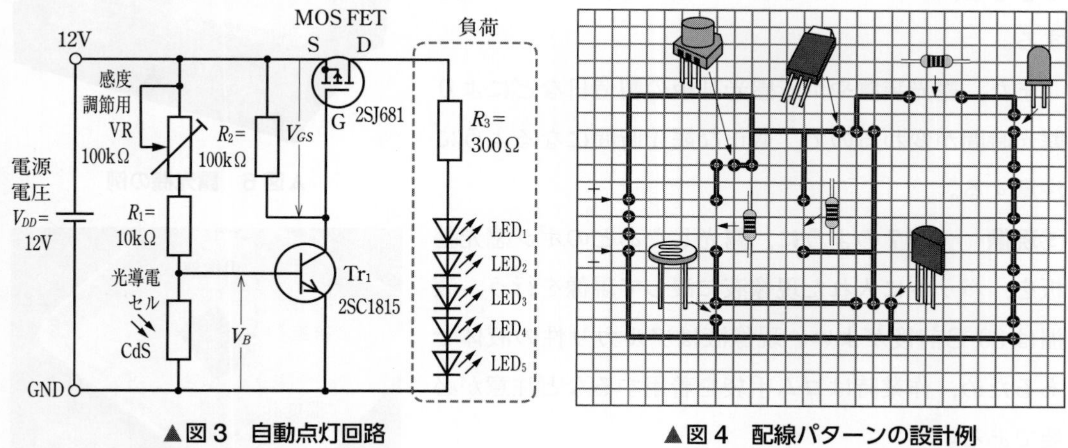

▲図 3　自動点灯回路

▲図 4　配線パターンの設計例

②プリントパターンの作成　設計した配線パターンをもとに，プリントパターンを作成する。作成方法はいくつかあるが，プリント基板作成 CAD を利用して作成すると，仕上がりのよいプリントパターンを作成することができる。プリント基板作成 CAD の一つに，PCBE という無償のソフトウェアがある。

プリント基板作成CADによる作成は，図5のように，部品面からみたパターンと，はんだ面からみたパターンを考える方法がある。どちらで設計しても問題ないが，部品や文字の反転を考慮する必要がある。

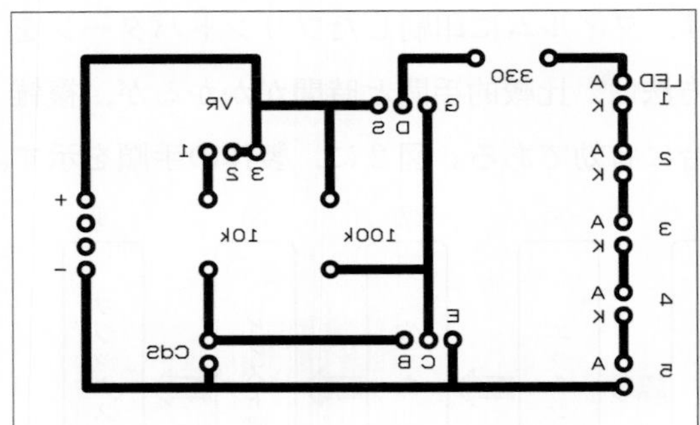

(a) 部品面からみたパターン

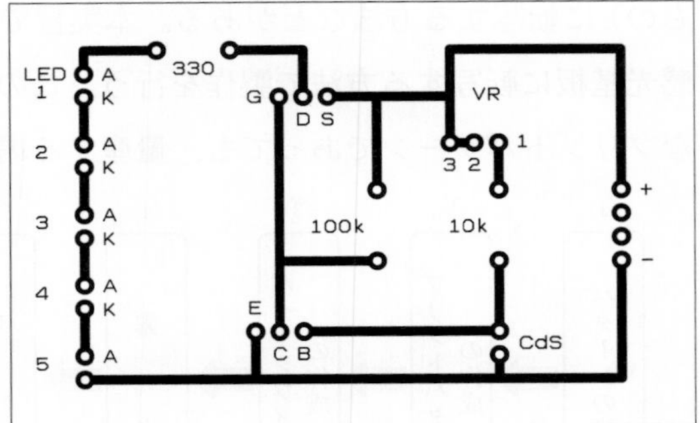

(b) はんだ面からみたパターン

▲図5　プリントパターン

③パターンフィルムの作成　作成したプリントパターンを透明なフィルムに印刷し，パターンフィルムを作成する。印刷には染料系インクのインクジェットプリンタを使用し，専用のインクジェット用フィルムを使用する。

④露光　ポジ感光基板にパターンフィルムを密着させ，図6のような露光機やライトボックス（簡易版の露光機）などを利用して，紫外線による露光を行う。密着が弱かったり，わずかなごみでフィルムに隙間ができると，パターンがきれいに転写されないので注意する。

また，露光装置やポジ感光基板の製造日などにより露光時間が変わるので，適正な露光時間になるように注意する。

▲図6　露光機の例

⑤現像　図7のように，露光したあとのポジ感光基板を，バットに入れた現像液に浸して現像を行う。液温は30℃前後がよい。現像液はアルカリ性の液体であるため，作業時はゴム手袋を着用するなど注意が必要である。

▲図7　現像のようす

ポジ感光基板の感光体が現像液に反応すると，露光された部分の感光体は溶けて銅箔面が露出する。一方，プリントパターンによって露光されなかった部分は残る。しかし，現像液には反応して徐々に溶けているので，時間をかけすぎないように注意する。ムラが出ないように手早く作業し，不要な感光体が溶け落ちて，パターンがはっきりしたら，現像をやめる。現像時間は30秒前後を目安とする。

現像をやめるには，基板を現像液から取り出して，じゅうぶんに水洗いする。このとき，銅箔面に指紋や傷がつかないように注意する。

パターンのかすれや途切れなどがあった場合は，この段階でレジストペンなどによる修正を行う。また，現像液の廃液処理は，説明書などをよく読み，指示に従う。

⑥エッチング　図8のように，現像が終わった基板を，エッチング装置，またはバットに入れたエッチング液に浸し，不要な銅箔を溶かす。液温は35 ~ 40℃程度がよい。

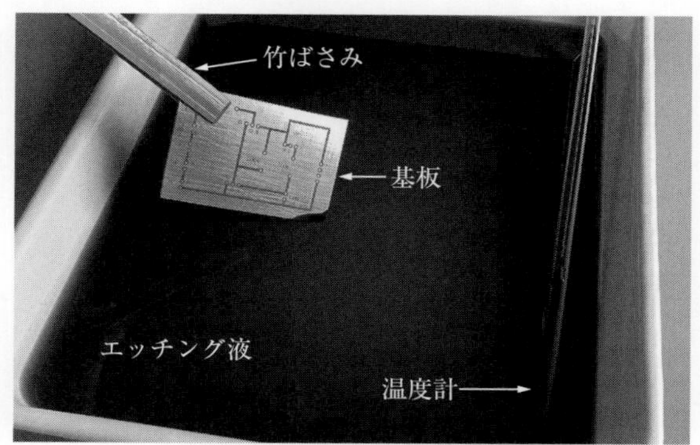

▲図8　エッチングのようす

エッチング液は強酸性の液体であるため，作業時はゴム手袋や竹ばさみを利用するなど注意が必要である。また，換気のよい場所で行い，吸気に注意する。

エッチングの時間は，基板の大きさや不要な銅箔の面積により変化するので，進行状況を確認しながら作業する。エッチングが終了したら，基板をよく水洗いして乾燥させる。

使用したエッチング液，および水洗いをした水は，銅イオンを含んだ有害な液体であるため，廃液処理は説明書などをよく読み，指示に従う。

⑦穴あけ　卓上ボール盤などを使い，部品を取りつけるための穴（ϕ0.8 ~ 1.0）を，部品に合った寸法であける。穴の位置がずれると取りつけにくくなる部品もあるので注意する。

⑧レジスト除去　クレンザーとナイロンたわし（またはスチールウールなど）で感光体を完全に除去して，パターンの銅箔を露出させる。その後，水洗いして乾燥させる。

⑨フラックス塗布　パターンの途切れや，部品取付穴のあけ忘れなどがないことを確認し，フラックスを銅箔面に塗布する。フラックスは，銅箔のさびの防止と，はんだの付着をよくする効果がある。その後，乾燥させて完成となる。

5　結果の検討

[1] 正確で，きれいなプリント基板をつくるための反省点を振り返ってみよう。

[2] エッチングを効率よく行うためのくふうを考えてみよう。

■監修

長野県駒ケ根工業高等学校教諭
髙田直人

■編修

長野県長野工業高等学校教諭
荒川　昇

神奈川県立商工高等学校教諭
増田光徳

愛媛県立松山工業高等学校教諭
山岸貴弘

長野県松本工業高等学校教諭
吉江　拡

実教出版株式会社

表紙デザイン――難波邦夫
本文基本デザイン――難波邦夫

写真提供・協力――サンハヤト㈱　モノワイヤレス㈱
QR コードは㈱デンソーウェーブの登録商標です。

電気・電子実習 3

アナログ電子回路・ディジタル電子回路・マイコン制御・製作・実習レポート

©著作者　髙田直人
ほか５名

●編者　実教出版株式会社編修部

●発行者　実教出版株式会社
代表者　小田良次
東京都千代田区五番町５

●印刷者　亜細亜印刷株式会社
代表者　藤森英夫
長野県長野市大字三輪荒屋 1154 番地

●発行所　実教出版株式会社
〒102-8377　東京都千代田区五番町５
電話〈営業〉(03) 3238-7777
〈編修〉(03) 3238-7854
〈総務〉(03) 3238-7700

https://www.jikkyo.co.jp/

002502024　ISBN 978-4-407-36309-8

電気・電子実習3

アナログ電子回路・ディジタル電子回路・
マイコン制御

実習レポート

学科名	学年	組	番号
名前			

報告書の作成手順

報告書は，以下に示す手順で作成する。

まず，提出者の名前・共同実習者名・実習日・実験室名・天候・提出日・提出期限などを記入する。

1 目的 には，行った実験の目標を書く。

2 使用機器 には，機器の名称，機器番号，定格などを記入する。具体的には，「機器の名称」欄には，実験に使用した計器や器具類および電子部品などの名称を，「機器番号」欄には，学校で定めた管理番号を，「定格など」欄には，定格・精度・形式などをそれぞれ記録する。

3 測定結果 では，測定値および計算値を表にまとめる。また，それをわかりやすく表すためのグラフを描く。

4 結果の検討 には，次の点について，具体的・技術的見地から述べる。

・理論上の数値と比較し，誤差について自分の考えをまとめる。

・理論上の数値と比較するために，用いた実験回路や実験方法について考察する。

・使用機器の精度，誤差などについて検討する。

・実験結果の妥当性を考察する。

5 感想 には，次の視点から所見を述べる。

・実験の目的達成の程度について述べる。

・技術的に改善する方法など，気づいた点をまとめる。

実習1　太陽電池の基本特性

提出者　　年　　組　　番　　名前

共同実習者名

実習日　　年　　月　　日（　）　実験室

天候　　　温度　　℃　　　湿度　　%

提出日　　年　　月　　日（　）　提出期限　　月　　日（　）

検 印 欄

1 目的

2 使用機器

機器の名称	機器番号	定格など

3 測定結果

・表1，表2の無負荷時の端子電圧は測定値を記入すること。

・図6の太陽電池パネルの特性は，各自が方眼紙を準備して描くこと。

▼**表3　太陽電池パネルの特性**（太陽電池パネル：定格______ V, ______ A）

太陽電池特性		直列接続（2枚）	並列接続（2枚）
最大出力電力	P_{max} [mW]		
最大出力動作電流	I_{PM} [mA]		
最大出力動作電圧	V_{PM} [V]		
短絡電流	I_{SC} [mA]		
開放電圧	V_{OC} [V]		

▼表1　直列接続時の特性

(太陽電池パネル：定格＿＿＿V, ＿＿＿A)

設定値	測定値	計算値	備考
端子電圧 V [V]	出力電流 I [mA]	出力電力 P [mW]	
0.0			負荷短絡
0.5			
1.0			
1.5			
2.0			
2.5			
3.0			
3.5			
4.0			
4.5			
5.0			
5.5			
6.0			
6.5			
7.0			
7.5			
8.0			
8.5			
9.0			
9.5			
10.0			
			無負荷

▼表2　並列接続時の特性

(太陽電池パネル：定格＿＿＿V, ＿＿＿A)

設定値	測定値	計算値	備考
端子電圧 V [V]	出力電流 I [mA]	出力電力 P [mW]	
0.0			負荷短絡
0.2			
0.4			
0.6			
0.8			
1.0			
1.2			
1.4			
1.6			
1.8			
2.0			
2.2			
2.4			
2.6			
2.8			
3.0			
3.2			
3.4			
3.6			
3.8			
4.0			
4.2			
4.4			
4.6			
4.8			
5.0			
			無負荷

4 結果の検討

[1]

[2]

5 感想

実習 2　トランジスタの静特性

提出者　　　年　　組　　番　　名前

共同実習者名

実習日　　年　　月　　日（　　）　実験室

天候　　　　　　温度　　　℃　　　　湿度　　　%

提出日　　年　　月　　日（　　）　提出期限　　月　　日（　　）

検印欄

1 目的

2 使用機器

機器の名称	機器番号	定格など

3 測定結果

▼表 1　V_{CE}-I_C 特性（Tr：＿＿＿＿＿＿，I_B 一定）

V_{CE} [V]	I_C [mA]			
	$I_B = 20$ μA	$I_B = 40$ μA	$I_B = 60$ μA	$I_B = 80$ μA
0.0				
0.2				
0.4				
0.6				
0.8				
1.0				
2.0				
5.0				
10.0				

▼表２　I_B-I_C 特性（Tr：＿＿＿＿＿＿＿，V_{CE} = 5.0 V 一定）

I_B [μA]	0	10	20	30	40	50	60	70	80
I_C [mA]									

▼表３　V_{BE}-I_B 特性（Tr：＿＿＿＿＿＿＿，V_{CE} = 5.0 V 一定）

V_{BE} [V]	0	0.2	0.3	0.4	0.5	0.6				
I_B [μA]							10.0	20.0	50.0	80.0

▼表４　直流負荷線（Tr：＿＿＿＿＿＿＿，直流電源 E_C = 9.0 V，R_C = 390 Ω，A 点：I_C = E_C/R_C = 23.1 mA，B 点：I_C = 0 A，V_{CE} = E_C = 9 V）

I_B [μA]	0	10	20	30	40	50	60	70	80
I_C [mA]									
V_{CE} [V]									

（図２の静特性は，各自が方眼紙を用意して描くこと。）

4　結果の検討

[1]

[2]

[3]

5　感想

実習3　シミュレータを用いたトランジスタ増幅回路の特性

提出者　　年　　組　　番　　名前
共同実習者名
実習日　　年　　月　　日（　　）　実験室
天候　　　　温度　　　℃　　　　湿度　　　%
提出日　　年　　月　　日（　　）　提出期限　　月　　日（　　）

検印欄

1 目的

2 使用ソフトウェア

ソフトウェアの名称	定格など

3 シミュレーション結果

①電子回路エディタ

電子回路エディタで作成した図2について，メニューバーから，ファイル＞印刷の手順でプリントアウトし，このレポートにとじ込みなさい。

② DC 解析

バイパスコンデンサがある場合とない場合について，図10のような「DC解析の表」をプリントアウトし，このレポートにとじ込みなさい。「DC解析の表」の印刷は，ALT ＋ Print Screen キーによる画面コピーを Word などに貼りつけて印刷してもよい。

③ AC 解析

バイパスコンデンサがある場合とない場合について，図11(b)のような周波数特性を印刷し，このレポートにとじ込みなさい。周波数特性の印刷は，周波数特性の表示画面において，メニューバーから，ファイル＞印刷の手順で行える。

④仮想オシロスコープ

バイパスコンデンサがある場合とない場合について，仮想オシロスコープによる入力信号波形 v_i と出力電圧波形 v_o の動作波形を印刷しなさい。印刷は，ALT ＋ Print Screen キーによる画面コピーを Word などに貼りつけて印刷してもよい。

4 結果の検討

[1]

[2]

5 感想

実習 4　トランジスタ増幅回路の特性

提出者　　　年　　組　　番　　名前

共同実習者名

実習日　　年　　月　　日（　）　実験室

天候　　　　温度　　℃　　　湿度　　%

提出日　　年　　月　　日（　）　提出期限　　月　　日（　）

検 印 欄

1 目的

2 使用機器

機器の名称	機器番号	定格など

3 測定結果

▼**表 1　増幅回路の入出力特性**（入力信号 $f = 1$ kHz 一定）

入力電圧 V_i [mV]	出力電圧 V_o [V]*		入力電圧 V_i [mV]	出力電圧 V_o [V]*	
	負帰還なし	負帰還あり		負帰還なし	負帰還あり
0			22		
4			24		
6			26		
8			28		
10			30		
12			32		
14			34		
16			36		
18			38		
20			40		

* 負帰還ありの場合はmV 単位

▼表２　増幅回路の周波数特性（入力電圧 $V_i = 10\,\mathrm{mV}$ 一定）

周波数 f [Hz]	負帰還なし（$C_E = 330\,\mu\mathrm{F}$）			負帰還あり		
	出力電圧 V_o [V]	電圧増幅度 A_v [倍]	電圧利得 G [dB]	出力電圧 V_o [mV]	電圧増幅度 A_v [倍]	電圧利得 G [dB]
10						
20						
30						
50						
70						
100						
200						
300						
500						
700						
1k						
2k						
3k						
5k						
7k						
10k						
20k						
30k						
50k						
70k						
100k						
200k						
300k						
400k						
500k						
700k						
800k						
1M						

（図３の入出力特性，図４の周波数特性は，各自が方眼紙と片対数グラフ用紙を用意して描くこと。）

4 結果の検討

[1]

[2]

[3]

5 感想

実習 5　OTL 電力増幅回路の特性

提出者　　　年　　組　　番　名前

共同実習者名

実習日　　年　　月　　日(　　)　実験室

天候　　　　温度　　　℃　　　　湿度　　　%

提出日　　年　　月　　日(　　)　提出期限　　月　　日(　　)

検 印 欄

1 目的

2 使用機器

機器の名称	機器番号	定格など

3 測定結果

▼表 1　入出力特性 ($f = 1$ kHz 一定, $V_{CC} = 9$ V)

入力電圧 v_i [V]	出力電圧 v_o [V]	出力電力 P_o [mW]	備考	入力電圧 v_i [V]	出力電圧 v_o [V]	出力電力 P_o [mW]	備考
0.0				2.2			
0.2				2.4			
0.4				2.6			
0.6				2.8			
0.8				3.0			
1.0				3.2			
1.2				3.4			
1.4				3.6			
1.6				3.8			
1.8				4.0			
2.0							

▼表2　周波数特性 ($v_i = 1\,\mathrm{V}$ 一定, $V_{CC} = 9\,\mathrm{V}$)

周波数 f [Hz]	出力電圧 v_o [V]	増幅度 A_v	電圧利得 G_v [dB]	周波数 f [Hz]	出力電圧 v_o [V]	増幅度 A_v	電圧利得 G_v [dB]
10				1.5k			
15				2k			
20				3k			
30				5k			
50				7k			
70				10k			
100				15k			
150				20k			
200				30k			
300				50k			
500				70k			
700				100k			
1k							

v_i ________V/div

v_o ________V/div

時間 ________ms/div

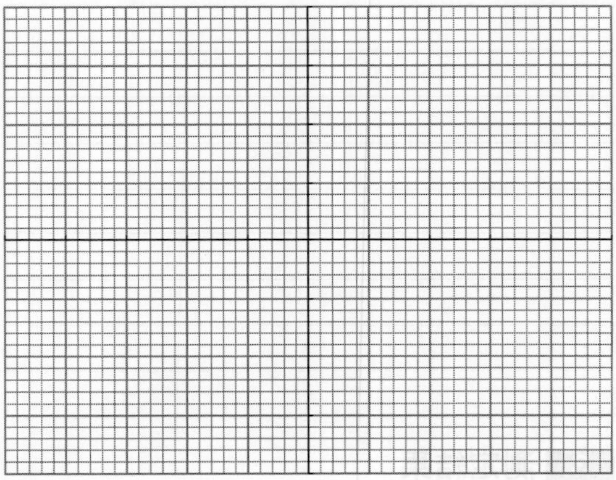

▶図1　波形の記録

4 結果の検討

[1]

[2]

[3]

5 感想

実習 6　演算増幅回路の特性

提出者　　年　　組　　番　　名前

共同実習者名

実習日　　年　　月　　日（　　）　実験室

天候　　　温度　　℃　　　湿度　　%

提出日　　年　　月　　日（　　）　提出期限　　月　　日（　　）

検印欄

1 目的

2 使用機器

機器の名称	機器番号	定格など

3 測定結果

▼表1　反転増幅回路の入出力特性（$R_F = 100\ \mathrm{k\Omega}$，NJM4558）

(a) $R_S = 100\ \mathrm{k\Omega}$

入力電圧 V_i [V]	出力電圧 V_o [V]	電圧増幅度 A_v
− 3.00		
− 2.50		
− 2.00		
− 1.50		
− 1.00		
− 0.50		
0.00		
0.50		
1.00		
1.50		
2.00		
2.50		
3.00		

(b) $R_S = 50\ \mathrm{k\Omega}$

入力電圧 V_i [V]	出力電圧 V_o [V]	電圧増幅度 A_v
− 3.00		
− 2.50		
− 2.00		
− 1.50		
− 1.00		
− 0.50		
0.00		
0.50		
1.00		
1.50		
2.00		
2.50		
3.00		

電圧増幅度は $A_v = \dfrac{V_o}{V_i}$ から求める。

▼表2　非反転増幅回路の入出力特性（$R_F = 100\ \mathrm{k\Omega}$，NJM4558）

(a) $R_S = 100\ \mathrm{k\Omega}$

入力電圧 V_i [V]	出力電圧 V_o [V]	電圧増幅度 A_v
− 3.00		
− 2.50		
− 2.00		
− 1.50		
− 1.00		
− 0.50		
0.00		
0.50		
1.00		
1.50		
2.00		
2.50		
3.00		

(b) $R_S = 50\ \mathrm{k\Omega}$

入力電圧 V_i [V]	出力電圧 V_o [V]	電圧増幅度 A_v
− 3.00		
− 2.50		
− 2.00		
− 1.50		
− 1.00		
− 0.50		
0.00		
0.50		
1.00		
1.50		
2.00		
2.50		
3.00		

電圧増幅度は $A_v = \dfrac{V_o}{V_i}$ から求める。

▼表3　加算回路の入出力特性 ($R_F = 100\,\mathrm{k\Omega}$，NJM4558)

(a) $R_1 = 100\,\mathrm{k\Omega}$，$R_2 = 100\,\mathrm{k\Omega}$

入力電圧 V_{i1} [V]	入力電圧 V_{i2} [V]	出力電圧 V_o [V]	加算（減算）電圧 [V]
3.00 一定	− 3.00		
	− 2.50		
	− 2.00		
	− 1.50		
	− 1.00		
	− 0.50		
	0.00		
	0.50		
	1.00		
	1.50		
	2.00		
	2.50		
	3.00		

加算（減算）電圧は，

$$\frac{R_F}{R_1} \times V_{i1} + \frac{R_F}{R_2} \times V_{i2}$$

$$= \frac{100}{100} \times V_{i1} + \frac{100}{100} \times V_{i2}$$

$= V_{i1} + V_{i2}$ から求める。

※　出力電圧 V_o のマイナス記号は，極性が反転していることを表している。

(b) $R_1 = 100\,\mathrm{k\Omega}$，$R_2 = 50\,\mathrm{k\Omega}$

入力電圧 V_{i1} [V]	入力電圧 V_{i2} [V]	出力電圧 V_o [V]	加算（減算）電圧 [V]
3.00 一定	− 3.00		
	− 2.50		
	− 2.00		
	− 1.50		
	− 1.00		
	− 0.50		
	0.00		
	0.50		
	1.00		
	1.50		
	2.00		
	2.50		
	3.00		

加算（減算）電圧は，

$$\frac{R_F}{R_1} \times V_{i1} + \frac{R_F}{R_2} \times V_{i2}$$

$$= \frac{100}{100} \times V_{i1} + \frac{100}{50} \times V_{i2}$$

$= V_{i1} + 2 \times V_{i2}$ から求める。

※　出力電圧 V_o のマイナス記号は極性が反転していることを表している。

▼**表4　差動増幅回路の入出力特性**（NJM4558）

(a) $R_1 = R_3 = 100\,\mathrm{k\Omega}$, $R_2 = R_4 = 100\,\mathrm{k\Omega}$

入力電圧 V_{i1} [V]	入力電圧 V_{i2} [V]	出力電圧 V_o [V]	入力電圧の差 [V]
3.00 一定	− 3.00		
	− 2.50		
	− 2.00		
	− 1.50		
	− 1.00		
	− 0.50		
	0.00		
	0.50		
	1.00		
	1.50		
	2.00		
	2.50		
	3.00		

入力電圧の差は，$V_{i2} - V_{i1}$ から求める。

(b) $R_1 = R_3 = 50\,\mathrm{k\Omega}$, $R_2 = R_4 = 100\,\mathrm{k\Omega}$

入力電圧 V_{i1} [V]	入力電圧 V_{i2} [V]	出力電圧 V_o [V]	入力電圧の差 [V]
3.00 一定	− 3.00		
	− 2.50		
	− 2.00		
	− 1.50		
	− 1.00		
	− 0.50		
	0.00		
	0.50		
	1.00		
	1.50		
	2.00		
	2.50		
	3.00		

入力電圧の差は，$V_{i2} - V_{i1}$ から求める。

4 結果の検討

[1]

[2]

[3]

[4]

5 感想

実習 7　*CR* 発振回路の特性

提出者　　年　　組　　番　　名前

共同実習者名

実習日　　年　　月　　日（　　）　実験室

天候　　　温度　　℃　　　湿度　　%

提出日　　年　　月　　日（　　）　提出期限　　月　　日（　　）

検印欄

1 目的

2 使用機器

機器の名称	機器番号	定格など

3 測定結果

▼表 1　位相差と帰還電圧 v_f の測定（R =＿＿ kΩ，C =＿＿ μF，v_o =＿＿ V 一定）

周波数 f [Hz]	50	100	200	300	400	500	800	1 k	2 k
周期 T [ms]	20	10	5	3.3	2.5	2.0	1.3	1.0	0.5
時間差 t [ms]									
位相差 θ [°]									
入力（帰還）電圧 v_f [V]									

▼表２　発振周波数の測定（$C=$＿＿μF，$V_{CC}=$＿＿V）

抵抗 R［kΩ］		10	15	22	33	47
発振周波数 f［Hz］	測定値					
	理論値					

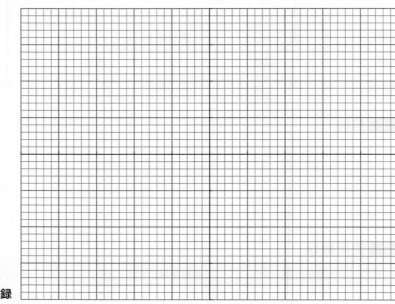

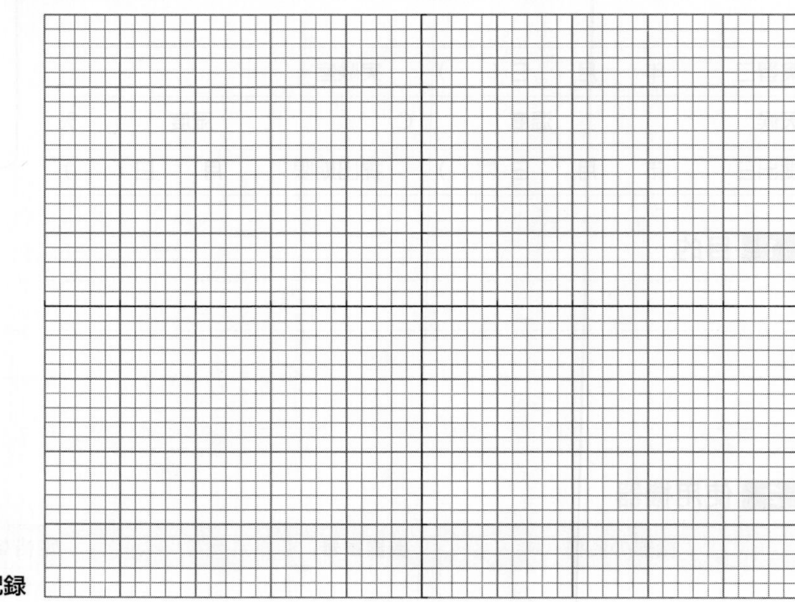

C ＿＿＿＿μF

R ＿＿＿＿kΩ

v_o ＿＿＿＿V/div

v_R ＿＿＿＿V/div

時間 ＿＿＿＿ms/div

▶図１　v_oとv_Rの記録

4 結果の検討

[1]

[2]

[3]

5 感想

実習 8　光変調・光復調回路

提出者　　年　　組　　番　　名前

共同実習者名

実習日　　年　　月　　日（　　）　実験室

天候　　　　温度　　　℃　　　　湿度　　　%

提出日　　年　　月　　日（　　）　提出期限　　月　　日（　　）

検印欄

1 目的

2 使用機器

機器の名称	機器記号	定格など

3 測定結果

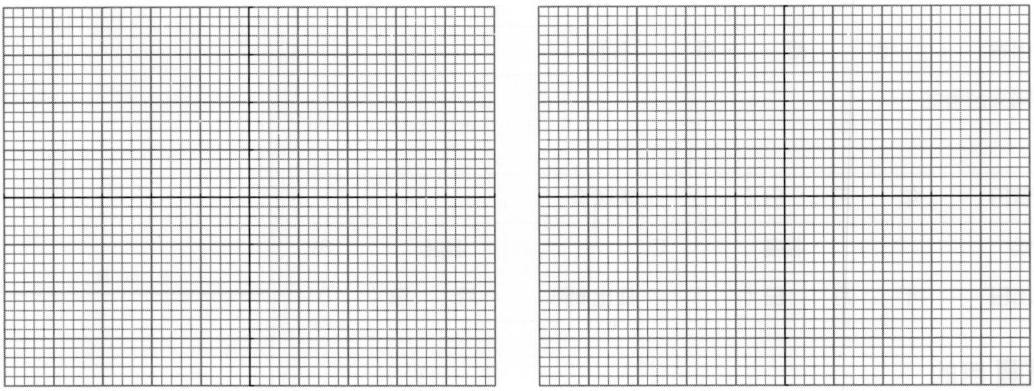

① 電圧 ______V/div 時間 ______ms/div　② 電圧 ______V/div 時間 ______ms/div

▲図1 光変調波形の記録

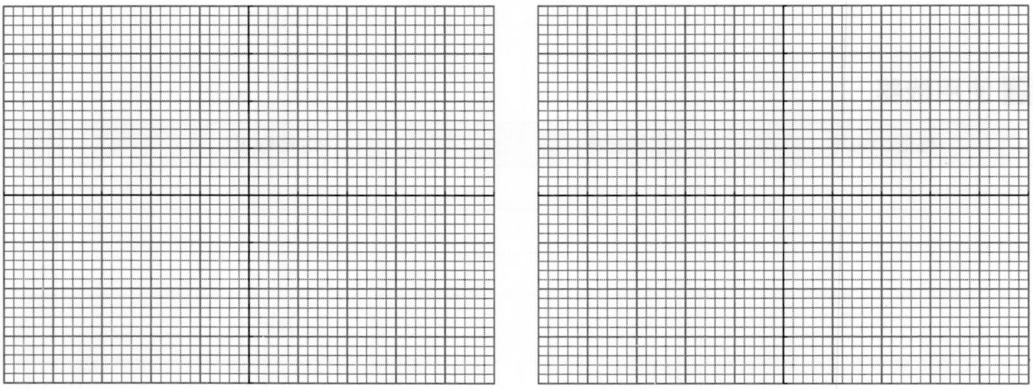

① 受信機側 電圧 ______ V/div
送信機側 電圧 ______ V/div

② 受信機側 電圧 ______ V/div
送信機側 電圧 ______ V/div

▲図2 可視光通信波形の記録

▶表1 送受信間の距離と受信側電圧の測定
(送信側電圧 150 mV 一定)

距離 [cm]	赤 LED 受信側電圧 [mV]	青 LED 受信側電圧 [mV]
5		
10		
15		
20		

4 結果の検討

[1]

[2]

[3]

5 感想

実習 9　*LC* フィルタの周波数特性

提出者　　年　　組　　番　名前

共同実習者名

実習日　　年　月　日（　）　実験室

天候　　　温度　　℃　　　湿度　　%

提出日　　年　月　日（　）　提出期限　　月　日（　）

検印欄

1 目的

2 使用機器

機器の名称	機器番号	定格など

3 測定結果

▼表1　フィルタの周波数特性（公称インピーダンス 600 Ω）

周波数 f [Hz]	入力電圧 v_i [V]	LPF		HPF		BPF	
		出力電圧 v_o [V]	減衰量 G [dB]	出力電圧 v_o [V]	減衰量 G [dB]	出力電圧 v_o [V]	減衰量 G [dB]
100	1.0 一定						
150							
200							
300							
400							
500							
700							
1k							
1.5k							
2k							
3k							
4k							
5k							
7k							
10k							

4 結果の検討

[1] LPF の遮断周波数　f_C = ＿＿＿＿＿ Hz

HPF の遮断周波数　f_C = ＿＿＿＿＿ Hz

[2] BPF の低域遮断周波数　f_{CL} = ＿＿＿＿＿ Hz

BPF の高域遮断周波数　f_{CH} = ＿＿＿＿＿ Hz

[3]

[4]　L = ＿＿＿＿ mH　　C = ＿＿＿＿ μF

5 感想

実習 10　アクティブフィルタの周波数特性

提出者　　年　　組　　番　　名前

共同実習者名

実習日　　年　　月　　日（　）　実験室

天候　　温度　　℃　　湿度　　%

提出日　　年　　月　　日（　）　提出期限　　月　　日（　）

検印欄

1 目的

2 使用機器

機器の名称	機器番号	定格など

3 測定結果

▼表1　LPF の周波数特性

(R_2 =＿＿＿ kΩ，R_3 =＿＿＿ kΩ，
C_1 =＿＿＿＿ μF，C_2 =＿＿＿＿ μF)

周波数 f [Hz]	入力電圧 v_i [V]	出力電圧 v_o [V]	減衰量 G [dB]
100	1.0 一定		
150			
200			
300			
400			
500			
700			
1k			
1.5k			
2k			
3k			
4k			
5k			
7k			
10k			

式 (1) で求めた遮断周波数 f_C =＿＿＿＿ Hz

▼表2　HPF の周波数特性

(R_1 =＿＿＿ kΩ，R_2 =＿＿＿ kΩ，
C_2 =＿＿＿＿ μF，C_3 =＿＿＿＿ μF)

周波数 f [Hz]	入力電圧 v_i [V]	出力電圧 v_o [V]	減衰量 G [dB]
100	1.0 一定		
150			
200			
300			
400			
500			
700			
1k			
1.5k			
2k			
3k			
4k			
5k			
7k			
10k			

式 (2) で求めた遮断周波数 f_C =＿＿＿＿ Hz

4 結果の検討

[1] 図 4 より求めた LPF の遮断周波数　f_C =＿＿＿＿＿ Hz

図 4 より求めた HPF の遮断周波数　f_C =＿＿＿＿＿ Hz

[2] LPF の減衰度 G =＿＿＿＿＿ dB/oct　　HPF の減衰度 G =＿＿＿＿＿ dB/oct

[3]

5 感想

実習 11　反射形フォトセンサの特性測定

提出者　　　年　　組　　番　名前

共同実習者名

実習日　　年　　月　　日（　　）　実験室

天候　　　　　温度　　　℃　　　　湿度　　　%

提出日　　年　　月　　日（　　）　提出期限　　月　　日（　　）

検印欄

1 目的

2 使用機器

機器の名称	機器番号	定格など

3 測定結果

▼表 1　反射形フォトセンサの出力電流

LED 電流制限抵抗 R =＿＿＿ Ω

センサ型番：＿＿＿＿＿＿，電源電圧=＿＿＿ V，反射物体間距離 d =＿＿＿ mm

センサの識別番号	出力電流 I_L [μA]			
	黒　色	灰　色	白　色	銀　色
1				
2				
3				
4				

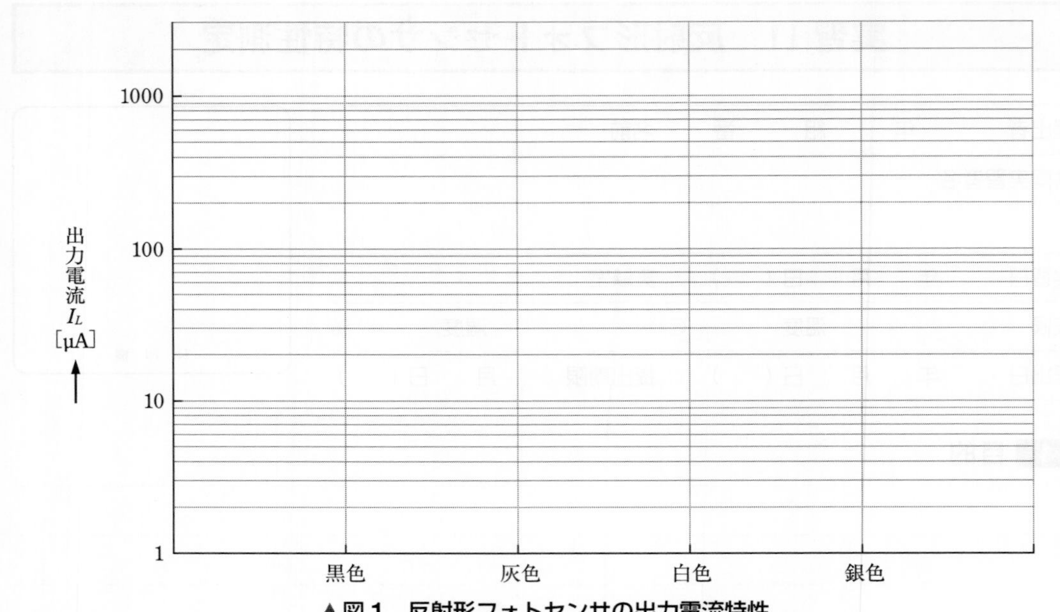

▲図１　反射形フォトセンサの出力電流特性

4 結果の検討

[1]

[2]

5 感想

実習 12　模型用 DC モータの特性測定

提出者　　　年　　　組　　　番　　名前

共同実習者名

実習日　　　年　　月　　日（　　）　実験室

天候　　　　　　温度　　　℃　　　　　湿度　　　%

提出日　　　年　　月　　日（　　）　提出期限　　月　　日（　　）

検 印 欄

1 目的

2 使用機器

機器の名称	機器番号	定格など

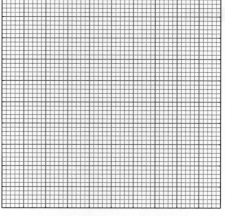

3 測定結果

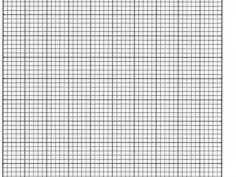

▼表1　DC モータの負荷特性とエネルギー変換効率の測定

（プーリ半径 $r = 3.5\,\mathrm{mm}$，モータ電圧 $V_m = 1.5\,\mathrm{V}$）

設定値	測定値	計算値		測定値		計算値		
ばねはかりAの指示値［g］	ばねはかりBの指示値［g］	負荷 F［$\times 10^{-3}$N］	トルク T［$\times 10^{-5}$N・m］	モータ電流 I_m［mA］	回転数 N［min^{-1}］	入力エネルギー P_{in}［W］	出力エネルギー P_{out}［W］	効率 η［%］
0								
5								
10								
15								
20								
25								
30								

4　結果の検討

[1]

[2]

[3]

5　感想

実習 13　微分回路と積分回路の特性

提出者　年　組　番　名前

共同実習者名

実習日　年　月　日（　）　実験室

天候　温度　℃　湿度　%

提出日　年　月　日（　）　提出期限　月　日（　）

検印欄

1 目的

2 使用機器

機器の名称	機器番号	定格など

3 測定結果

▼表1　微分回路と積分回路

		微分回路	積分回路
入力波形	$f = 5\ \mathrm{kHz}$ $w = 0.1\ \mathrm{ms}$		
出力波形	設定1 $C = 0.01\ \mu\mathrm{F}$ $R = 100\ \mathrm{k\Omega}$ $\tau = 1\ \mathrm{ms}$		
	設定2 $C = 0.01\ \mu\mathrm{F}$ $R = 10\ \mathrm{k\Omega}$ $\tau = 0.1\ \mathrm{ms}$		
	設定3 $C = 0.001\ \mu\mathrm{F}$ $R = 10\ \mathrm{k\Omega}$ $\tau = 0.01\ \mathrm{ms}$		

4 結果の検討

[1]

5 感想

実習 14　マルチバイブレータの特性

提出者　　　年　　組　　番　　名前

共同実習者名

実習日　　年　　月　　日（　）　実験室

天候　　　　　温度　　　℃　　　　湿度　　　%

提出日　　年　　月　　日（　）　提出期限　　月　　日（　）

検 印 欄

1 目的

2 使用機器

機器の名称	機器番号	定格など

3 測定結果

▼表 1　各種マルチバイブレータの測定結果

回路	入力信号波形	出力信号波形	周波数・周期など
非安定マルチバイブレータ		$R = 10\,\mathrm{k\Omega}$　$C = 0.047\,\mathrm{\mu F}$ ⓐ	

<table>
<tr><th>回路</th><th>入力信号波形</th><th>出力信号波形</th><th>周波数・周期など</th></tr>
<tr><td rowspan="2">非安定マルチバイブレータ</td><td rowspan="2"></td><td>ⓑ</td><td rowspan="2">周波数
$f = 1/T$
$=$ ☐ Hz
式 (1) から求めた理論周波数
$f =$ ☐ Hz</td></tr>
<tr><td>ⓒ</td></tr>
<tr><td rowspan="2">単安定マルチバイブレータ</td><td>$C = 0.022\ \mu\mathrm{F}$
ⓓ</td><td>ⓔ</td><td>パルス幅
$w =$ ☐ [s]
式 (2) から求めたパルス幅
$w =$ ☐ [s]</td></tr>
<tr><td>$C = 0.1\ \mu\mathrm{F}$
ⓓ</td><td>ⓔ</td><td>パルス幅
$w =$ ☐ [s]
式 (2) から求めたパルス幅
$w =$ ☐ [s]</td></tr>
<tr><td rowspan="2">双安定マルチバイブレータ</td><td>S 閉ⓕ</td><td>ⓖ</td><td rowspan="2">入力信号周波数
$f_i =$ ☐ Hz
出力信号周波数
$f_o =$ ☐ Hz</td></tr>
<tr><td>S 開ⓕ</td><td>ⓖ</td></tr>
</table>

4 結果の検討

[1]

[2]

5 感想

実習 15　波形整形回路の実験

提出者　　　年　　　組　　　番　　　名前
共同実習者名
実習日　　　年　　月　　日（　　）　実験室
天候　　　　　　　温度　　　℃　　　　　湿度　　　%
提出日　　　年　　月　　日（　　）　提出期限　　月　　日（　　）

検 印 欄

1 目的

2 使用機器

機器の名称	機器番号	定格など

3 測定結果

▼表１　波形整形回路の実験結果

入力波形	回路名	回路図	バイアス電圧	出力波形
	ピーク クリッパ		V	
	ベース クリッパ		V	

入力波形	回路名	回路図	バイアス電圧	出力波形
	ピーク クリッパ		V	
	ベース クリッパ		V	
	リミタ		$V_1 =$ V $V_2 =$ V	
	スライサ		$V_1 =$ V $V_2 =$ V	

4 結果の検討

[1]

[2]

[3] 出力波形

5 感想

実習 16　D-A・A-D 変換回路

提出者　　　年　　　組　　　番　　名前

共同実習者名

実習日　　　年　　月　　日（　　）　実験室

天候　　　　　　　　温度　　　　℃　　　　　　　湿度　　　　%

提出日　　　年　　月　　日（　　）　提出期限　　　月　　日（　　）

検印欄

1 目的

2 使用機器

機器の名称	機器番号	定格など

3 測定結果

次のページに記載。

4 結果の検討

[1]

[2]

5 感想

▼表1　D-A 変換回路（基準電圧 $E = 6$ V 一定）

ディジタル入力				D-A 出力		誤差 $V_D - V_S$ [V]
				アナログ電圧		
S_3	S_2	S_1	S_0	実験値 V_D [V]	理論値 V_S [V] *	
1	1	1	1			
1	1	1	0			
1	1	0	1			
1	1	0	0			
1	0	1	1			
1	0	1	0			
1	0	0	1			
1	0	0	0			
0	1	1	1			
0	1	1	0			
0	1	0	1			
0	1	0	0			
0	0	1	1			
0	0	1	0			
0	0	0	1			
0	0	0	0			

* $V_S = \frac{E}{3}\left(\frac{1}{2^0} \times S_3 + \frac{1}{2^1} \times S_2 + \frac{1}{2^2} \times S_1 + \frac{1}{2^3} \times S_0\right)$ [V]

▼表2　A-D 変換回路（基準電圧 $E = 6$ V 一定）

アナログ入力電圧 V_A [V]	D-A 出力（2 進コード）							
	実験値				理論値			
	S_3	S_2	S_1	S_0	S_3	S_2	S_1	S_0
1.0								
1.5								
2.0								
2.5								
3.0								
3.5								

実習 17　ディジタル IC による基本論理回路実験 I

提出者　　年　　組　　番　　名前

共同実習者名

実習日　　年　　月　　日（　）　実験室

天候　　　温度　　℃　　　湿度　　%

提出日　　年　　月　　日（　）　提出期限　　月　　日（　）

検 印 欄

1 目的

2 使用機器

機器の名称	機器番号	定格など

3 測定結果

▼表 1　ディジタル IC の入出力特性

入力電圧 V_i [V]	出力電圧 V_o [V]		入力電圧 V_i [V]	出力電圧 V_o [V]	
	V_i 増 ↓	V_i 減 ↑		V_i 増 ↓	V_i 減 ↑
0			2.5		
1.0			2.6		
1.5			2.7		
2.0			2.8		
2.1			2.9		
2.2			3.0		
2.3			4.0		
2.4			5.0		

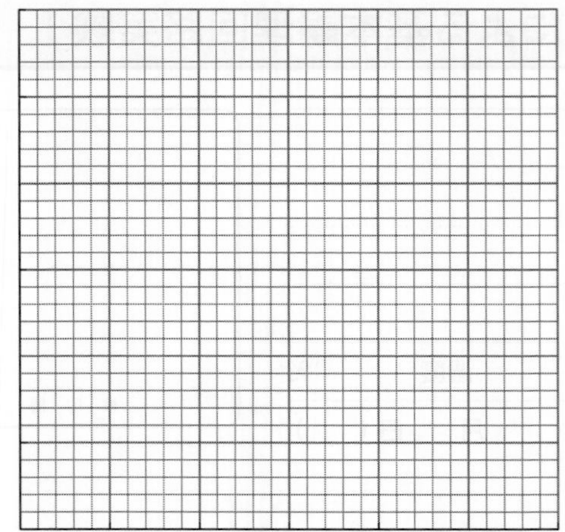

▲図１　ディジタル IC の入出力特性

▼表２　入力電圧レベル設定回路の結果

S	*A*, *B*
L	
H	

▼表３　電圧レベル表示回路の結果

X	LED
0 (L)	
1 (H)	

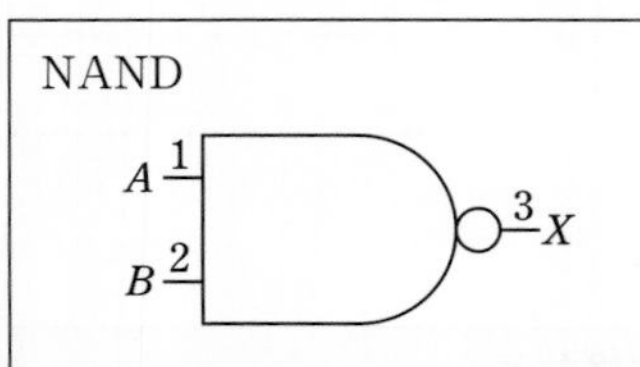

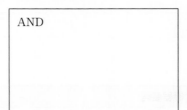

▼表４　NAND の真理値表

A	*B*	*X*
0	0	
0	1	
1	0	
1	1	

▼表５　AND の真理値表

A	*B*	*X*
0	0	
0	1	
1	0	
1	1	

▼表６　OR の真理値表

A	*B*	*X*
0	0	
0	1	
1	0	
1	1	

4 結果の検討

[1]

[2]

5 感想

実習 18　ディジタルICによる基本論理回路実験Ⅱ

提出者　　年　　組　　番　　名前

共同実習者名

実習日　　年　　月　　日（　）　実験室

天候　　温度　　℃　　湿度　　%

提出日　　年　　月　　日（　）　提出期限　　月　　日（　）

検 印 欄

1 目的

2 使用機器

機器の名称	機器番号	定格など

3 測定結果

● EX-OR ゲート

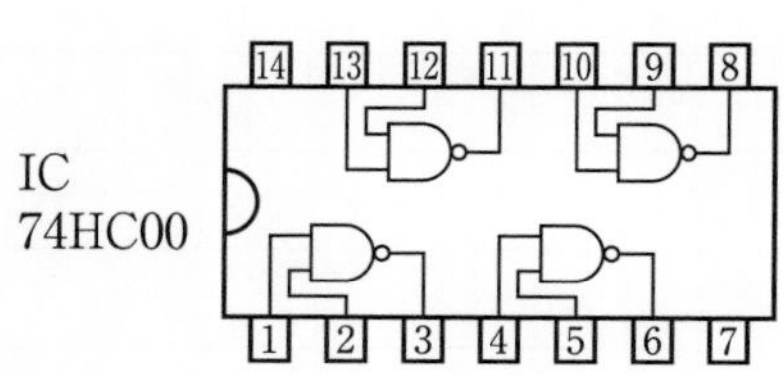

▲図 1　配線図

▼表 1　EX-OR の真理値表

A	*B*	*X*
0	0	
0	1	
1	0	
1	1	

●データセレクタ

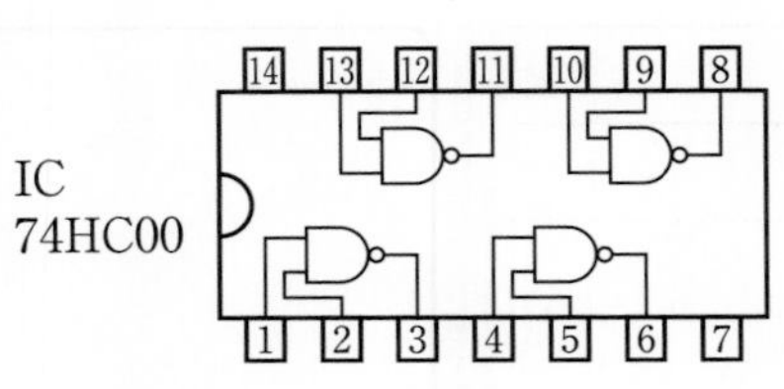

▲図 2　配線図

▼表 2　データセレクタの真理値表

A	B	C	X
0	0	0	
0	0	1	
0	1	0	
0	1	1	
1	0	0	
1	0	1	
1	1	0	
1	1	1	

●半加算器

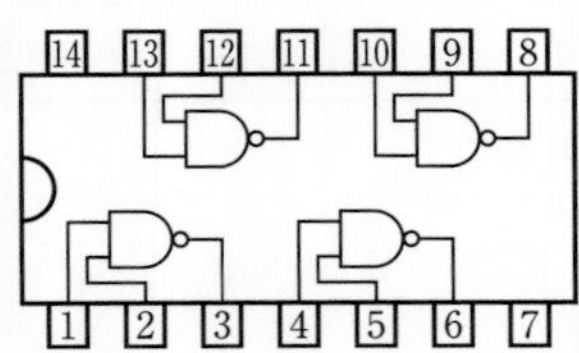

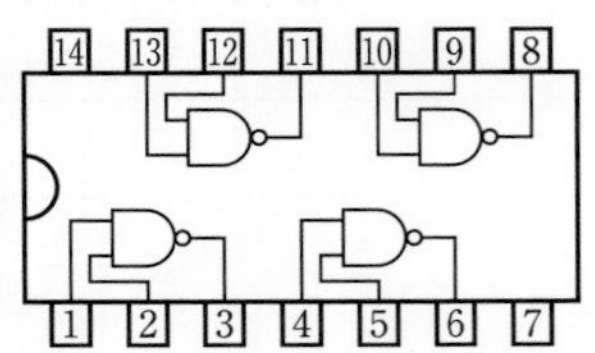

▲図 3　配線図

▼表 3　半加算器の真理値表

A	B	❶	❷	❸	X	C_o
0	0					
0	1					
1	0					
1	1					

●デコーダ

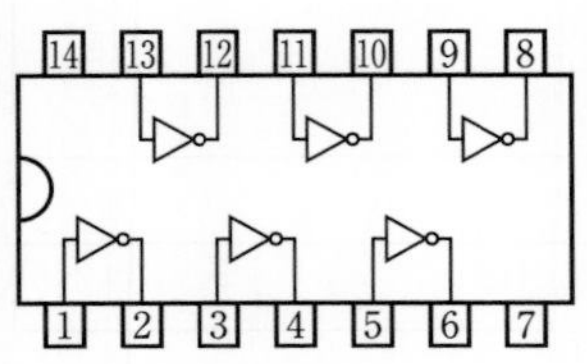

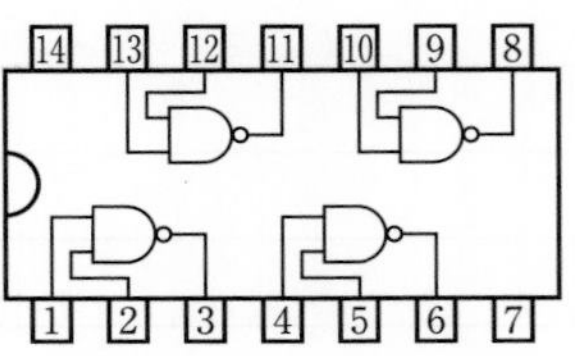

▲図 4　配線図

▼表 4　デコーダの真理値表

A	B	X_0	X_1	X_2	X_3
0	0				
0	1				
1	0				
1	1				

4 結果の検討

[1]

[2]

5 感想

実習 19　ディジタル IC によるカウンタ回路

提出者　　年　　組　　番　　名前

共同実習者名

実習日　　年　　月　　日（　　）　実験室

天候　　　　温度　　℃　　　　湿度　　%

提出日　　年　　月　　日（　　）　提出期限　　月　　日（　　）

検 印 欄

1 目的

2 使用機器

機器の名称	機器番号	定格など

3 測定結果

▼表 1　16 進カウンタのタイムチャート

パルス数		1	2	3	4	5	6	7	8	9	10	11	12	13	14	15	16
S_A		↓	↓	↓	↓	↓	↓	↓	↓	↓	↓	↓	↓	↓	↓	↓	↓
S_C	↓																
CLEAR	1 0																
CK	1 0																
Q_A	1 0																
Q_B	1 0																
Q_C	1 0																
Q_D	1 0																

▼表 2　10 進カウンタのタイムチャート

パルス数		1	2	3	4	5	6	7	8	9	10	11	12
S_A		↓	↓	↓	↓	↓	↓	↓	↓	↓	↓	↓	↓
S_C	↓												
CLEAR	1 / 0												
CK	1 / 0												
Q_A	1 / 0												
Q_B	1 / 0												
Q_C	1 / 0												
Q_D	1 / 0												

▼表 3　12 進カウンタのタイムチャート

パルス数		1	2	3	4	5	6	7	8	9	10	11	12	13	14
S_A		↓	↓	↓	↓	↓	↓	↓	↓	↓	↓	↓	↓	↓	↓
S_C	↓														
CLEAR	1 / 0														
CK	1 / 0														
Q_A	1 / 0														
Q_B	1 / 0														
Q_C	1 / 0														
Q_D	1 / 0														

▼表4　16進カウンタ

入　力 パルス	Q_D	Q_C	Q_B	Q_A
0				
1				
2				
3				
4				
5				
6				
7				
8				
9				
10				
11				
12				
13				
14				
15				
16				

▼表5　10進カウンタ

入　力 パルス	Q_D	Q_C	Q_B	Q_A
0				
1				
2				
3				
4				
5				
6				
7				
8				
9				
10				
11				
12				

▼表6　12進カウンタ

入　力 パルス	Q_D	Q_C	Q_B	Q_A
0				
1				
2				
3				
4				
5				
6				
7				
8				
9				
10				
11				
12				
13				
14				

4 結果の検討

[1] 5進カウンタ回路図

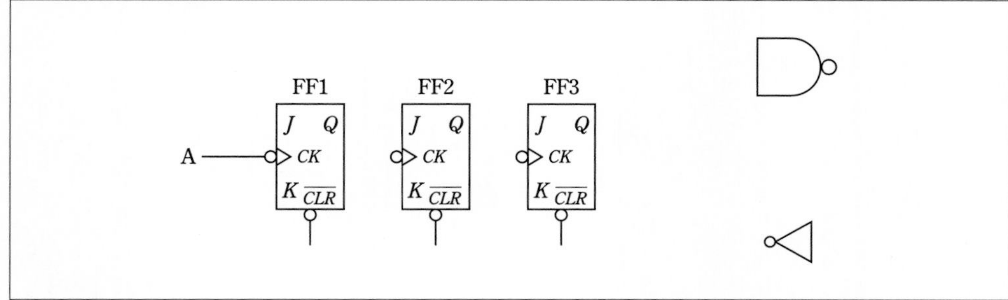

[2]

[3]

5 感想

実習 21　PIC マイコンによる LED 点灯制御

提出者　　年　　組　　番　　名前

共同実習者名

実習日　　年　　月　　日（　　）　実験室

天候　　　　温度　　　℃　　　　湿度　　　％

提出日　　年　　月　　日（　　）　提出期限　　月　　日（　　）

検 印 欄

1 目的

2 使用機器

機器の名称	機器番号	定格など	数量

3 プログラムの実行と変更

●プログラム 1

①プログラム 1 の動作確認　　確認印

②プログラム 1 の変更部分 (1)

③プログラム 1 の変更部分 (2)

●プログラム 2

①プログラム 2 の動作確認　　確認印

②プログラム 2 の変更部分 (1)

③プログラム 2 の変更部分 (2)

●プログラム 3

①プログラム 3 の動作確認

確認印

②プログラム 3 の変更部分

4 結果の検討

[1]

[2] プログラム 3 の流れ図

スタート

[3] LED 点灯パターンの切換

5 感想

実習 22　PIC マイコンによる DC モータの速度制御

提出者　　年　　組　　番　　名前

共同実習者名

実習日　　年　　月　　日（　　）　実験室

天候　　　　温度　　　℃　　　　湿度　　　%

提出日　　年　　月　　日（　　）　提出期限　　月　　日（　　）

検印欄

1 目的

2 使用機器

機器の名称	機器番号	定格など	数量

3 プログラムの実行と変更

●プログラム 1

確認印

①プログラム 1 の動作確認

●プログラム 2

①

② PWM 波形の観測

デューティ比 25%

パルス幅 τ ＿＿＿＿＿[　　]

周　期 T ＿＿＿＿＿[　　]

デューティ比 75%

パルス幅 τ ＿＿＿＿＿[　　]

周　期 T ＿＿＿＿＿[　　]

4 結果の検討

[1] 960 Hz（デューティ比＝ 50%）

周　期　T ＝　　　[　　]　　$PR2$ ＝

パルス幅 τ ＝　　　[　　]　　DCR ＝

770Hz（デューティ比＝ 50%）

周　期　T ＝　　　[　　]　　$PR2$ ＝

パルス幅 τ ＝　　　[　　]　　DCR ＝

[2]

5 感想

実習 23　PIC マイコンによるモータドライバ IC を活用した回転速度制御

提出者　　年　　組　　番　　名前

共同実習者名

実習日　　年　　月　　日（　　）　実験室

天候　　　　温度　　　℃　　　　湿度　　　%

提出日　　年　　月　　日（　　）　提出期限　　月　　日（　　）

検印欄

1 目的

2 使用機器

機器の名称	機器番号	定格など	数量
使用機器や部品など			

3 プログラムの実行と変更

●プログラム 1

①プログラム 1 の動作確認　確認印

②プログラム 1 の変更後の動作確認　確認印

●プログラム 2

①プログラム 2 の動作確認　確認印

②プログラム 2 の変更後の動作確認　確認印

4 結果の整理

[1] プログラム 1 を変更した行（下線）

[2] プログラム 2 に追加したプログラム

[3] プログラム 2 に追加した部分の流れ図

5 結果の検討

[1]

6 感想

実習 24　PIC マイコンによるステッピングモータ制御

提出者　　年　　組　　番　　名前

共同実習者名

実習日　　年　　月　　日（　　）　実験室

天候　　　　　温度　　℃　　　　湿度　　%

提出日　　年　　月　　日（　　）　提出期限　　月　　日（　　）

検 印 欄

1 目的

2 使用機器

機器の名称	機器番号	定格など	数量

使用機器や部品など	

3 プログラムの実行と変更

●プログラム 1

①プログラム 1 の動作確認　確認印　　②プログラム 1 の変更後の動作確認　確認印

●プログラム 2

①プログラム 2 の動作確認　確認印　　②プログラム 2 の変更後の動作確認　確認印

4 結果の整理

[1]　プログラム 1 を変更した行（下線）

[2] プログラム 2 を修正したプログラム

[3] 変更したプログラムの流れ図

●プログラム 1

●プログラム 2

5 結果の検討

[1]

[2]

6 感想

実習25　Arduinoを使ったシリアルデータによる7セグメントLED表示

提出者　　年　　組　　番　　名前

共同実習者名

実習日　　年　　月　　日（　）　実験室

天候　　温度　　℃　　湿度　　%

提出日　　年　　月　　日（　）　提出期限　　月　　日（　）

検印欄

1 目的

2 使用機器

機器の名称	定格など	数量
使用機器や部品など		

3 プログラムの実行と変更

●**プログラム1**

①プログラム1の動作確認　確認印

●**プログラム2**

①プログラム2の動作確認　確認印　　②プログラム2の変更後の動作確認　確認印

●**プログラム3**

①プログラム3の動作確認　確認印　　②プログラム3の変更後の動作確認　確認印

4 結果の整理

[1] プログラム2を追加・変更した行（下線）

[追加]

[変更]

[2] プログラム3を変更した行（下線）

[3] 変更したプログラムの流れ図

●プログラム2

●プログラム3

5 結果の検討

[1]

[2]

6 感想

実習 26　Arduino を使った LCD キャラクタモジュールの表示

提出者　　年　　組　　番　　名前

共同実習者名

実習日　　年　　月　　日（　　）　実験室

天候　　　　温度　　℃　　　　湿度　　％

提出日　　年　　月　　日（　　）　提出期限　　月　　日（　　）

検 印 欄

1 目的

2 使用機器

機器の名称	定格など	数量
使用機器や部品など		

3 プログラムの実行と変更

●プログラム 1

①プログラム 1 の動作確認　確認印

②プログラム 1 の変更後の動作確認　確認印

●プログラム 2

①プログラム 2 の動作確認　確認印

②プログラム 2 の変更後の動作確認　確認印

4 結果の整理

[1] プログラム 2 を変更した行（下線）

[2] 変更したプログラムの流れ図

●プログラム 1

●プログラム 2

5 結果の検討

[1]

6 感想

おもな流れ図用図記号と流れ図の書きかた

▶おもな流れ図用図記号（＊記号は，データ流れ図とシステム流れ図に使用される）

データ	書類＊	手操作入力＊	表示＊	処理	定義済処理
媒体を指定しないデータを示す。	プリンタ出力など，人が読める媒体上のデータを示す。	キーボードなどの手で操作して入力するデータを示す。	ディスプレイなどに表示するデータを示す。	任意の種類の処理機能を示す。	別の場所で，すでに定義された一つ以上の処理を示す。

準備	判断	ループ端	結合子	線	端子
		ループ始端 ループ終端			
そのあとの動作に影響を与えるための準備を示す。	一つの入口といくつかの択一的な出口をもち，図記号中の条件に従って，一つの出口を選ぶ機能を示す。	二つの部分からなり，ループのはじまりとおわりを示す。	流れ図のほかの場所への出口，またはほかの部分からの入口を示す。	図記号をつなぎ，流れを示す。流れの向きを明示するときは，矢印をつける。	プログラムの流れのはじめとおわりを示す。

▶ フローチャートの書きかた

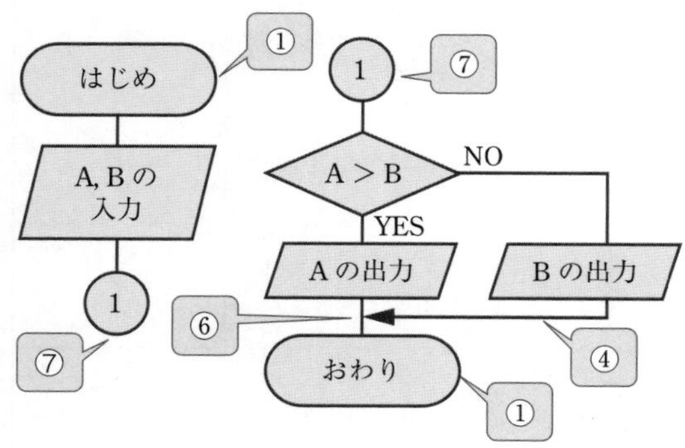

① はじめとおわりには端子をつける。
② それぞれの図記号は，等間隔に配置する。
③ 流れの方向は，原則として上から下へ，左から右とする。
④ 原則以外の流れの方向の場合は，矢印をつける。
⑤ 線は，できるだけ交差しないようにする。
⑥ 線は，合流することができる。
⑦ 線を中継する場合は，結合子をつける。

▶ 関数をともなうプログラムと，そのフローチャート例

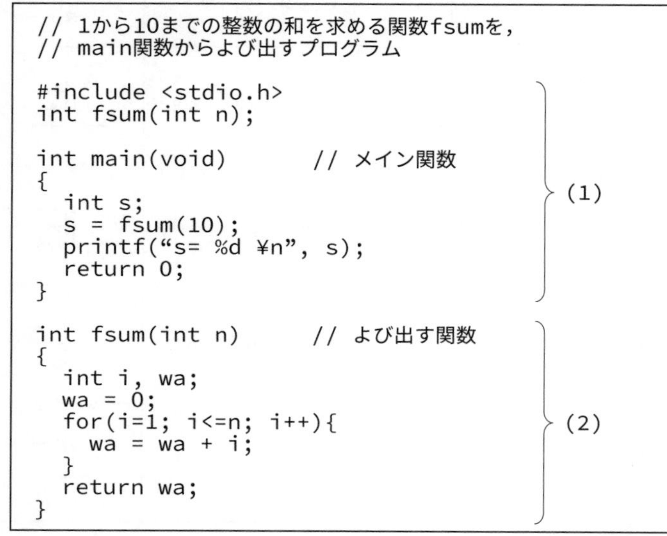

```
// 1から10までの整数の和を求める関数fsumを，
// main関数からよび出すプログラム

#include <stdio.h>
int fsum(int n);

int main(void)        // メイン関数
{
   int s;
   s = fsum(10);
   printf("s= %d ¥n", s);
   return 0;
}

int fsum(int n)       // よび出す関数
{
   int i, wa;
   wa = 0;
   for(i=1; i<=n; i++){
     wa = wa + i;
   }
   return wa;
}
```

(1)

(2)

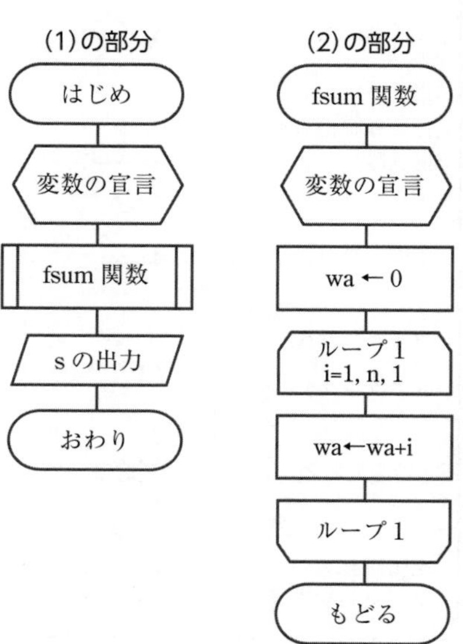

おもな電気用図記号

(JIS C 0617から抜粋)

名　称	図記号
直　流	
交　流	
導線の分岐・交わり（接続する場合）	(a)　(b)
導線の交わり（接続しない場合）	
端　子	
接　地（一般）	
フレーム接続	
電池または直流電源	
交流電源	
抵抗器	
可変抵抗器	
しゅう動接点付抵抗器	
半固定抵抗器	
コイル，巻線（インダクタ，リアクトル）	
2巻線変圧器	
電圧調整式の単相単巻変圧器	

名　称		図記号
電圧計		V
電流計		A
オシロスコープ		
検流計		
電力計		W
コンデンサ		
有極性コンデンサ		+
可変コンデンサ		
ヒューズ（一般）		
ランプ（信号ランプ）		
ブザー		
接点	メーク接点（a接点）	
	ブレーク接点（b接点）	
手動操作スイッチ		
手動操作の押しボタンスイッチ自動復帰（メーク接点）		E-
オフ位置付き切換え接点		

名　称		図記号
半導体ダイオード		
発光ダイオード（LED）		
フォトダイオード		
一方向性降伏ダイオード（ツェナーダイオード，定電圧ダイオード）		
可変容量ダイオード（バラクタ）		
温度検出ダイオード		θ
npn形トランジスタ（コレクタを外周器と接続）		
pnp形トランジスタ		
フォトトランジスタ（pnp形）		
接合形FET	nチャネル	
	pチャネル	
MOS FET（デプレション形）	nチャネル	
	pチャネル	
MOS FET（エンハンスメント形）	nチャネル	
	pチャネル	